高等学校计算机基础教育教材

C/C++程序设计进阶教程
（第2版·微课视频版）

张玉春 主编

黄玥 孙元 李晓峰 刘通 副主编

赵永华 王洋 曹婧华 张春飞 段云娜 杨卉 胡瑞华 参编

清华大学出版社

北京

内 容 简 介

本书强调实用性,注重教材的理论与实践相结合,介绍程序设计的基本方法和基本技能。全书分三部分:第一部分C程序设计,主要介绍C语言基本类型数据及其运算、C程序控制结构、数组、函数、指针、结构体与共用体等;第二部分C++基础,主要介绍类和对象、继承和派生等;第三部分MFC编程入门,主要介绍基于MFC创建单文档应用程序和基于对话框创建应用程序的方法,以及菜单和工具栏的编辑。

本书以程序设计为中心,语法介绍精练,内容叙述深入浅出、循序渐进,程序案例生动易懂,具有很好的启发性,每章均配有教学视频、课件和精心设计的习题。

本书可作为高等学校本科及专科C/C++程序设计课程的教材,也可作为自学者的参考用书,还可供相应考试的应试人员复习参考。

图书在版编目(CIP)数据

C/C++程序设计进阶教程:微课视频版/张玉春主编. —2版. —北京:清华大学出版社,2023.5
高等学校计算机基础教育教材
ISBN 978-7-302-63394-5

Ⅰ.①C… Ⅱ.①张… Ⅲ.①C语言-程序设计-高等学校-教材 Ⅳ.①TP312.8

中国国家版本馆CIP数据核字(2023)第066840号

责任编辑:薛　杨
封面设计:常雪影
责任校对:申晓焕
责任印制:宋　林

出版发行:清华大学出版社
　　　　网　　址:http://www.tup.com.cn,http://www.wqbook.com
　　　　地　　址:北京清华大学学研大厦A座　　　　邮　　编:100084
　　　　社 总 机:010-83470000　　　　　　　　　　邮　　购:010-62786544
　　　　投稿与读者服务:010-62776969,c-service@tup.tsinghua.edu.cn
　　　　质量反馈:010-62772015,zhiliang@tup.tsinghua.edu.cn
　　　　课件下载:http://www.tup.com.cn,010-83470236
印 装 者:大厂回族自治县彩虹印刷有限公司
经　　销:全国新华书店
开　　本:185mm×260mm　　　印　　张:20　　　字　　数:465千字
版　　次:2019年3月第1版　　2023年7月第2版　　印　　次:2023年7月第1次印刷
定　　价:59.00元

产品编号:093275-01

前言

本书共分三部分，从 C 语言到 C++，再到 Visual C++（简称 VC++），进阶式地从面向过程语言程序设计介绍到面向对象语言程序设计，再到可视化的面向对象语言程序设计，既适合用 C 开发软件的需求，又适合用 VC++ 开发界面软件的需求。

第一部分 C 程序设计是全书的基础，介绍 C 语言基本概念和编程的基本思想与方法。C 语言是一种结构化程序设计语言，兼有高级语言和低级语言的功能，不仅可用于编写系统软件，也可用于编写各类应用程序以及工业控制程序。目前流行的面向对象程序设计语言，如 C++、Java、C♯ 等都是在 C 语言的基础上发展派生而来的。通过学习 C 语言，学生不仅能够掌握程序设计的基本思想，也可为今后学习 C++、Java、Python 等语言打下良好的基础。

第二部分 C++ 基础在 C 语言的基础上，介绍类和对象两大核心概念，以继承和派生为主线展开讲解。

第三部分 MFC 编程入门介绍基于 Windows 编程的两种途径，并分别对两种编程的方法和操作步骤进行说明；讲述基于 MFC 编程的特点、MFC 程序的运行机制，重点介绍基于 MFC 创建单文档应用程序和基于对话框创建应用程序的方法，以及菜单和工具栏的编辑。

目前，国内外教材一般是介绍纯 C 语言的，或者纯 C++，或者 Visual C++ 的，而从 C 介绍到 C++，再到 Visual C++ 的教材很少。本书很好地兼顾了这些需求。

本书的特点是强调实用性，注重理论与实践相结合，目标是让学生掌握程序设计的基本方法和基本技能。本书内容组织注重基础，突出应用，兼顾提高，弱化细枝末节，强化主干知识。

参加本书编写的作者及其编写内容如表 1。

表　1

作者姓名	编 写 内 容	作者姓名	编 写 内 容
王洋	第 1、8 章	黄玥	第 4 章（除 4.1.4 节、4.2.3 节、4.3.3 节部分）
赵永华	第 2 章（除 2.6.6 节、2.6.7 节、2.8.3 节外）、3.1 节、3.2 节	孙元	第 5 章

作者姓名	编 写 内 容	作者姓名	编 写 内 容
李晓峰	2.6.6 节、2.6.7 节、第 3 章(除 3.1 节、3.2 节、3.5 节外)	曹婧华	第 6 章(除 6.2 节、6.3 节)
张春飞	4.1.4 节、4.2.3 节、6.2 节、6.3 节	杨卉	第 9～11 章
刘通	第 7 章(除 7.1.6 节)	张玉春	第 12、13 章
段云娜	2.8.3 节、3.5 节、4.3.3 节(部分)、7.1.6 节	胡瑞华	第 14 章、附录 A～附录 C

在本书的编写中得到了吉林大学公共计算机教学与研究中心领导的大力支持,在此表示感谢。在本书的出版中得到了清华大学出版社的大力支持,在此表示感谢。本书是所有参编教师辛勤努力的结果,在此一并表示感谢。

由于编者水平有限,书中难免存在疏漏与不足之处,敬请读者指正。为方便教师的教学工作和读者的学习,本书有配套的源程序代码、教学课件、习题答案和电子教案等教学资源,需要者可扫描正文及前言中的二维码下载,或至清华大学出版社官网获取。本书还提供包含重点内容的视频讲解,读者可以在学习本书的过程中扫描知识点旁边的二维码观看视频。

源代码下载

电子教案及课件

张玉春

2023 年 2 月

目录

第一部分　C 程序设计

第三部分　MFC 编程入门

第一部分

C程序设计

第1章

C 语言与程序设计

计算机通过执行程序完成工作。所谓程序,就是一组计算机能够识别和执行的指令。每个指令都具有不同的含义,计算机能够有效地区分并执行不同指令。程序设计就是给出解决特定问题的过程,也称为编写程序。程序设计往往以某种程序设计语言为工具,设计出这种语言环境下的程序。

1.1　程序设计语言及其发展

视频讲解

程序设计语言也称为计算机语言,它是人和计算机进行交流的语言,是用于书写计算机程序的语言。人们把需要做的事情用程序设计语言描述出来成为程序,然后在计算机上执行,以此来解决实际问题。

自从世界上第一台计算机诞生以来,程序设计语言就不断发展。特别是近十几年来,随着计算机软硬件的飞速发展,程序设计语言体系更加完善,种类也越来越多,主要分为低级语言和高级语言两大类。目前较为主流的是面向对象的程序设计方法。

1.1.1　程序设计语言的发展历程

程序设计语言的发展经历了从机器语言、汇编语言到高级语言的历程。

1. 机器语言

机器语言是直接用二进制代码指令表达的计算机语言,可以用 0 和 1 组成的一串代码表示指令,该串代码有一定的位数且分成若干段,每段代码表示不同的含义。目前,计算机的全称仍然是"电子计算机",因其由电子元器件组成。由于电子元器件有"开"和"关"两种稳定的工作状态,所以从物理上决定了目前电子计算机采用二进制进行运算,因此计算机不能识别人所识别的文字,只能识别机器语言,即由 0 和 1 构成的代码。例如,某台计算机的字长为16 位,即一条指令或某个信息由 16 个二进制数组成。16 个 0 和 1 可排成多种组合,从而形成计算机可以识别的不同操作。对于人来说,机器语言难以记忆和识别,出错时也难以修改。

2. 汇编语言

汇编语言中用助记符代替操作码,用地址标号或符号代替地址。用符号代替二进制编码,可以把二进制编码的机器语言变成汇编语言,即汇编语言实际上就是机器语言的符号化。例如,指令 ADD 代表加,指令 MOV 代表数据传送等。汇编程序的每一个指令都对应一个实际操作,类似的符号对于编程者来说比机器语言更易懂,同时维护更方便。尽管如此,一般的汇编源程序还是相对冗长、复杂、易出错。由于汇编语言可以直接对硬件进行操作,所以其源程序经汇编生成的可执行文件不仅小,而且执行速度很快。汇编语言的缺点是由于与硬件紧密相关,所以可移植性差。

机器语言和汇编语言都是面向机器的语言,由于它们"贴近"计算机,所以被称为低级语言。低级语言与特定的机器有关,功效高,但使用起来较为复杂、烦琐、费时、易出错。

3. 高级语言

为了克服低级语言的缺点,20 世纪 50 年代中期出现了高级语言。高级语言主要是相对于低级语言而言的,这种语言接近数学语言或人的自然语言,同时又不依赖计算机硬件,其特点是在一定程度上与具体机器无关,易学、易用、易维护。

1954 年,第一个高级语言——FORTRAN 问世了,到目前为止,共有几百种高级语言出现,其中,影响较大的是 FORTRAN、Algol、Cobol、BASIC、Lisp、Pascal、C、Prolog、C++、VC、VB、Delphi、Java、Python 等。

高级语言的发展经历了从早期语言到结构化程序设计语言,从面向过程到面向对象程序语言的过程。20 世纪 60 年代中后期,软件的需求越来越多,软件的规模越来越大,但由于缺乏科学规范的系统规划、测试与评估标准,耗费巨资编写出来的软件系统往往由于含有错误而无法使用,甚至带来巨大的损失。为了解决和避免这种情况,结构化程序设计方法于 1969 年被提出,1970 年,第一个结构化程序设计语言——Pascal 出现,标志着结构化程序设计时期的开始。在面向过程的程序设计方法中,数据与其处理过程是分开的,把处理过程按功能组成一个个独立的模块,在处理数据时,再分别调用各个独立的模块来实现功能。但是随着模块的程度越来越复杂,面向过程程序设计的缺点暴露出来,例如生产率低下、代码重用程度低、软件仍然很难维护等。针对这些缺点,面向对象的程序设计方法应运而生。面向对象的程序设计方法把数据和处理数据的过程当作一个整体,即对象。在分析过程中,把系统分解成一个个对象,同时把数据和相应数据的处理过程封装在对象中。在此之前的高级语言几乎都是面向过程的,而 C++、VC、VB、Delphi、Java、Python 等是典型的面向对象程序设计语言。

1.1.2 程序处理方式

计算机不能直接识别和执行用汇编语言或高级语言编写的程序,必须通过"翻译程序"将程序翻译成机器语言形式的目标程序,计算机才能识别和执行。这种"翻译"通常有两种方式,即解释方式和编译方式。

1. 解释方式

解释方式是将程序的每条语句一边翻译一边执行,即程序一边由相应语言的解释器

"翻译"成目标代码(即计算机可以识别的机器语言),一边执行。使用此类方式的典型程序语言是 BASIC。这种翻译方式较灵活,可以动态地调整、修改程序。但该方式没有对整个程序优化的过程,所以效率较低,而且不能生成独立的可执行文件,即程序不能脱离其解释器。

2. 编译方式

编译方式是将程序源代码"翻译"成目标代码(二进制),再经过连接程序连接,形成可执行文件。可执行文件可以脱离其语言环境独立执行,因此和解释类语言相比,其使用比较方便,可移植性好,效率较高。但如果程序需要修改,那么必须先修改源代码,再经过编译、连接生成新的可执行文件才能执行。大多数高级语言程序都是编译型的,例如 C、FORTRAN、Pascal 等。这类高级语言是面向过程的,即程序设计语言都属于过程化语言,在编写程序时需要具体指定每一个过程的细节。在编写规模较小的程序时,使用这些编程语言比较方便,但在处理规模较大的程序时,就显得很复杂。

1.2 程序的基本结构及其表示

程序的基本结构主要有顺序结构、选择结构(也可称为分支结构)和循环结构 3 种。数学上可以证明,这 3 种结构可以组成所有程序结构。

顺序结构就是按照程序语句出现的先后顺序一步一步进行。如图 1-1 所示,当执行完成 A 操作之后,顺序执行 B 操作。

选择结构则需要条件判断,当条件成立才会执行相应条件下的语句,如果条件都不成立,则执行其他的语句或什么也不执行。如图 1-2 所示,当条件 P 成立时,执行 A 操作;如果条件 P 不成立,则执行 B 操作。如图 1-3 所示,当条件 P 成立时,执行 A 操作;如果条件 P 不成立,则什么操作也不执行,直接进行下一步。

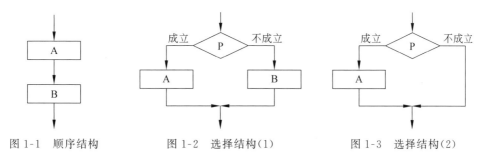

图 1-1 顺序结构   图 1-2 选择结构(1)   图 1-3 选择结构(2)

循环结构是在条件成立的前提下不断重复执行相同的语句,直至条件不成立为止,其循环分为直到型(while)和当型(if)两种类型。直到型循环如图 1-4 所示,首先执行 A 操作,然后判断条件 P 是否成立,如果成立则结束循环;如果不成立则继续执行 A 操作,循环往复,直到条件 P 成立则结束循环。当型循环如图 1-5 所示,首先判断条件 P 是否成立,如果不成立,则不执行任何操作;如果条件 P 成立,则执行 A 操作,循环往复,当条件 P 不成立则结束循环。

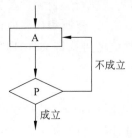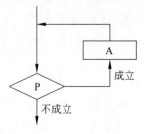

图 1-4　直到型（while）循环　　　　　　图 1-5　当型（if）循环

1.3　C 语言概述

　　C 语言是一门通用的、模块化的程序设计语言,可以用于系统软件和应用软件的开发。C 语言本身具有的优势使得其应用十分广泛,所以不同的公司有各自不同的 C 语言版本,C 标准出台之后,各个 C 语言版本的特点及功能得以保持相对一致,使得用户应用起来更为方便、快捷。

1.3.1　C 语言发展简史

视频讲解

　　C 语言是在 20 世纪 70 年代初问世的,到 20 世纪 80 年代,C 语言已被广泛应用。随着微型计算机以及高级语言编程的日益普及,出现了许多 C 语言版本。由于没有统一的标准,这些 C 语言版本之间或多或少地出现了不一致的地方。为了统一 C 语言版本,1983 年,美国国家标准局(American National Standards Institute,ANSI)成立了一个委员会来制定 C 语言标准。1989 年,C 语言标准被批准,这个版本的 C 语言标准通常被称为 ANSI C。目前,几乎所有的开发工具都支持 ANSI C 标准,它是 C 语言使用最广泛的一个版本。1990 年,国际标准化组织(ISO)接受了 87 ANSI C 为 ISO C 的标准。1994 年,ISO 修订了 C 语言的标准。1995 年,WG14 小组对 C 语言进行了一些修改,成为后来的 1999 年发布的 ISO/IEC 9899:1999 标准,通常称为 C99。

　　目前流行的 C 语言编译系统大多是以 ANSI C 为基础进行开发的,但不同版本的 C 语言编译系统的语法规则和所实现的语言功能会稍有差别。C 语言之所以能成为很受欢迎的语言之一,主要因为其具有强大的功能。许多著名的系统软件,例如 UNIX 操作系统等,都是用 C 语言编写的。

1.3.2　C 语言的特点

　　每一种编程语言都有它自己的特点,当然 C 语言也不例外,作为一种计算机高级语言,它也有独特的优点和缺点。

1. 紧凑简洁、方便灵活

C语言共有37个关键字,9种控制语句,程序主要使用小写字母,且书写自由。C语言把低级语言的实用性与高级语言的基本结构和语句相结合,其程序比其他高级语言简洁,源程序更短。

2. 数据类型丰富

C语言的数据类型有整型、浮点型、字符型、数组类型、指针类型、结构体类型、共用体类型等,能用来实现各种复杂数据类型的运算。指针概念的引入,使程序设计灵活、执行效率高。

3. 运算符丰富

C语言的运算符涵盖的范围广泛,共有34个。由于括号、赋值、强制类型转换等都会被用作运算符,因此C语言的运算类型极其丰富,表达式类型多样化,灵活地使用各种运算符可以实现在其他高级语言中难以实现的运算。

4. 结构化程序设计语言

C语言具有结构化程序设计语言所要求的三大基本结构,层次清晰,逻辑性强,便于维护、调试。

5. 程序设计自由度大

对绝大部分的高级语言而言,语法检查相对较严格,几乎可以检查出所有的语法错误。C语言允许程序员有较大的自由度,这样就要求程序员要仔细检查程序,以保证其正确性。这种较大的自由度给程序留下了出现一些潜在错误的可能性,降低了程序的健壮性。

6. 允许直接访问物理地址,直接对硬件进行操作

在计算机中,位(b)是最小单位,1b就是一个二进制位。C语言能进行位运算,实现汇编语言的大部分功能,同时可以对硬件进行直接操作。由此可见,C语言虽然被认为是高级语言,但是其自身还具备很多低级语言的特征,所以也有人认为其介于高级语言和低级语言之间。

7. 程序执行效率高

在执行效率上,汇编语言仅次于机器语言,但基本接近于机器语言的效率。由于C语言一般只比汇编程序生成的目标程序效率低10%～20%,所以其执行效率是很高的。

8. 可移植性好

就目前使用的操作系统以及各种型号的计算机而言,C语言的一个突出优点就是基本不用做修改即可使用。

总之,C语言既具有高级语言的特点,又具有低级语言的特征;既具有可移植性的特点,又能用来编写涉及底层的程序。C语言正是由于这些特点,其应用更为广泛。然而C语言也有不足之处,例如对数组下标越界不做检查,对变量类型约束不严格等,这些会导致一些使用者很难及时发现编制程序的问题。

1.3.3 简单的C程序介绍

下面是一个简单的C程序例子。

视频讲解

【例1-1】 在屏幕上输出"This is my first program."。

```
1  #include<stdio.h>
2  int main()
3  {
4      printf("This is my first program.\n");
5      return 0;
6  }
```

程序分析:

程序的第1行#include <stdio.h>的作用是提供输入输出库函数的有关信息,stdio 即 standard input & output 的缩写。第2行 main 是函数名,也称为"主函数",int 表示函数类型,即 main 函数返回一个整数值。函数体即函数所要执行的语句,用大括号"{ }"括起来。主函数中有一个输出语句 printf,它是由标准输入输出函数库提供的输出函数,双引号中的字符按原样输出,\n 为转义字符,表示换行。程序运行结果是在屏幕上输出"This is my first program."。

视频讲解

【例1-2】 计算两个数的乘积。

```
1  #include<stdio.h>
2  int main()
3  {
4      int mul(int x,int y);        //对 mul 函数进行声明
5      int i,j,k;                   //定义 i、j、k 三个变量
6      scanf("%d,%d",&i,&j);        //输入 i、j 两个变量的值
7      k=mul(i,j);                  //调用 mul 函数,将函数返回值赋给变量 k
8      printf("i * j=%d\n",k);      //输出 i * j 的运算结果
9      return 0;
10 }
11 int mul(int x,int y)             //定义整型函数 mul,形参为整型变量 x、y
12 {
13     int z;                       //在函数 mul 中定义整型变量 z
14     z=x * y;
15     return z;                    //将 z 的值作为 mul 函数返回值代回到主调函数中
16 }
```

输入:

2,5

运行结果:

i * j=10

注:为了方便读者阅读,本书在部分程序中加入行号。请注意,行号不是程序的一部分,读者在输入、调试程序时务必删除行号。

程序分析：

本程序包含 main 函数和 mul 函数两个函数，main 是主调函数，mul 是被调函数。程序第 4 行对 mul 函数进行声明。第 6 行调用 scanf 函数，输入两个整数并依次赋给变量 i 和 j，其中，& 是取地址的含义，即将从键盘输入的两个整数存入变量 i，j 的地址所对应的存储单元中，%d 表示输入一个十进制整数。第 7 行是调用 mul 函数来求 i 和 j 的积，并将 mul 函数的返回值赋给变量 k。第 8 行输出 k 的值。

第 11 行是 mul 函数定义的首部，定义函数的名称为 mul，函数类型为 int 型，形参为整型变量 x 和 y。第 13 行～第 15 行是函数体，用大括号"{}"括起来。第 13 行定义变量 z，第 15 行遇到 return 语句，终止 mul 函数的执行，将 z 的值作为 mul 函数的返回值代回到主调函数中。

通过以上程序例子，可以看出 C 程序有以下特点。

(1) C 程序组成。一个 C 程序可以由一个或多个源程序文件组成。由于例 1-1 和例 1-2 比较简单，所以每个程序由一个源文件组成。每个源文件中可以包含多个函数，但必须有且仅有一个 main 函数。每个源文件主要包括预处理命令和函数定义。

① 预处理命令。该部分与程序的其他部分一起组成一个源程序，经过编译得到目标程序，例如#include<stdio.h>。在对源程序编译前，要先对预处理命令进行处理，例如，对于"#include<stdio.h>"命令来说，即将 stdio.h 头文件的内容包含进来，代替#include<stdio.h>。

② 函数定义。如例 1-2 中的 mul 函数，用于实现积运算。当然，不同的函数有不同的功能。

(2) 函数是 C 程序的主要组成部分。函数是 C 程序的基本单位和功能单位，每个函数具有一定的功能。一个 C 程序可以由一个或多个函数组成，但必须有且仅有一个 main 函数。例 1-1 和例 1-2 中都包含了 main 函数，在例 1-2 中，同一个文件中包含了两个函数。

C 语言的函数库十分丰富，用户知道函数的功能、名称以及参数即可调用，节省了大量时间。当然，不同的编译系统为用户提供的库函数不尽相同。

(3) 函数的组成。函数由两部分组成，即函数首部和函数体。

① 函数首部。函数首部即函数定义的第 1 行，按顺序依次为函数类型、函数名、形式参数类型、形式参数。例 1-2 中的 mul 函数的首部为 int mul(int x, int y)，表明定义函数类型为 int，函数名称为 mul，函数的两个整型参数为 x 和 y。注意，函数名称后面的括号不能少，即使没有形式参数也要有括号，例如 int main()。

② 函数体。函数体包含两部分，即声明部分和执行部分，要用大括号括起来。声明部分主要定义在函数中所用到的变量，以及对本函数所调用的函数进行声明。执行部分是按照需要编写的程序语句，用于完成函数指定的功能。

(4) 一个 C 程序总是从 main 函数开始执行。在 C 程序中，main 函数的位置可以任意，即 main 函数可以放在程序的开始、中间或末尾。但程序的执行总是从 main 函数开始，并在 main 函数中结束，其他函数是通过在 main 函数中调用的方式得以实现的。

(5) 在 C 语言中，变量声明和语句最后都要用分号表示结束。C 程序对计算机的操作是由函数中的语句完成的。C 语言语句的书写相对自由，一行可以写多条语句，也可以一个语句写多行。

（6）C 语言本身不提供输入输出语句，而是使用输入输出库函数来实现。输入输出涉及计算机设备，这样可以使 C 语言本身的规模小，编译程序简单，易于在各种平台上实现，可移植性好。

（7）程序中应有注释。源程序中的注释对于程序编制者和其他想熟悉程序的人来说都是非常重要的，可以提高程序的可读性。用户可以用"//"或"/＊ … ＊/"对 C 程序中的任何部分添加注释。

1.3.4　C 语言对其他语言的影响

C 语言是一门结构化程序设计语言，兼有高级语言和低级语言的功能，不仅可用于编写应用软件，还可以编写系统软件。目前流行的面向对象程序设计语言，如 C++ 、C♯ 等，都是在 C 语言的基础上发展派生而来的。学习 C 语言不仅能够让读者掌握程序设计的基本思想，也可为今后学习其他语言打下良好的基础。

C 语言可以用于开发比较底层的东西，例如驱动、通信协议之类，在 UNIX 和 Linux 环境中也是不可或缺的，另外 C 语言在嵌入式领域也大有作为。尽管 C 语言提供了许多低级处理的功能，但仍然保持着跨平台的特性。C 程序可读性比汇编程序好，易于调试、修改和移植，而代码质量与汇编语言相当。C 语言一般只比汇编语言代码生成的目标程序效率低 10％～20％。

很多编程语言都深受 C 语言的影响，例如 C++ 、Java、C♯ 、Python、PHP、JavaScript、Perl、LPC 和 UNIX 的 C Shell 等。

1. C 与 C++

C 语言是一种结构化语言，重点在于算法和数据结构，C++ 是在 C 语言的基础上开发的一种面向对象编程语言。C 语言是面向过程的，而 C++ 是面向对象的，但这两种语言都是编译型语言，即直接生成机器码的语言，程序运行效率极高。C++ 中的 IDE 很智能，C++ 可以自动生成所需的程序结构，使开发者节省很多时间。C++ 可以写 DLL，写控件，写系统，因此，C++ 在游戏、科学计算、网络软件、中层框架、嵌入式、工业互联网、人工智能等方面有着广泛的应用。

2. C、C++ 与 Java

C++ 在 C 语言的基础上加入了面向对象的概念，因此是混合型面向对象语言。Java 在 C++ 的基础上进行了改进，摒弃了一些 C++ 的不足之处，语法和 C++ 很像，它运行在 Java 虚拟机上，所以可以跨平台。Java 与 C++ 不同之处在于 Java 编译程序生成字节码（byte-code），而不是通常的机器码。字节码是程序的一种低级表示，可以运行于 Java 虚拟机上。将程序抽象成字节码可以保证 Java 程序在各种平台上运行。C/C++ 语言适合去操作硬件，Java 适合去操作软件。Java 在 Android 应用、金融业服务器程序、网站、嵌入式领域、大数据技术、科学应用等方面发挥着良好的性能。

3. C、C++ 与 C♯

C♯是由 C 和 C++ 衍生出来的一种安全的、稳定的、简单的面向对象编程语言。它在继承 C 和 C++ 强大功能的同时去掉了一些它们的复杂特性。C♯是面向对象的编程语言,但它和 Java 一样并非生成机器码,是一种解释型语言。

C♯使得 C++ 程序员可以高效地开发程序,且因可调用由 C/C++ 编写的本机原生函数,绝不会损失 C/C++ 原有的强大的功能。因为这种继承关系,C♯与 C/C++ 具有极大的相似性,熟悉 C/C++ 语言的开发者可以很快转向 C♯。相对于 C++ ,用 C♯开发应用软件可以大幅缩短开发周期,同时可以利用原来除用户界面代码之外的 C++ 代码。

4. C 与 Python

Python 是一种面向对象的解释型语言,它的底层是用 C 语言写的,其很多标准库和第三方库也都是用 C 语言写的,运行速度非常快。Python 解释器易于扩展,可以使用 C 语言或 C++ (或者其他可以通过 C 调用的语言)扩展新的功能和数据类型。Python 也可用于可定制化软件中的扩展程序语言。Python 丰富的标准库,提供了适用于各个主要系统平台的源码或机器码。现在,Python 广泛地应用于 Web 和 Internet 开发、科学计算和统计、人工智能、桌面界面开发、软件开发、后端开发、网络接口、图形图像处理、数据处理、文本处理、数据库编程、网络编程、Web 编程等领域。

1.4 C 程序上机调试

视频讲解

编程人员用高级语言编写的源程序,计算机不认识,是因为计算机只能识别由 0 和 1 组成的机器语言。编程人员要使用编译程序将源程序编译成二进制形式的目标程序,然后再将目标程序和库函数以及其他目标程序连接在一起,形成可执行程序。

1.4.1 C 语言编译工具

Windows、Linux 和 macOS 操作系统可以很方便地编译 C 程序,而手机及平板电脑上的操作系统只能通过浏览器使用云技术开发应用程序,或仅能使用 App 模拟 C 程序的运行。

C 程序有三种编译方式:编译器＋文本编辑软件、本地集成开发环境(IDE)和 Web 集成开发环境(WebIDE)。

1. 编译器＋文本编辑软件

C 语言源程序是纯文本文件,使用记事本类的纯文本编辑软件即可进行程序编辑,然后用编译器将 C 语言源程序转换为可执行程序。编译器会在代码有错误的情况下提示出错的行数与原因。常见的编译器有以下两种。

（1）GCC。

GCC(GNU Compiler Collection,GNU 编译器套件)是由 GNU 开发的编程语言编译器。GCC 是纯粹的编译器,MinGW 是 Windows 版本的 GCC。将 MinGW 安装到计算机中,并进行正确的系统路径设置后,可以在任意路径下使用 GCC 命令。

（2）TCC。

TCC(Tiny C Compiler,简称 TCC)是一个超小、超快的标准 C 语言编译器。

文本编辑软件＋GCC/TCC 的优势是所需的准备工作很少,熟悉基本操作后,这种编译方式是学习 C 编程效率最高的组合,适合在微型计算机或笔记本电脑上使用。

2. 本地集成开发环境 IDE

集成开发环境(IDE,Integrated Development Environment)是用于提供程序开发环境的应用程序,一般包括代码编辑器、编译器、调试器和图形用户界面工具,是集代码编写功能、分析功能、编译功能、调试功能等一体化的开发软件。使用本地 IDE 需要安装相应软件,软件的安装受到计算机硬件及操作系统的限制。

在 Windows 下, Visual C++ 6.0、Visual Studio、Dev C++ 、Code∶∶Blocks 及 C-Free 等 IDE 包含了 C 语言的编辑环境及编译器,可以直接进行 C 语言编译。

（1）Visual C++ 6.0(简称 VC 6.0)是微软开发的一款经典的 IDE,但 VC 6.0 是 1998 年的产品,在 Windows 7 下有各种各样的兼容性问题,在 Windows 8、Windows 10 下不能运行。

（2）Visual Studio。

Visual Studio(简称 VS)是 Visual C++ 6.0 的升级版,增加了很多特性,支持了更多的语言,非常庞大,安装包有 2～3GB,而且会安装很多暂时用不到的工具,安装时间较长。

（3）Dev C++ 。

Dev C++ 是一款自由软件,是可以运行在 Windows 环境中的轻量级 C/C++ 集成开发环境,是一款适合 C 语言学习的 IDE。

（4）Code∶∶Blocks。

Code∶∶Blocks 是一款开放源码的全功能的跨平台 C/C++ IDE,可以运行在 Linux、Windows 和 macOS 系列操作系统上。

（5）C-Free。

C-Free 是一款 C/C++ IDE,包括收费的 C-Free 5.0 专业版和免费的 C-Free 4.0 标准版。C-Free 中集成了 C/C++ 代码解析器,能够实时解析代码,并且在编写的过程中给出智能的提示。C-Free 提供了对业界主流 C/C++ 编译器的支持,可以在 C-Free 中轻松切换编译器。

在 Linux 下通常使用 GCC 编译器。GCC 是 GUN 组织开发的自由软件,除了支持C,还支持 C++ 、Java、Objective-C 等,它是 Linux 平台编译器的事实标准。

在 macOS X 下,通常使用 Xcode。Xcode 是由 Apple 官方开发的 IDE,支持 C、C++ 、Objective-C、Java 等,可以用来开发 OS X 和 iOS 上的应用程序。Xcode 最初使用

GCC 作为编译器,后来改用 LLVM。

3. Web 集成开发环境

相对于前两种开发环境,使用 Web 集成开发环境(WebIDE)无须本地安装开发环境,只需要打开浏览器就能立即学习,即 WebIDE 在任意一台计算机、平板电脑或手机上打开浏览器就能立即编码开发。使用 WebIDE 学习 C 语言可以不受计算机硬件、操作系统的限制,但必须联网并通过账号登录才能使用。在只能用平板电脑或手机的情况下,可以自行选择所需的 WebIDE。

(1) Lightly。

Lightly 是一款轻量的 WebIDE,访问网址为 https://lightly.teamcode.com/。

除了 C 语言,Lightly 还支持多种主流的编程语言。除了 WebIDE,Lightly 还有 Windows 和 macOS 系列操作系统上的客户端应用程序。

(2) Ideone。

Ideone 是 C 和 C++ 的在线编译和调试工具,访问网址为 https://ideone.com/。

1.4.2 C 程序调试步骤

以 VC++ 2010 为例,从编辑到运行一个 C 语言程序的步骤如下。

(1) 启动 VC++ 2010 集成开发环境。

(2) 新建项目,定位合适的路径保存。

(3) 添加源文件,源文件的扩展名为.c 或.cpp。

(4) 编辑(或修改)源文件。

(5) 生成解决方案。如果生成成功,则会生成扩展名为.exe 的可执行程序;否则,通过显示的错误信息进行修改,再生成解决方案,直至成功。

(6) 运行可执行程序。通过观察程序运行结果,验证程序的正确性,如果结果不正确,回到步骤(4),重复步骤(4)和步骤(5)的操作,直至程序结果正确。

(7) 退出 VC++ 集成开发环境,结束本次程序运行。

下面通过实例来描述从编辑到运行一个 C 语言程序的过程。

1. 启动 VS 2010

在 Windows 的程序项中找到 VS 2010[①] 的启动图标,启动 VS。

2. 新建项目

(1) 选择"文件(File)[②]"→"新建(New)"→"项目(Project)"菜单命令。

(2) 在弹出的对话框中选择"Win32 控制台应用程序(Win32 Console Application)",如图 1-6 所示。

---

① VC++ 2010 是 Microsoft 公司的 Visual Studio 2010(简称 VS 2010)开发工具箱中的一个 C++ 程序开发包。

② 为了让读者熟悉中文和英文两种版本的 VS 2010 环境,本书在介绍菜单项、命令、按钮等时在括号中提供相应的英文,例如"文件(File)"。

图 1-6 "新建项目"对话框

（3）在"位置（Location）"框中选择相应的存储路径，在"名称（Name）"框中输入项目名称，然后单击"确定（OK）"按钮。

（4）在"Win32 应用程序向导"对话框的"概述页面"单击"下一步（Next）"按钮。

（5）在"Win32 应用程序向导"对话框的"应用程序设置"页选择"控制台应用程序（Console application）"和"空项目（Empty project）"，同时取消"预编译头（Precompiled header）"如图 1-7 所示，然后单击"完成（Finish）"按钮。

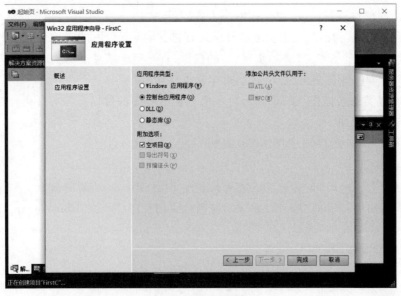

图 1-7 应用程序设置页

3. 编辑源程序

（1）选择"视图"→"解决方案资源管理器"菜单命令，在解决方案资源管理器中，单击项目名前的加号"＋"，右击"源文件（Source Files）"，选择"添加（Add）"→"新建项（New Item）"菜单命令，在弹出的对话框中选择"C＋＋文件（C＋＋ File）"选项，然后在"名称（Name）"框中输入源文件名称，如图 1-8 所示，然后单击"添加（Add）"按钮。

图 1-8　新建源文件

（2）在编辑区中输入源程序代码，如图 1-9 所示。

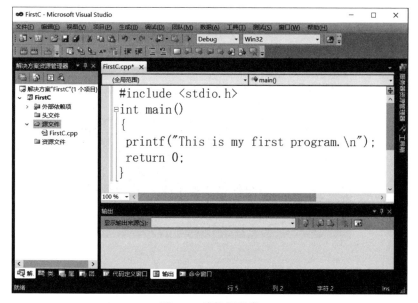

图 1-9　编辑源程序

4. 生成解决方案

（1）选择"生成(Build)"→"生成解决方案(Build Solution)"菜单命令，对源程序进行编译连接。

（2）如果解决方案生成成功，将在如图 1-10 所示的信息窗口中显示"全部重新生成：成功 1 个，失败 0 个，最新 0 个，跳过 0 个"，表示没有任何错误。

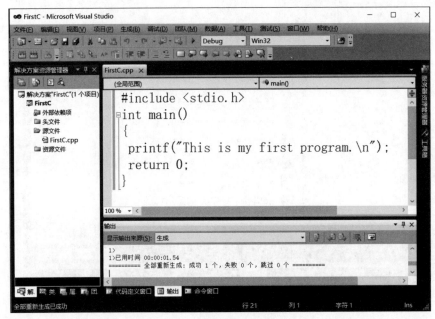

图 1-10　生成解决方案

5. 运行程序

单击"调试(Debug)"→"开始执行（不调试）(Start Without Debugging)"，运行程序，运行结果如图 1-11 所示。

图 1-11　运行程序

习 题 1

1. 什么是程序？
2. 计算机语言经历了哪几个阶段？
3. 程序的基本结构主要有哪几种？
4. 程序的翻译方式有哪几种？
5. 熟悉上机环境，利用 VC 运行本章的两个例题。
6. 参照例题，在屏幕上输出如下信息：

Happy birthday!

第2章

基本类型数据及其运算

计算机程序的功能是对数据进行加工和处理。通常,一个程序应包括对数据的描述和对数据处理的描述。

对数据的描述即数据结构,对数据处理的描述即算法。在 C 语言中,数据结构以数据类型的形式出现,算法由语句序列实现。

视频讲解

2.1　C 语言的数据类型

C 语言有丰富的数据类型,如图 2-1 所示。C 语言的数据类型主要分两大类:一类是系统已经定义好的基本类型,如字符型、整型和实型等;另一类是编程人员自定义的构造类型,又称复合数据类型,如数组类型、结构体类型、共用体类型和枚举类型等。另外,还有指针类型、空类型。不同的数据类型代表不同的数据结构。

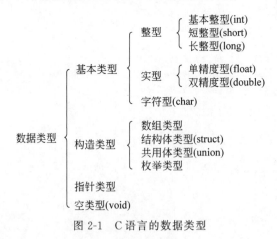

图 2-1　C 语言的数据类型

数据的值有两种不同的表现形式,即常量和变量。每个常量必定属于某一数据类型,每个变量在使用之前必须定义其数据类型。

为了实现数据的各种操作,C 语言提供了丰富的运算符和表达式,以完成各种数值计算和非数值计算。

本章着重介绍基本类型中整型、实型和字符型数据的运算及输入输出。

2.2　常量与变量

本节介绍常量与变量,在介绍之前,先了解一下 C 语言标识符。

2.2.1　标识符

视频讲解

在 C 语言中,标识符就是常量、变量、数组、函数、类型和语句的名称,分为关键字、预定义标识符和用户标识符 3 种类型。

1. 关键字

关键字是 C 编译系统所指定的特殊标识符,每个关键字在 C 程序中都有其特定的作用。在编译 C 代码时,编译器如果遇到关键字,就根据关键字的含义来进行解析与编译,例如:

```
int a=10;
```

其中,int 是关键字,编译器编译到它时,就会将它后面的标识符作为整型变量名来处理。

ANSI C 标准中共有 32 个关键字,1999 年 ISO 推出的 C99 标准新增了 5 个关键字(见附录 A)。根据其作用的不同,可以将关键字分为数据类型关键字和流程控制关键字两大类。数据类型关键字如 int、char、float 等,流程控制关键字如 if、while、do、for 等。

2. 预定义标识符

预定义标识符通常包括 C 编译系统提供的标准库函数名(如 printf、scanf 等)和编译预处理命令名(如 define、include 等)。在 C 语言中,预定义标识符也有特定的含义。虽然预定义标识符也可以作为用户标识符使用,但这样会失去系统规定的原意。

3. 用户标识符

C 程序中用于标识变量、符号常量、数组、函数和数据类型等对象的字符序列,统称为用户标识符。用户标识符就是对象的名称,由编程人员自己命名,但要遵守命名规则。C 语言规定用户标识符只能由字母、数字、下画线组成,且以字母或下画线开头。本书以后章节中所提到的标识符都指用户标识符。

说明:

(1) C 语言中同一字母的大写和小写形式被认为是两个不同的字符。例如,total、TOTAL、ToTaL、tOtAl 被认为是不同的用户标识符。

(2) C 语言的关键字不能用作用户标识符。例如,int 不能用作用户标识符,但 Int、INT、iNt 都是合法的用户标识符。

(3) 用户标识符的命名要做到见名知意,通常选择能表示数据含义的英文单词(或缩写)或汉语拼音字头作为标识符。例如 name/xm(姓名)、sex/xb(性别)、age/nl(年龄)。

(4) 尽量避免使用易混字符。例如 1、l、i、0、o、O、p、P、x、X、2、z、Z 等。

下面是几个用户标识符的示例,仔细观察它们的区别:

file6、stu_name、DeFault、_9、xandy 是正确的用户标识符;

6file、stu-name、default、-9、x&y 是不正确的用户标识符。

视频讲解

2.2.2 常量

在程序运行过程中,值不能被改变的量称为常量。常量分为直接常量和符号常量两种类型。

1. 直接常量

直接常量即常数,根据数据类型的不同,直接常量可以分为整型常量、实型常量、字符常量和字符串常量。直接常量的类型从字面上就能够区分出来,例如,125 为整型常量,12.56 为实型常量,'a' 为字符常量,"china" 为字符串常量。

2. 符号常量

符号常量用一个用户标识符来代表一个常量。符号常量由编译预处理命令#define定义,一般形式如下:

#define 标识符 常量

例如:

```
#define  PI  3.1415926          //标识符 PI 是常量 3.1415926 的符号常量
```

有了这个定义之后,就可以在程序中用符号常量名 PI 代表常量 3.1415926。

【例 2-1】 已知圆的半径,求圆的周长和面积。

```
#define  PI  3.1415926
int main()
{
    int radius;
    float circumference,area;
    radius=5;
    circumference=2 * PI * radius;
    area=PI * radius * radius;
    printf("周长＝%f\n",circumference);
    printf("面积＝%f",area);
    return 0;
}
```

编译预处理也称预编译,是程序在正式编译前预先做的一些处理,即将程序中所有的符号常量名 PI 替换成 3.1415926。

使用符号常量的优点如下。

(1) 含义清楚。在程序中有些常量具有特定含义,用符号常量名代表它,含义清楚,能够提高程序的可阅读性。

（2）一改全改。在需要改变常量值时只要将定义该常量的命令改动一下即可,不仅方便,还能避免出错,例如:

```
#define PI  3.14
```

编译预处理命令#define 也称宏定义,符号常量名也称宏名。

2.2.3　变量

对于程序中要处理的数据,在程序执行时要将其存入内存才能使用。通常使用变量来存储数据。

变量代表内存中具有特定属性的一个存储空间,用来存放数据,其中的数据称为变量的值。在程序运行期间,变量值是可以改变的。

每个变量都必须有一个名称,变量名实际上是以一个名称代表一个内存地址。编译系统将根据类型对每一个变量分配相应字节的连续内存单元,称为变量存储空间。把这几个内存单元地址中的地址称为变量地址。变量地址可用"& 变量名"求得。

在程序中,可以通过变量名来引用变量的值。从变量中取值,实际上是通过变量名找到相应的内存地址,从该存储空间中读取数据。变量名、变量地址、变量存储空间和变量值之间的关系如图 2-2 所示。

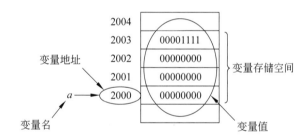

图 2-2　变量名、变量地址、变量存储空间和变量值之间的关系

1. 定义变量

在 C 语言中,要求所有用到的变量必须先定义、后使用。定义变量的一般形式如下:

类型说明符　变量名 1[,变量名 2,…,变量名 n];

例如:

```
int  i,j,k;
float  x,y,z;
```

变量的数据类型可以是基本数据类型,也可以是构造数据类型。数据类型决定了变量所占内存的字节数以及数据在内存中的存放形式。定义一个变量的过程就是向内存申请一个符合该数据类型的存储空间,以后对该变量的操作就是对该存储空间的存取操作。

为了区分符号常量和变量,符号常量名通常用大写字母,变量名用小写字母。

2. 变量赋值

定义变量后,如果没有赋值,普通变量的值将是一个随机值,直到为其赋一个确定的值为止。为变量赋值有以下几种方式。

(1) 为变量赋初值。定义变量时直接赋值,也称为变量的初始化,例如:

```
int a=10,b=9,c=6;
float x=3.0,y=1.0,z=2.0;
```

不能将为同初值的变量赋初值写成以下形式:

```
int a=b=c=6;
```

只能写成:

```
int a=6, b=6, c=6;
```

(2) 用赋值语句赋值。先定义变量,之后用赋值语句为变量赋值,例如:

```
float x;
x=10.0;
```

(3) 从键盘输入数据为变量赋值。在程序执行过程中,通过调用输入函数从键盘输入数据为变量赋值,例如:

```
int a;
scanf("%d",&a);
```

(4) 从磁盘文件读取数据为变量赋值。

视频讲解

2.3 整型数据

整型数据包括整型常量和整型变量。

2.3.1 整型常量

整型常量即整数,在 C 语言中,整型常量有 3 种表示形式。

(1) 十进制整型常量。由数字 0~9 组成,例如−10、0、8、10。

(2) 八进制整型常量。以 0 开头,由数字 0~7 组成。例如,十进制 8 写成八进制 010,十进制 10 写成八进制 012。如果写成 0478 则是非法的,因为八进制数不能含有数字 8。

(3) 十六进制整型常量。以 0x 或 0X 开头,由 0~9、a~f、A~F 组成。例如,十进制 16 写成十六进制 0x10。0xa4f、−0X8aC、0x3459 都是十六进制整型常量。

2.3.2 整型变量

整型变量用来存放整型数据。

1. 整型数据存放形式

整型数据在内存中以二进制补码形式存放,可以通过求原码和反码得到补码。

(1) 原码。最高位存放数的符号(0 为正,1 为负),其余位以二进制形式存储数值部分。

(2) 反码。正数的反码是原码本身,负数的反码为对原码按位(除符号位外)取反。

(3) 补码。正数的补码与原码相同,负数的补码等于其反码加 1(在最低位加 1)。

例如,290 和−290 的原码、反码和补码如图 2-3 所示。

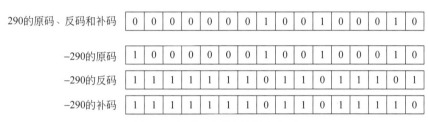

图 2-3 原码、反码和补码的表示

2. 整型变量的分类

根据占用内存字节数的不同,整型变量分为基本整型(类型关键字为 int)、短整型(类型关键字为 short[int])和长整型(类型关键字为 long[int])3 种类型。

不同的编译系统为整型数据分配的字节数有所不同。Turbo C 2.0 和 Turbo C++ 3.0 为 short 和 int 分配 2 字节,为 long 分配 4 字节;VC++ 2010 为 short 分配 2 字节,为 int 和 long 分配 4 字节。

本书中所有举例和例题都是在 VC++ 2010 下调试及运行的。

3. 整型变量的符号属性

用户在 C 程序中使用整型数据应注意数据的符号属性。

(1) 有符号整型数据。有符号整型数据的最高位为符号位,符号位为 0 表示正数,符号位为 1 表示负数。有符号整型数据又分为有符号基本整型([signed] int)、有符号短整型([signed] short [int])和有符号长整型([signed] long [int])数据。

(2) 无符号整型数据。无符号整型数据表示的都是正数,其最高位不是符号位而是数值位。无符号整型数据又分为无符号基本整型(unsigned [int])、无符号短整型(unsigned short [int])和无符号长整型(unsigned long [int])数据。

4. 整型数据值域

整型数据所占的字节数和数值范围如表 2-1 所示。

表 2-1　整型数据所占的字节数和数值范围

类　　型	字　节　数	数　值　范　围
int	2(16 位)	$-32\,768\sim32\,767(-2^{15}\sim2^{15}-1)$
	4(32 位)	$-2\,147\,483\,648\sim2\,147\,483\,647(-2^{31}\sim2^{31}-1)$
unsigned int	2(16 位)	$0\sim65\,535(0\sim2^{16}-1)$
	4(32 位)	$0\sim4\,294\,967\,295(0\sim2^{32}-1)$
short	2(16 位)	$-32\,768\sim32\,767(-2^{15}\sim2^{15}-1)$
unsigned short	2(16 位)	$0\sim65\,535(0\sim2^{16}-1)$
long	4(32 位)	$-2\,147\,483\,648\sim2\,147\,483\,647(-2^{31}\sim2^{31}-1)$
unsigned long	4(32 位)	$0\sim4\,294\,967\,295(0\sim2^{32}-1)$

有符号和无符号整型数据在 2 字节中的存放形式分别如图 2-4 和图 2-5 所示。

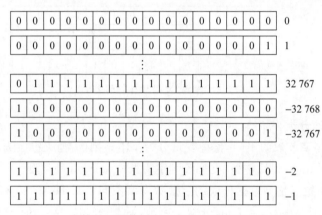

图 2-4　有符号整型数据在 2 字节中的存放形式(补码)

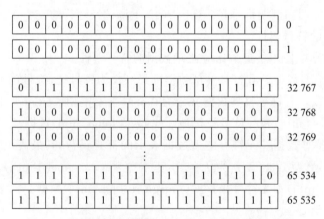

图 2-5　无符号整型数据在 2 字节中的存放形式(补码)

2.4 实型数据

视频讲解

实型数据包括实型常量和实型变量。

2.4.1 实型常量

实型常量即实数,在 C 语言中又称浮点数,它有以下两种表示形式。

1. 小数形式

实型常量的小数形式由数字序列和小数点组成,小数点不能省略。例如,3.1415926、
−0.15、0.15、.15、2.0、2.等都是合法的实型常量。

2. 指数形式

实型常量的指数形式如 123.456e2 或 123.456E2,相当于 123.456×10^2。其中,e 或 E
前面必须有数字,后面的指数必须为整数。0.235e4、24458.6e−4、5.7854e7 均是合法实
数,但 125e4.5、e4、.e4、e 等均不是合法实数。

一个实数的指数形式可以有多种表示形式,例如,123.456 可以写成 123.456e0、
12.3456e1、1.23456e2、0.123456e3、1234.56e−1 等。其中,1.23456e2 是规范化的指数形
式,即 e 或 E 前面数的整数部分只有 1 位且不为 0。实型数据的存储和输出均按规范化
的指数形式处理。

2.4.2 实型变量

实型变量用来存放实型常量。

1. 实型数据的存放形式

与整型数据的存储方式不同,实型数据以二进制指数形式存放。任何一个实数都可
以写成规范化二进制指数形式:$N = \pm M \times 2^E$,其中 M 为 N 的尾数,E 为 N 的阶码,M
前面的 ± 号为数符。

以单精度浮点数(float)为例,编译系统为其分配 4 字节,共 32 位,在内存中的存放形
式如图 2-6 所示。

31	30		23	22		0
数符	偏移阶码e			m(尾数M中的小数部分)		

图 2-6 float 型数据在内存中的存放形式

例如,将十进制数 100.625 表示成单精度浮点数形式:

(1) 将 100.625 表示成二进制数。

$$N = 1100100.101$$

$$= 1.100100101 \times 2^{110} \quad \text{(规范化二进制指数形式)}$$

由于实型数据的指数形式不唯一,所以存储时按规范化的指数形式存放。因为规范化二进制指数形式中尾数 M 的整数部分永远为 1,所以存储时省略掉,小数部分 m 以定点小数形式存储,因此,

m＝10010010100000000000000(定点小数部分补足 23 位)

(2) 求偏移阶码 e。

由于浮点数的阶码表示指数大小,有正有负,对每个阶码都加上一个正的常数(称偏移值),使能表示的所有阶码都为正整数。单精度浮点数阶码的偏移值是 127(即二进制 1111111),即

$$偏移阶码\ e = 1111111_2 + 110_2$$
$$= 10000101_2$$

(3) 表示成单精度浮点数形式。

正数的数符为 0,负数的数符为 1。

十进制数 100.625 在内存中的存放形式如图 2-7 所示。

31	30			23	22		0
0	10000101				10010010100000000000000		

图 2-7 100.625 在内存中的存放形式

2. 实型变量分类

在 C 语言中,实型变量有以下 3 种类型。

(1) 单精度型。该类型关键字为 float。

(2) 双精度型。该类型关键字为 double。

(3) 长双精度型。该类型关键字为 long double。

实型数据所占的字节数及数值范围如表 2-2 所示。

表 2-2 实型数据所占的字节数及数值范围

类　　型	字　节　数	有 效 数 字	数 值 范 围
float	4(32 位)	6～7	$10^{-38} \sim 10^{38}$
double	8(64 位)	15～16	$10^{-308} \sim 10^{308}$
long double	16(128 位)	18～19	$10^{-4932} \sim 10^{4932}$

视频讲解

2.5 字符型数据

字符型数据包括字符常量和字符变量。

2.5.1 字符常量

字符常量指单个字符,用一对单引号及其所括起来的字符表示。字符常量有普通字

符和转义字符两种表示形式。

1. 普通字符

能在屏幕上显示的字符称为普通字符,用户可直接将这类字符用单引号括起来,例如'A'、'8'、'＋'等。

2. 转义字符

C 语言还允许使用一种特殊形式的字符常量,就是以反斜杠\开头,后跟规定的单个字符或数字的转义字符。用转义字符可以表示任意字符,包括不能在屏幕上显示或不能直接输入的字符,例如换行符、退格符等。

注意:如果反斜杠、双引号或单引号本身作为字符常量,必须使用转义字符,即'\\'、'\"'、'\''。常用的转义字符如表 2-3 所示。

表 2-3　转义字符及其功能

字 符 形 式	功　　　能	ASCII 码值
\n	换行,将当前位置移到下一行行首	10
\b	退格,将当前位置移到前一列	8
\t	水平制表,跳到下一个 Tab 位置	9
\r	回车,将当前位置移到本行行首	13
\\	反斜杠字符	92
\'	单引号字符	39
\"	双引号字符	34
\ddd	1～3 位八进制 ASCII 所代表的字符	
\xhh	1 或 2 位十六进制 ASCII 所代表的字符	

其中,'\ddd'最多用 3 位八进制数来表示所对应的一个 ASCII 字符,例如,'\40'表示空格字符,'\101'表示字符'A'。

'\xhh'最多用 2 位十六进制数来表示所对应的一个 ASCII 字符,例如,'\x20'表示空格字符,'\x41'表示字符'A'。

2.5.2　字符变量

字符变量用来存放字符常量,在内存中占 1 字节的存储空间,用关键字 char 来定义。例如:

```
char a,b;
```

字符型数据在内存中存储的是字符的 ASCII 码值。将一个字符常量存储到一个字符变量中,实际上是将该字符的 ASCII 码值存储到内存单元中。例如:

```
char ch1, ch2;                    //定义两个字符变量:ch1,ch2
```

```
ch1='A'; ch2='a';                    //为字符变量赋值
```

执行上述赋值操作后,将字符'A'的 ASCII 码值 65 存储到字符变量 ch1 所占的 1 字节中,将字符'a'的 ASCII 码值 97 存储到字符变量 ch2 所占的 1 字节中,如图 2-8 和图 2-9 所示。

ch1 | 0 | 1 | 0 | 0 | 0 | 0 | 0 | 1   ch2 | 0 | 1 | 1 | 0 | 0 | 0 | 0 | 1

图 2-8　'A'的 ASCII 码值　　　　　　　　图 2-9　'a'的 ASCII 码值

由于字符型数据在内存中存储的是字符的 ASCII 码值,其形式与整数的存储形式一样,所以 C 语言允许字符型数据与整型数据相互转换。

【例 2-2】　字符型数据既可以字符形式输出,也可以整数形式输出。

```
#include <stdio.h>
int main()
{
    char ch1,ch2;
    ch1='A'; ch2=97;
    printf("ch1=%c,ch2=%c\n",ch1,ch2);
    printf("ch1=%d,ch2=%d\n",ch1,ch2);
    return 0;
}
```

运行结果:

```
ch1=A,ch2=a
ch1=65,ch2=97
```

【例 2-3】　整型数据既可以字符形式输出,也可以整数形式输出。

```
#include<stdio.h>
int main()
{   int  ch1,ch2;
    ch1='A'; ch2=97;
    printf("ch1=%c,ch2=%c\n",ch1,ch2);
    printf("ch1=%d,ch2=%d\n",ch1,ch2);
}
```

运行结果:

```
ch1=A,ch2=a
ch1=65,ch2=97
```

整型数据和字符型数据可以进行运算,当整型数据和字符型数据进行运算时,是其 ASCII 码值在参与运算。例如:

```
'A'+3 的值为 68,对应字符'D'
'5'-'0'的值为 5
```

5+'0'的值为 53,对应字符'5'

2.5.3 字符串常量

字符串常量是用一对双引号括起来的字符序列。例如"How do you do."、"the day is 2012-1-5."、"2456"等都是字符串常量。

双引号里可以有任意多个字符,也可以没有字符。没有字符的字符串称为空串,表示为""(一对紧连的双引号)。

字符串常量中可以包含转义字符,例如:

```
printf("\"A \102 \x43\"");
```

输出结果:

"A B C"

C 语言规定,在存储字符串常量时,由系统在字符串的末尾自动加一个'\0'(空字符)作为字符串的结束标志。空字符(null)是 ASCII 码值为 0 的字符,不要与空格字符(ASCII 码值为 32)相混淆。

字符串"student"在内存中的实际存放形式如图 2-10 所示。

图 2-10　字符串"student"在内存中的实际存放形式

最后一个字符'\0'是系统自动加上的,该字符串占用 8 字节而非 7 字节的内存空间。

空串""占 1 字节,存放字符串结束标志'\0'。

字符'A'与字符串"A"的区别如下:

(1) 类型不同,'A'是字符常量,而"A"是字符串常量;

(2) 所占字节数不同,'A'占 1 字节,而"A"占 2 字节。

2.6　运算符与表达式

在 C 语言中,除控制语句和标准库函数外,其他基本数据操作均可用运算符来处理。

2.6.1　运算符概述

C 语言提供了丰富的运算符和形式多样的表达式,可以完成各种数值计算和非数值计算。

C 语言的运算符有算术运算符、关系运算符、逻辑运算符、位操作运算符和赋值运算

视频讲解

符等 34 种。

用户应该理解和掌握 C 语言运算符的以下相关内容。

（1）运算符功能。例如，%的功能是求余运算。

（2）运算符与运算对象（即操作数）的关系。

① 运算对象个数。按运算符所需运算对象的个数，可将运算符分为单目运算符、双目运算符和三目运算符。

② 运算对象类型。例如，求余运算符%要求运算对象是整型。

（3）运算符优先级。C 语言运算符优先级分为 15 个级别，从 1 到 15。优先级号越小，则优先级越高。

（4）运算符结合性。所谓结合性是指当一个运算对象两侧的运算符具有相同的优先级时，该运算对象是先与左边的运算符结合，还是先与右边的运算符结合。自左至右的结合方向称为左结合性，反之称为右结合性。

结合性是 C 语言的独有概念。除单目运算符、赋值运算符和条件运算符是右结合性的运算符外，其他运算符都是左结合性的运算符。

2.6.2　表达式概述

用运算符和括号将运算对象（常量、变量和函数等）连接起来，并符合 C 语言语法规则的式子，称为表达式。

单个常量、变量或函数可以看作表达式的一种特例。单个常量、变量或函数构成的表达式称为简单表达式，其他表达式称为复杂表达式。

表达式对数据进行运算，运算结果称为表达式的值。在求表达式的值时，从左往右逐步执行。如果一个运算对象两侧的运算符优先级不同，则按运算符的优先级高低次序执行，例如先乘除后加减。如果一个运算对象两侧的运算符优先级相同，则按结合性进行。

例如，在执行 a+b＊c 时，变量 b 两侧的运算符优先级不同，由于乘运算符（＊）的优先级高于加运算符（+），所以，先执行 b＊c，然后再执行加 a 的运算。

又如，在执行 a−b+c 时，变量 b 两侧的运算符优先级相同，由于算术运算符的结合方向是"自左至右"，所以变量 b 先与左侧的减号结合，执行 a−b，然后再执行加 c 的运算。

2.6.3　算术运算符与算术表达式

视频讲解

1. 算术运算符

算术运算符包括+（取正）、−（取负）、＊、/、%、+（加号）、−（减号）。

（1）运算符功能。

① 除法运算符/。仅当参与运算的两个操作数均为整数时，运算结果为整数（即小数部分被舍弃），否则结果为实数。例如，5/2=2，而 5.0/2=2.5。

② 求余数运算符%。求两个数相除的余数，要求两侧的运算对象必须为整型数据。例如，5%2=1、5%−2=1、−5%2=−1、−5%−2=−1。

（2）运算对象个数。+（取正）、-（取负）是单目运算符，其他为双目运算符。

（3）运算符优先级和结合性如表 2-4 所示。

表 2-4　算术运算符优先级和结合性

运　算　符	优　先　级	结　合　性
+（取正）、-（取负）	2	自右至左
*（乘号）、/（除号）、%（求余数）	3	自左至右
+（加号）、-（减号）	4	自左至右

2. 算术表达式

用算术运算符将运算对象连接起来的合法的式子称为算术表达式。例如，3+6 * 9、
(x+y)/3-1 等都是算术表达式。

用户要注意数学算式转换成 C 语言表达式时写法不同。例如，x^2+3x+5 写成 C 语言表达式为 x * x+3 * x+5。

3. 算术运算类型的转换

不同类型数据的存储长度和存储方式不同，一般不能直接进行混合运算。为了提高编程效率，增加应用的灵活性，C 语言允许整型、实型和字符型数据之间进行混合运算。

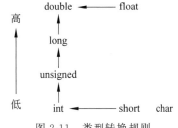

图 2-11　类型转换规则

如果一个运算符两侧运算对象的数据类型不同，则系统按"先转换、后运算"的原则，首先将两侧数据自动转换成同一类型，然后在同一类型数据间进行运算。转换规则如图 2-11 所示。

（1）横向向左的箭头表示必要的转换。char 型和 short 型必须转换成 int 型，float 型必须转换成 double 型。例如，两个 float 型数据参加运算，虽然它们的类型相同，但仍要先转换成 double 型再进行运算，结果为 double 型。

（2）纵向向上的箭头表示不同类型的转换方向。例如，int 型与 double 型数据进行混合运算，先将 int 型数据转换成 double 型，然后在两个同类型的数据间进行运算，结果为 double 型。转换按数据长度增加的方向进行，以保证精度不降低。

注意：箭头方向只表示数据类型由低向高转换，不要理解为 int 型先转换成 unsigned 型，再转换成 long 型，最后转换成 double 型。

若两种类型的字节数不同，则转换成字节数多的类型。例如，int 型和 long 型运算时，先把 int 型转换成 long 型后再进行运算。如果 int 型或 long 型与 float 型或 double 型数据进行运算，先把 int 型、long 型和 float 型数据转换为 double 型，然后进行运算，结果是 double 型。

若两种类型的字节数相同，且一种有符号，另一种无符号，则转换成无符号类型。例如，int 型和 unsigned int 型运算时，先把 int 型转成 unsigned int 型后再进行运算。

假设有如下定义：

```
char ch;
int i;   short s;
float f; double d;
```

在计算机求解表达式 ch/s+f＊i-d 的值时,从左至右扫描,运算次序如下。

(1) 首先计算 ch/s,将 ch 和 s 都转换成 int 型,ch/s 的运算结果为 int 型。

(2) 由于"＊"比"+"的优先级高,所以先计算 f＊i,将 f 和 i 都转换成 double 型,
f＊i 的运算结果为 double 型。

(3) 由于"+"和"-"的优先级相同,结合性为自左至右,所以先对 ch/s 和 f＊i 进行加
运算,由于 f＊i 为 double 型,故将 ch/s 转换成 double 型,ch/s+f＊i 的运算结果为
double 型。

(4) 最后对 ch/s+f＊i 和 d 进行减运算,运算结果为 double 型。

以上这些类型转换是由系统自动完成的。

2.6.4　赋值运算符与赋值表达式

视频讲解

1. 赋值运算符

(1) 简单赋值运算符。在 C 语言中,=是赋值运算符,也称简单赋值运算符,它的右
侧是一个表达式,左侧是一个变量。简单赋值运算符的一般形式如下:

变量=表达式

赋值运算符的功能是先求=右侧表达式的值,然后将这个值存入左侧变量所占的存
储单元中,即为变量赋值。

例如:x＝5 是将常量 5 赋值给变量 x。

(2) 复合赋值运算符。复合赋值运算符由赋值运算符＝前加一个双目运算符构成。
C 语言中有 10 种复合赋值运算符,其中,+=、-=、＊=、/=、%=为复合算术运算符,&=、
^=、|=、<<=、>>=为复合位运算符。

复合赋值运算符的一般形式如下:

变量　双目运算符=　表达式

复合赋值运算符

它等价于:

变量=变量 双目运算符 (表达式)

当＝右侧的表达式为简单表达式时,表达式外的一对圆括号才可省略,否则结果可能
不正确。例如:

```
x+=3                    //等价于 x=x+3
y＊=x+6                  //等价于 y=y＊(x+6),而不是 y=y＊x+6
```

注意:赋值表达式中"＝"左边必须是变量名或对应某特定内存单元的表达式(例如

第 6 章中由指针变量和运算符“*”构成的表达式),不能是常量或其他表达式。

2. 赋值表达式

由赋值运算符将一个变量和一个表达式连接起来的式子称为赋值表达式。

任何一个表达式都有一个值,赋值表达式也不例外。被赋给变量的值就是赋值表达式的值。例如:

```
a=5
```

表示将 5 赋给变量 a,a 的值 5 就是赋值表达式 a=5 的值。

赋值运算符的优先级为 14(见附录 B),结合方向为自右至左。例如,下面的赋值表达式:

```
a=b=8%3
```

其求解过程为自左至右扫描,由于变量 b 两侧的运算符都是=,其结合性为自右至左,所以 b 先与右侧的=结合。然后继续往右扫描,由于运算对象 8 右侧的运算符%的优先级高于左侧的=,所以先计算 8%3 的值为 2,将 2 赋值给变量 b,表达式 b=8%3 的值也为 2,再求解表达式 a=2。a 的值为 2,表达式 a=b=8%3 的值也为 2。

再如,求解含有复合赋值运算符的表达式:

```
int a=6
a-=a*=a+4
```

其求解过程如下:

(1) 先运算 a+4 的值为 10,a 的值不变仍为 6;

(2) 再运算 a*=10,等价于 a=a*10,因此 a=6*10,a 的值为 60;

(3) 最后运算 a-=60,等价于 a=a-60,因此 a=60-60,a 的值为 0,表达式 a-=a*=a+4 的值也为 0。

3. 赋值类型的转换

在进行赋值运算时,若赋值运算符两侧的运算对象类型不一致,系统自动将右侧表达式的值转换成左侧变量的类型,存入变量所占的存储单元中。转换规则如下。

(1) 整型数据与实型数据之间的类型转换。

① 将整型数据赋给实型变量时,数值不发生任何变化,但会以浮点型数据形式存储到变量中。例如:

```
float f=100;    //将 100 转换成实型数据 100.0,再以指数形式存到 f 所占的存储单元中
```

② 将实型数据赋给整型变量时,小数部分将被舍弃。例如:

```
int a=3.6415;    //将取整后的整数 3 以补码形式存入 a 所占的内存单元中
```

(2) 实型数据之间的类型转换。

① 将 float 数据赋给 double 变量时,数值不变,有效数据扩展到 16 位,存入 double 变量中。

② 将 double 数据赋给 float 变量时,截取前面 7 位有效数据,存入 float 变量中。

（3）整型数据之间、整型数据与字符型数据之间的类型转换。

① 将短（字节数少）的数据赋给长（字节数多）的变量。

a. 将短的有符号数据赋给长的变量时，需要进行符号位扩展。即将数据赋给变量的低字节，如果数据的符号位为 0，则变量的高字节补 0；反之，变量的高字节补 1，以保持数值不变，如图 2-12 所示。

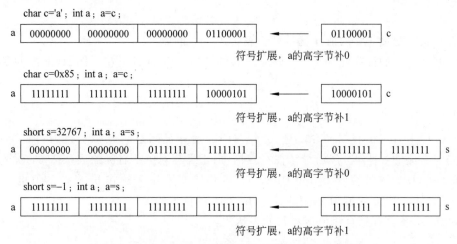

图 2-12　将短的有符号数据赋给长的变量时的类型转换

b. 将短的无符号数据赋给长的变量时，将数据赋给变量的低字节，高字节补 0，如图 2-13 所示。

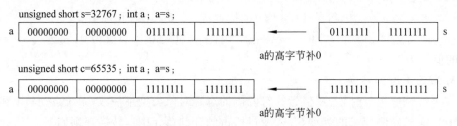

图 2-13　将短的无符号数据赋给长的变量时的类型转换

② 将长的数据赋给短的变量时，只将低字节数据原封不动地赋给变量，如图 2-14 所示。

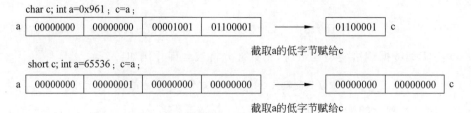

图 2-14　将长的数据赋给短的变量时的类型转换

③ 将数据赋给长度相同的变量时，按原样赋值，如图 2-15 所示。

C/C++ 程序设计进阶教程（第 2 版·微课视频版）

a. 将同长度有符号数据赋给无符号变量时,数据将失去符号位功能。

b. 将同长度无符号数据赋给有符号变量时,数据将得到符号位功能。

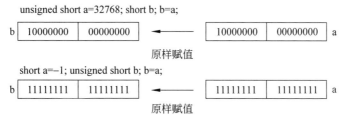

图 2-15　将数据赋给长度相同的变量时的类型转换

2.6.5　自增、自减运算符

视频讲解

C 语言的自增运算符++和自减运算符−−是单目运算符,运算对象只能是变量,优先级为 2,结合方向为自右至左。

自增、自减运算符有以下两个功能:

(1) 取由该运算符构成表达式的值;

(2) 实现变量(运算对象)自身的加 1 或减 1 运算。

自增、自减运算符都有两种用法。

(1) 前置运算。运算符放在变量之前,例如++i、−−i。

先使变量 i 的值增(或减)1,然后以变化后 i 的值作为表达式的值参与其他运算,即先增减、后求值。

(2) 后置运算。运算符放在变量之后,例如 i++、i−−。

先将变量 i 的值作为表达式的值参与其他运算,然后使变量 i 的值增(或减)1,即先求值、后增减。

例如:

```
i=2;
j=i++;      //先将 i 的值 2 作为表达式 i++的值赋给 j,然后 i 值增 1,相当于 j=i; i=i+1;
j=++i;      //先将 i 的值增 1,然后将变化后 i 的值 3 作为表达式++i 的值赋给 j,相当于
            //i=i+1;j=i;
```

【例 2-4】　自增、自减运算符的用法。

```
#include<stdio.h>
int main()
{
    int x=6, y;
    printf("x=%d\n",x);                      //输出 x 的初值
    y=++x;                                   //前置运算
    printf("y=++x: x=%d,y=%d\n",x,y);
    y=x--;                                   //后置运算
```

```
        printf("y=x--: x=%d,y=%d\n",x,y);
        return 0;
}
```

运行结果：

```
x=6
y=++x: x=7,y=7
y=x--: x=6,y=7
```

说明：

（1）自增、自减运算常用于循环语句中，使循环控制变量增（或减）1，或用于指针变量中，使指针指向下（或上）一个地址。

（2）自增、自减运算符不能用于常量和表达式，例如，5++、--(a+b)等都是非法的表达式。

（3）在表达式中连续使同一变量进行自增或自减运算时，不同的编译系统处理方法可能不一样，所以最好避免这种用法，例如，(i++)+(i++)+(i++)。

视频讲解

2.6.6　关系运算符与关系表达式

在程序中经常需要比较两个量的大小关系，以决定程序下一步的工作。比较两个量的运算符称为关系运算符。

1. 关系运算符

在 C 语言中，关系运算符有 6 种，如表 2-5 所示。

表 2-5　关系运算符

运　算　符	优　先　级	结　合　性
>（大于）、>=（大于或等于）<（小于）、<=（小于或等于）	6	自左至右
==（等于）、!=（不等于）	7	自左至右

前面章节中已经介绍了自增、自减运算符(++和--)，算术运算符，赋值运算符。关系运算符和这些运算符优先级的高低次序如图 2-16 所示。

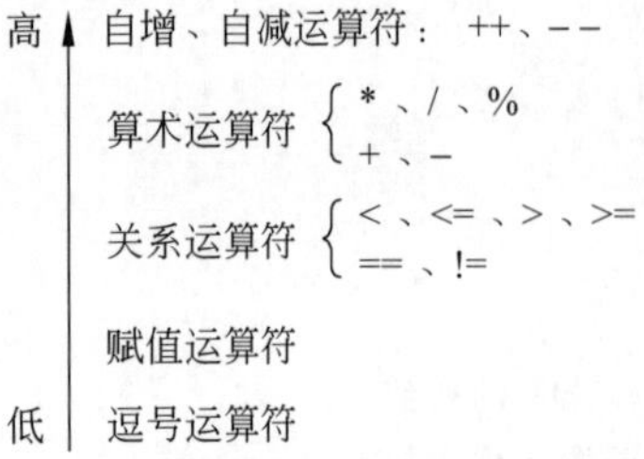

```
高  ┃ 自增、自减运算符：++、--
    ┃ 算术运算符 { *、/、%
    ┃            + 、-
    ┃ 关系运算符 { <、<=、>、>=
    ┃            == 、!=
    ┃ 赋值运算符
低  ┃ 逗号运算符
```

图 2-16　运算符优先级

在关系运算符中，>、>=、<、<=的优先级相同，==、!=的优先级相同，并且前 4 个运算符的优先级高于后两个运算符的优先级。关系运算符的优先级高于赋值运算符，低于算术运算符。关系运算符的结合性（结合方向）为自左至右。

2. 关系表达式

用关系运算符将运算对象连接起来的式子称为关系表达式，运算对象可以是常量、变量或表达式，例如，

3>7、a<=b、a%2==0、a+b>=c-d 都是合法的关系表达式。

由于运算对象也可以是关系表达式,因此,a<b<c、a==b!=c 也是合法的关系表达式。

关系运算符的功能是进行比较运算,比较的结果只有两种:成立或不成立。关系表达式的值是关系运算符的比较结果,是一个逻辑值,即"真(true)"或"假(false)"。若关系成立,关系表达式的值为真,否则为假。在 C 语言中,用 1 代表"真",用 0 代表"假"。例如:

```
int a=7,b=4,c=1,d;
a%2==0      //先求 a%2 的值为 1,求求 1==0 的值为 0,所以 a%2==0 的值为 0
a%b<a/b     //先求 a%b 的值为 3,a/b 的值为 1,再求 3<1 的值为 0,所以 a%b<a/b 的值为 0
d=a>b       //先求 a>b 的值为 1,再求 d=1 的值为 1,所以 d=a>b 的值为 1
d=a>b>c     //先求 a>b 的值为 1,然后求 1>c 的值为 0,再求 d=0 的值为 0,所以 d=a>b>c 的值为 0
(d=a)>b     //先求 d=a 的值为 7,再求 7>b 的值为 1,所以 (d=a)>b 的值为 1
```

注意:由表达式 d=a>b>c 的求解过程可以看出,在 C 语言中判断 a 大于 b 且 b 大于 c 时,不能写成关系表达式 a>b>c,而要写成逻辑表达式 a>b&&b>c,其中,&& 是逻辑与运算符。

2.6.7 逻辑运算符与逻辑表达式

视频讲解

程序中的判断条件有时是由两个或多个条件组合而成的,连接这些条件的运算符称为逻辑运算符。

1. 逻辑运算符

在 C 语言中,逻辑运算符有 3 种,如表 2-6 所示。

表 2-6　逻辑运算符

运　算　符	优先级	结　合　性	运　算　符	优先级	结　合　性
!(逻辑非)	2	自右至左	‖(逻辑或)	12	自左至右
&&(逻辑与)	11	自左至右			

在逻辑运算符中,!(逻辑非)是单目运算符,优先级高于算术运算符。&&(逻辑与)的优先级高于‖(逻辑或),二者的优先级低于关系运算符,高于赋值运算符,如图 2-17 所示。

按照运算符的优先顺序可以得出:

a+5&&b>c 等价于 (a+5)&&(b>c)
!a>0‖b&&c 等价于 ((!a)>0)‖(b&&c)

注意:逻辑运算符的结合性不是完全一致的。!是单目运算符,结合性为自右至左。&& 和‖的结合性是自左至右。

高↑　单目运算符!(逻辑非)
　　　算术运算符
　　　关系运算符
　　　&&(逻辑与)
　　　‖(逻辑或)
低　　赋值运算符

图 2-17　逻辑运算符优先级与其他运算符的比较

2. 逻辑表达式

用逻辑运算符将关系表达式或逻辑量连接起来的式子称为逻辑表达式。逻辑表达式的值是一个逻辑值，即"真"或"假"。在 C 语言中，以 1 表示"真"，以 0 表示"假"。逻辑运算的真值表如表 2-7 所示，其中，a、b 是运算对象。

表 2-7　逻辑运算真值表

a	b	!a	a&&b	a‖b
假	假	真	假	假
假	真	真	假	真
真	假	假	假	真
真	真	假	真	真

在求逻辑表达式的值时，参与逻辑运算的对象可以是任意类型的数据，以非 0 表示真，以 0 表示假。例如：

```
8&&15            //由于 8 和 15 均非 0,因此 8&&15 的值为 1(真)
4&&'0'           //由于'0'的 ASCII 码值为 48,表示真,所以 4&&'0'的值为 1
0‖'\0'           //由于'\0'的 ASCII 码值为 0,所以 0‖'\0'的值为 0(假)
```

在求解逻辑表达式的值时，并不是所有逻辑运算符都被执行，只有在必须执行下一个逻辑运算符才能求出表达式值时，才执行该运算符。对于逻辑与运算符 **&&**，如果其左侧表达式的值为假，那么右侧表达式不进行求解（即不执行）；对于逻辑或运算符 ‖，如果其左侧表达式的值为真，则右侧表达式不进行求解。例如：

```
int x=10,y=20;
(x=0) && (y=30)   //由于 x=0 的值为 0,因此 y=30 不被执行,所以 x 的值变成 0,y 的值不变
(x=0) ‖ (y=30)    //由于 x=0 的值为 0,因此 y=30 被执行,所以 x 的值变成 0,y 的值变成 30
```

2.6.8　逗号运算符与逗号表达式

在 C 语言中，逗号","也作为运算符。用逗号运算符连接起来的式子称为逗号表达式，其一般形式如下：

表达式 1, 表达式 2, …, 表达式 n

逗号运算符的优先级为 15，结合方向为自左至右。

逗号表达式的求解过程为：自左至右，依次计算各表达式的值，将"表达式 n"的值作为整个逗号表达式的值。

```
a=3*5,a*4    //先求解 a=3*5,得 a=15,再求 a*4=60,所以逗号表达式的值为 60
a=3,a*4,a++  //先求解 a=3,再求 a*4=12,最后求解 a++,其值为 3,所以逗号表达式的值为 3
```

并不是任何地方出现的逗号都是逗号运算符。在很多情况下，逗号仅用作分隔符，例如：

```
printf("%d%d%d",a,b,c);
```

2.7　数据的类型转换

数据的类型转换有隐式类型转换和强制类型转换两种。

1. 隐式类型转换

隐式类型转换是由系统自动进行的转换,也称自动类型转换。当出现下述情况时,将进行隐式类型转换。

(1) 运算转换。不同类型数据混合运算时进行转换(见 2.6.3 节)。

(2) 赋值转换。把一个值赋给与其类型不同的变量时进行转换(见 2.6.4 节)。

(3) 输出转换。输出时转换成指定的输出格式(见 2.8.1 节)。

2. 强制类型转换

当自动类型转换不能达到目的时,C 语言允许进行强制类型转换。

数据类型强制转换的一般形式如下:

(要转换成的数据类型)(被转换的表达式)

其中,(要转换成的数据类型)是强制类型转换运算符。当被转换的表达式是一个简单表达式时,外面的一对圆括号可以省略,例如:

```
(double)a            //将变量 a 的值转换成 double 型
(int)3.75            //将 3.75 转换成 int 型值 3
(int)(5.8+3.4)       //将 5.8 与 3.4 的和 9.2 转换成整型值 9
```

注意:

(1) 强制转换类型得到的是一个所需类型的中间量,原表达式类型并不发生变化,例如,(double)a 只是将变量 a 的值转换成一个 double 型的中间量,变量 a 的数据类型并未被转换成 double 型。

(2) 如果被转换表达式不是简单表达式,外边的一对圆括号不能省略,例如:

```
(int)5.8+3.4         //将 5.8 的值转换成整型值 5 再与 3.4 相加,得到实型值 8.4
```

2.8　数据的输入与输出

在程序的运行过程中,往往需要用户输入一些数据,再根据输入的数据得到相应的结果;而程序运算所得到的结果又需要输出给用户,由此实现人与计算机之间的交互,所以,输入与输出是程序设计中最基本的操作之一。

输入是由输入设备向计算机主机输入数据。输出是由计算机主机向输出设备输出数据。对于 C 语言而言,通常的输入设备为键盘,输出设备为显示器。另外,C 语言程序可以从磁盘文件读入数据,也可以将数据输出到磁盘文件,因此,磁盘文件既是输入设备又是输出设备。

C语言中没有专门的输入输出语句,所有的输入输出操作都是通过调用标准输入输出库函数来完成的。

在使用标准库函数时,用户要用预编译命令#include 将相应的头文件包含到源文件中。头文件中包含了调用函数所需要的相关信息,例如,有关的变量定义、宏定义及函数的声明等。

在调用标准输入输出函数时,需要用到头文件 stdio.h,由于预编译命令#include 都放在程序的开头,因此在程序开头应该有以下预编译命令:

```
#include "stdio.h"
```

或

```
#include<stdio.h>
```

2.8.1 格式化输入输出函数

视频讲解

2.8.1.1 格式化输出函数 printf

格式化输出函数 printf 的功能是按指定格式向显示器输出数据,其一般形式如下:

printf(格式控制,输出项)

其中,输出项是表达式,printf 函数的功能是将表达式的值按指定格式输出。当有多个输出项时,各项之间用逗号分隔。

格式控制是用双引号括起来的字符串,包括两部分内容:一部分是普通字符和转义字符,它们将按原样输出到显示器上;另一部分是输出格式说明,以%开始,后跟格式字符,用来将输出的数据转换为指定的格式输出。

输出项与前面的“格式控制”必须由左至右一一对应,例如:

```
int a=5; char c=65;
printf("a= %d,c=%c\n",a,c);
          格式控制    输出项
```

运行结果:

```
a=5,c=A
```

说明:普通字符'a'、'='、','、'c'、'='和'\n'均按原样输出到屏幕上。输出格式说明%d 与 a 对应,指定 a 以十进制整数形式输出;%c 与 c 对应,指定 c 以字符形式输出。

1. 输出格式说明

输出格式说明的一般形式如下:

%[<修饰符>]<格式字符>

（1）格式字符。格式字符用于指定输出数据按何种形式输出。格式字符及其作用如表 2-8 所示。

表 2-8　格式字符及其作用

格 式 字 符	作　　　用
d 或 i	输出有符号十进制整数(正整数不输出符号＋)
u	输出无符号十进制整数
o	输出无符号八进制整数(输出时不带前导 0)
x 或 X	输出无符号十六进制整数(输出时不带前导 0x 或 0X)
c	以字符形式输出单个字符
s	以字符串形式输出
f	以小数形式输出实型数据。整数部分全部输出,小数部分输出 6 位,超出小数部分自动四舍五入,小数部分不足 6 位补足 6 位
e 或 E	以规范化指数形式输出实型数据,在 VS 2010 中,输出 6 位小数,指数部分占 3 位,输出格式为 [-]m.dddddde±ddd,其中,m 为 1～9,d 为 0～9,例如 2.457816e＋002
％	输出一个％号

（2）修饰符。修饰符用于指定输出数据所占的宽度、对齐方式以及保留的小数位数等,修饰符可以省略。修饰符及其作用如表 2-9 所示。

表 2-9　修饰符及其作用

修 饰 符	作　　　用
m	指定输出数据所占的宽度,m 为正整数
－	输出数据左对齐,右补空格
.n	对于实型数据,表示输出 n 位小数;对于字符串,表示自左截取字符的个数
h	用于输出短整型数据,可加在格式符 d、u、o、x 前面
l	用于输出长整型数据,可加在格式符 d、u、o、x 前面

2. 整型数据的输出

整型数据可以用格式符 d、u、o、x 输出,例如:

```
int a=-1;
printf("有符号十进制=%d    无符号十进制=%u\n 八进制=%o    十六进制=%x\n",a,a,a,a);
```

运行结果:

有符号十进制=-1   无符号十进制=4294967295

八进制=37777777777   十六进制=ffffffff

说明:在 VS 2010 中,给 a 分配 4 字节,将-1 的补码存储到所占的存储单元中,存放形式如图 2-18 所示。

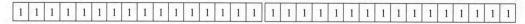

图 2-18   -1 在内存中的存放形式

3. 字符型数据的输出

字符型数据既可按字符形式输出,也可按整数形式输出,例如:

```
char c='A';
printf("字符=%c  ASCII=%d",c,c);
```

运行结果:

```
字符=A  ASCII=65
```

4. 实型数据的输出

实型数据(float 型和 double 型)既可用格式符 f 以小数形式输出,也可用格式符 e 以指数形式输出,例如:

```
float f=12.3456789;
printf("f=%f, f=%e\n",f,f);
```

运行结果:

```
f=12.345679 , f=1.234568e+001
```

5. 修饰符 m

输出数据的宽度可以使用系统默认的宽度,也可以用修饰符 m 指定宽度,其中 m 为正整数。如果输出数据长度不足 m 列,输出数据右对齐,左补空格;如果 m 前加一个负号–,则输出数据左对齐,右补空格。如果输出数据的长度大于 m 列,则按数据的实际长度输出。修饰符 m、–及其作用如表 2-10 所示。

表 2-10   修饰符 m、–及其作用

输 出 语 句	输 出 结 果	说　　　明
printf("%d\n",12345);	12345	以十进制的自身宽度 5 输出
printf("%10d**\n",12345);	12345**	以宽度 10 输出,右对齐,左补 5 个空格
printf("%-10d**\n",12345);	12345　　　　**	以宽度 10 输出,左对齐,右补 5 个空格
printf("%3d\n",12345)	12345	以数据的自身宽度 5 输出
printf("%c\n",'a');	a	以字符的自身宽度 1 输出
printf("%5c**\n",'a');	a**	以宽度 5 输出,右对齐,左补 4 个空格
printf("%-5c**\n",'a');	a　　　　**	以宽度 5 输出,左对齐,右补 4 个空格
printf("%f\n",12.3456789);	12.345679	以数据的自身宽度 9 输出
printf("%12f**\n",12.3456789);	12.345679**	以宽度 12 输出,右对齐,左补 3 个空格

输 出 语 句	输 出 结 果	说　　　明
printf("%-12f**\n",12.3456789);	12.345679　　**	以宽度 12 输出,左对齐,右补 3 个空格
printf("%5f**\n",12.3456789);	12.345679**	以数据的自身宽度 9 输出

6. 修饰符.n

修饰符.n 可以用于输出实型数据和字符串,其作用如表 2-11 所示。

表 2-11　修饰符.n 及其作用

输 出 语 句	输 出 结 果	说　　　明
printf("%.3f\n",12.3456789);	12.346	整数部分全部输出,小数部分保留 3 位,第 4 位四舍五入
printf("%10.3f\n",12.3456789);	12.346	以宽度 10 输出,右对齐,左补 4 个空格
printf("%-10.3f**\n",12.3456789);	12.346　　　**	以宽度 10 输出,右对齐,左补 4 个空格
printf("%s\n","china");	china	以数据的自身宽度 5 输出
printf("%3s\n","china");	chi	左截取 3 个字符输出
printf("%6.3s\n","china");	chi	左截取 3 个字符输出,以宽度 6 输出,右对齐,左补 3 个空格

7. 修饰符 h、l

格式符 d、u、o、x 用于输出基本整型(int)数据,修饰符 h 用于输出短整型数据,修饰符 l 用于输出长整型数据。

在 VS 2010 下,输出短整型数据必须使用修饰符 h,输出长整型可以不加修饰符 l[①]。

8. 输出转换

在程序中将数据用 printf 函数以指定的格式输出时,如果要输出的数据类型与输出格式不符,会自动进行类型转换。例如,一个字符(char)型数据用整型格式输出时,相当于将 char 型转换成 int 型输出。将输出数据转换成输出格式的类型的过程与赋值类型的转换相似。

注意:

(1) 将较长型数据转换成短型数据输出时,其值不能超出短型数据允许的值范围,否则会输出错误的结果。例如下面的语句。

```
int a=65536;
printf("%hd",a);
```

在 VS 2010 中,输出结果为 0。因为系统给 a 分配 4 字节,65536 在 a 中存放的形式如图 2-19 所示。

将 a 以%hd 格式输出时,只将 a 的两个低字节中的数据输出。

---

① 在 TC 2.0 下,输出短整型数据可以不使用修饰符 h,但输出长整型必须加修饰符 l。

| 0 | 0 | 0 | 0 | 0 | 0 | 0 | 0 | 0 | 0 | 0 | 0 | 0 | 0 | 0 | 1 | 0 | 0 | 0 | 0 | 0 | 0 | 0 | 0 | 0 | 0 | 0 | 0 | 0 | 0 | 0 | 0 |

图 2-19　65536 在内存中存放的形式

（2）输出的数据类型与输出格式不符时，会产生错误的结果。例如，下面两个例子均输出错误的结果。

```
int d=9;
printf("%f",d);
```

和

```
float c=3.2;
printf("%d",c);
```

因此，用户要切记整型数据不能按实型数据输出，实型数据也不能按整型数据输出。

视频讲解

2.8.1.2　格式化输入函数 scanf

格式化输入函数 scanf 的功能是将从键盘上输入的数据按指定的输入格式赋给相应的输入项。其一般形式如下：

scanf(格式控制,地址列表);

其中，地址列表是若干输入项的地址，各地址之间用逗号"，"分隔。地址必须是合法地址，可以是变量地址、数组地址等。在变量名前加取地址运算符 & 表示该变量的地址。例如：

```
int m; float x;
scanf("%d%f ",&m,&x);
```

不能写成：

```
scanf("%d%f ",m,x);
```

格式控制用于指定数据的输入格式，它是用双引号括起来的一个字符串，由格式说明和普通字符两部分组成。

（1）格式说明。格式说明规定了数据以何种类型的数据格式输入，其一般形式如下：

%[<修饰符>] <格式字符>

scanf 中的格式字符与 printf 中的格式字符相同。

scanf 中的修饰符有 m、h、l。

（2）普通字符。对 scanf 函数而言，格式控制字符串中的普通字符在输入数据时要按原样输入。由于其并不能起到提示输入的作用，因此在格式控制字符串中尽量不要使用普通字符和转义字符，例如：

```
int a,b;
scanf("a=%d,b=%d",&a,&b);
```

输入应为

a=5,b=6↙

(3) 输入格式说明与输入项的关系如图 2-20 所示。

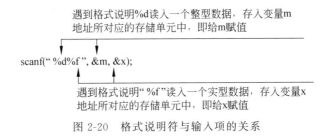

图 2-20　格式说明符与输入项的关系

1. 输入数据的结束标志

在调用 scanf 函数时,输入数据的宽度由输入数据的结束标志决定,在读入某数据项时,若遇到结束标志则完成该数据项的读入。结束标志有 4 种类型。

(1) 空白字符。在输入多个数值数据时,若格式控制串中没有普通字符作为输入数据之间的分隔符,则可用空格键、Enter 键或 Tab 键作为分隔,例如:

```
int year,month,day;
scanf("%d%d%d",&year,&month,&day);
```

可以输入:

2012　9　10↙

也可以输入:

2012↙
9　　10↙

即输入数据之间可以用一个或多个空格键、Enter 键或 Tab 键作为分隔。

(2) 指定数据宽度。可以用修饰符 m 指定输入数据宽度,例如:

```
int year,month,day;
scanf("%4d%2d%2d",&year,&month,&day);
```

可以输入:

20121221↙

则自动将 2012 赋给 year,12 赋给 month,21 赋给 day。

上述情况在输入数据时,数据之间可以用空格键、Enter 键或 Tab 键作为分隔,即可以输入为:

2012　12　21↙

(3) 指定数据分隔符。在格式控制串中可以用普通字符作为输入数据的分隔符,例如:

```
scanf("%d-%d-%d",&year,&month,&day);
```

应输入：

```
2012-12-12↙
```

其中,普通字符"-"要按原样输入,如果换成其他字符,变量可能得不到正确的值。如输入 2012,12,12,则读入 2012 赋给 year,由于没有遇到-,scanf 函数结束执行,month 和 day 的值不变。

（4）遇到非法字符。例如：

```
scanf("%d ",&m);
```

若输入：

```
12o9↙
```

由于 12 之后遇到字符 'o',第一个数据到此结束,所以把 12 赋给 m。

2. 格式说明%c

在 scanf 函数中,格式说明%c 用于输入单个字符,从键盘上输入的空白字符将作为有效字符读入,例如：

```
char ch1,ch2,ch3;
scanf("%c%c%c",&ch1,&ch2,&ch3);
```

如果输入：

```
abc↙
```

则将 'a' 赋给 ch1,'b' 赋给 ch2,'c' 赋给 ch3。

如果输入：

```
a↙
b c↙
```

则将 'a' 赋给 ch1,空白字符赋给 ch2,'b' 赋给 ch3。

3. 格式说明的类型与输入项的类型必须匹配

在 scanf 函数中,格式说明的类型必须与输入项的类型由左至右一一对应匹配,如果不匹配,输入项将不能得到正确的值,例如：

```
int a;
float m;
scanf("%d%d",&a,&m);
```

此处 a 能得到正确的值,而 m 不能得到正确的值,因为格式说明"%d"与相对的输入项 m 的类型不符。

【例 2-5】 在程序中有 3 个 scanf 函数调用语句,使 a=5,b=10,m=4.5,n=-7.6,ch1='A',ch2='a'。

```
#include<stdio.h>
int main()
{
    int a,b;
    float m,n;
    char ch1,ch2;
    scanf("%d%d",&a,&b);
    scanf("m=%f,n=%f",&m,&n);
    scanf("%c%c",&ch1,&ch2);
    printf("a=%d,b=%d\n",a,b);
    printf("m=%f,n=%f\n",m,n);
    printf("ch1=%c,ch2=%c\n",ch1,ch2);
    return 0;
}
```

如果输入：

5 10↙

m=4.5,n=-7.6↙

运行结果：

a=5,b=10

m=-107374176.000000,n=-107374176.000000

ch1=

,ch2=m

上述结果显然不正确，因为第一行输入的回车符被第二个 scanf 函数接收，与第二个 scanf 函数要求输入的"m=%f,n=%f\n"中的第一个字符'm'不符，该函数停止执行，接着执行第三个 scanf 函数，把第一行输入的回车符赋给 ch1，把'm'赋给 ch2。

若在程序中连续调用多个 scanf 函数，应消除前一行输入的回车符，解决办法是在第二个、第三个 scanf 函数的格式字符串前加一个空格符来抵消上一行输入的回车符，即改为：

```
scanf(" m=%f,n=%f",&m,&n);
scanf(" %c%c",&ch1,&ch2);
```

执行该程序时，也可以输入：

5 10m=4.5,n=-7.6Aa↙

2.8.2 字符输入输出函数

1. 字符输出函数 putchar
putchar 函数的作用是向屏幕上输出一个字符，它的功能与 printf 函数中的％c 相当。其调用格式如下：

视频讲解

putchar(ch)

其中,ch 为输出项,可以是字符型表达式或整型表达式,例如:

```
putchar('a');   或   putchar(97);        //向屏幕上输出字符'a'
putchar('a'-32);或   putchar('\101');    //向屏幕上输出字符'A'
```

2. 字符输入函数 getchar

getchar 函数的功能是从键盘输入一个字符,它不带任何参数。其调用格式如下:

getchar()

执行 getchar 函数时,等待用户输入字符,直到按 Enter 键时才结束。输入的第一个字符被 getchar 函数接收,并作为该函数的返回值。

【例 2-6】 输入一个字符,并将该字符输出。

```
#include<stdio.h>
int main()
{
    char ch;
    ch=getchar();
    putchar(ch);
    printf("\n%d\n",ch);
    return 0;
}
```

输入:

abc

运行结果:

a
97

视频讲解

2.8.3　文件格式化读写函数

　　C 语言程序运行时,所需的数据可以来自键盘输入,也可以来自外部存储介质中的文件内容,运行的结果可以输出至显示器屏幕显示,也可以输出至外部存储介质的文件中存储。但若要长期保存程序运行所需的数据或程序运行产生的结果,就必须以文件形式存储到外部存储介质上。C 语言对文件进行的读写操作通过 C 语言标准函数库中提供的读写函数来实现。

　　文件是一组相关数据的有序集合。为标识一个文件,每个文件必须有一个名字,即文件名。在使用读写函数读写文件内容时,通过文件名来指定读写的文件。

　　1. 文件分类

　　从文件的存储形式来看,C 语言文件分为 ASCII 文件和二进制文件。ASCII 文件也称为文本文件,在磁盘中存放时每个字符对应 1 字节,用于存放对应字符的 ASCII 码值。二进制文件以数据在内存中的存储形式原样存于文件中。

例如,短整型数 2153 在内存中以补码形式存放,占 2 字节。将其以文本文件存储时,每位数字看作一个数字字符,存储每个字符的 ASCII 码值,共占用 4 字节,如图 2-21 所示。将其以二进制文件存储时,占 2 字节,存储形式如图 2-22 所示。

图 2-21　文本文件存储形式

图 2-22　二进制文件存储形式

ASCII 文件的每字节存储 1 个字符,便于对字符进行处理,但一般占用存储空间较多,而且要花时间进行二进制与 ASCII 码值之间的转换。

二进制文件是把数据在内存中的存储形式,原样输出到文件中,可以节省存储空间和转换时间,但 1 字节并不对应 1 个字符。

C 语言的源程序文件是文本文件,目标文件和可执行程序是二进制文件。如果用记事本打开二进制文件,只会看到一堆乱码。

C 编译系统在处理文件时,并不区分文件类型,而是把文件看作一个字节序列,由一连串的字节组成,称为流(stream)。这种“流式文件”处理方式的特点是将文件视为字符“流”(文本文件)或二进制“流”(二进制文件),文件的存取是以字符(或字节)为单位,读写数据流的开始和结束受程序控制。

2. 文件类型指针

C 语言中用 FILE 类型变量来保存打开的文件信息。

FILE 类型是文件数据类型,每当一个文件打开时,都会在内存中建立相应的 FILE 类型变量,其中保存了该文件的相关信息,包括文件名、文件状态、文件当前位置等,再用一个指针变量指向该 FILE 类型变量,这个指针称为文件指针。通过文件指针就可找到文件相关信息,从而对其所指的文件进行各种操作,即 C 程序中对一个文件进行操作时,需使用 FILE 来定义文件指针。例如:

```
FILE * fp;
```

定义的 fp 是指向 FILE 变量的指针变量,通过 fp 即可找到存放某个打开文件的相关信息的 FILE 型变量,然后按此变量提供的信息找到该文件。

3. 文件的打开和关闭

C 语言对文件进行操作的过程是“先打开,后读写,最后关闭”。打开文件指系统为要打开的文件分配一段存储空间,用于存放文件的各种有关信息,并使文件指针指向该空间首地址。关闭文件指断开文件指针与文件之间的联系,释放文件所占的存储空间。

通常,C 程序中访问的文件有标准文件和普通文件(一般指数据文件),这两种文件的打开方式有所不同。

  C 语言中规定的标准文件有三个,即标准输入文件(键盘)、标准输出文件(显示屏幕)和标准出错信息文件(显示屏幕)。指向这三个文件的指针分别是 stdin、stdout 和 stderr。

  标准文件的特点是使用前不必打开,使用后不必关闭。程序开始执行时系统自动打开标准文件,并且给这三个标准文件分配存储空间,指定文件指针,程序执行结束时自动关闭标准文件。前面所使用的读写函数(即输入输出函数)都是针对标准文件而言的,因此程序中没有涉及文件打开和关闭操作。

  C 程序中对普通文件进行读写操作,必须先打开文件,操作后再关闭文件。

  在 C 语言中,文件操作都是由标准库函数来完成的,相应的头文件是 stdio.h。

  (1) 文件的打开。

  fopen 函数用来打开一个文件,其调用的一般形式为:

fopen(文件名,使用文件方式);

其中,文件名是被打开文件的名字,可以是字符串常量、字符数组或字符指针变量,文件名可以带路径。使用文件方式是指文件的类型和操作要求,即文件是文本文件还是二进制文件,文件被打开后是用于读、写还是既读又写。

  如果文件打开成功,系统就创建一个 FILE 型的变量,为其分配存储单元,用于存放文件的相关信息,同时将此存储空间的首地址作为函数值返回。如果文件打开失败,则函数返回 NULL 值。一旦文件被打开,便可通过函数对该文件进行读或写操作,因此打开文件是进行读写操作的前提。

  例如:

```
FILE * fp1;
fp1=fopen ("File1.txt","r");
```

其功能是打开当前目录(源程序所在目录)下的文件 File1.txt,只允许进行"读"操作,并使 fp1 指向该文件。该文件的各种操作都可以通过对 fp1 指针的操作来完成。

  又如:

```
FILE * fp2;
fp2=fopen ("c:\\ctest\\File2.txt","a+");
```

其功能是打开 C 盘根目录下 ctest 目录中的文件 File2.txt,允许在文件末尾追加数据,也可以读数据,并使 fp2 指向该文件。

  使用文件方式共有 12 种,表 2-12 给出了它们的符号和意义。

表 2-12 使用文件方式

文件使用模式	意　义
r	只读打开一个文本文件,只允许读数据
w	只写打开或建立一个文本文件,只允许写数据
a	追加打开一个文本文件,并在文件末尾写数据

文件使用模式	意　　义
rb	只读打开一个二进制文件,只允许读数据
wb	只写打开或建立一个二进制文件,只允许写数据
ab	追加打开一个二进制文件,并在文件末尾写数据
r+	读写打开一个文本文件,允许读和写
w+	读写打开或建立一个文本文件,允许读写
a+	读写打开一个文本文件,允许读,或在文件末追加数据
rb+	读写打开一个二进制文件,允许读和写
wb+	读写打开或建立一个二进制文件,允许读和写
ab+	读写打开一个二进制文件,允许读,或在文件末追加数据

对于使用文件方式有以下几点说明。

① 使用文件模式(方式)由 r、w、a、b 和加号(+)共 5 个字符组成,各字符的含义如下。

r(read)：　　只读

w(write)：　　只写

a(append)：　追加

b(binary)：　二进制文件

+：　　　　　读和写

② 用"r"方式打开一个文件时,该文件必须已经存在,且只能从该文件读数据。

③ 用"w"方式打开文件时,只能向该文件写入。若打开的文件不存在,则以指定的文件名建立新文件;若打开的文件已经存在,则将该文件删除,重建一个同名的新文件。

④ 若要向一个已存在的文件追加数据,只能用"a"方式打开文件。但该文件必须事先存在,否则将会出错。

⑤ 在打开一个文件时,如果出错,fopen 函数将返回一个空指针值 NULL。在程序中可以根据函数返回值来判断文件是否成功打开。例如：

```
if((fp=fopen("c:\\ctest\\File3.dat","wb")==NULL)
{
    printf("can not open file.\n");
    exit(0);                     //退出程序
}
```

这段程序的功能是：若 fopen 函数返回空指针(NULL),表明不能打开 C 盘根目录下 ctest 目录下的 File3.data 文件,则给出提示信息"cannot open the file.",并执行exit(0)退出程序。文件打开失败有两种原因：一是文件不存在;二是文件存在,但文件属性为"只读"。

（2）文件的关闭。

文件一旦使用完毕，应用 fclose 函数关闭。

fclose 函数调用的一般形式是：

fclose(文件指针);

例如：

```
fclose(fp);
```

其中，fp 是要关闭文件的文件指针。使用该函数可以将一个被打开的文件关闭，释放它所占用的存储空间，使文件指针和文件"脱钩"。在程序中对文件操作完毕后，用 fclose 函数关闭文件，可以避免程序数据丢失。因为在向文件写数据时，先将数据写入文件输出缓冲区，待缓冲区充满后，才一次性写入文件。在缓冲区未满且文件未被关闭的情况下，程序执行结束，则缓冲区中数据就会丢失。

文件正常关闭时，fclose 函数的返回值为 0，否则返回值为 EOF(-1)。

4. 文件的读写方式

每个打开的文件内部都有一个位置指针变量 _ptr，用来指向文件的当前读写位置。当文件打开时，该指针总是指向文件的开始位置。对文件进行一次读写操作后，指针_ptr 就向后移动。

文件打开后，文件的读写方式有顺序读写与随机读写两种。文件的顺序读写指读写文件时，文件内部位置指针_ptr 只能从文件头开始，通过读写函数，顺序读写各个数据。顺序读写文件的函数有：字符读写函数 fgetc 和 fputc；字符串读写函数 fgets 和 fputs；格式化读写函数 fscanf 和 fprintf；数据块读写函数 fread 和 fwrite。若要求只读写文件中某一指定的部分，可移动文件内部位置指针_ptr 到需要读写的位置，再通过读写函数进行读写，这种读/写称为随机读写。将文件内部位置指针移动到文件的特定位置，称为文件定位。文件定位是实现随机读写的关键，可以使用 rewind 函数和 fseek 函数来移动 _ptr 指针到指定位置。

（1）rewind 函数。

rewind 函数调用的一般形式为：

rewind(文件指针);

rewind 函数用于将文件内部位置指针重新定位在文件开头。

（2）fseek 函数。

fseek 函数调用的一般形式为：

fseek(文件指针,位移量,起始点);

fseek 函数可以使文件内部位置指针移到文件的任意位置。起始点表示从何处开始移动，规定的起始点有三种：文件首、当前位置和文件尾，其表示方法如表 2-13 所示。

表 2-13 文件位置常量表

起 始 点	表 示 符 号	数 字 表 示
文件首	SEEK_SET	0
当前位置	SEEK_CUR	1
文件尾	SEEK_END	2

位移量表示移动的字节数,要求是 long 型数据,可以是正数也可以是负数。如果是正数,表示从起始点向后移动;如果是负数,表示从起始点向前移动。

例如:

```
fseek(fp,100L,0);
```

其功能是把位置指针移到离文件首 100 字节处。

fseek 函数调用成功返回 0,否则返回非 0。

5. 格式化读写函数 fscanf、fprintf

文件读写函数 fscanf 函数、fprintf 函数与 scanf 函数、printf 函数的功能相似,都是格式化读写函数。二者的区别在于 scanf、printf 函数的读写对象是标准文件键盘和显示器,而 fscanf 函数和 fprintf 函数的读写对象既可以是标准文件键盘和显示器,还可以是磁盘文件。

格式化读函数 fscanf 调用的一般形式为:

fscanf(文件指针,格式控制,地址表列);

格式化写函数 fprintf 调用的一般形式为:

fprintf(文件指针,格式控制,输出项表列);

fscanf 函数的功能是从文件指针所指向的文件中按格式控制给定的格式读取数据存到地址表列所对应的存储单元中。fscanf 函数的返回值为已读入的数据个数,若没有读数据项,则返回 0,若错误或文件结束返回 EOF。

fprintf 函数的功能是将输出项按指定的格式写入文件指针所指向的文件中。

从此章节开始,所提文件指针可以是指向普通文件的文件指针,也可以是指向标准文件的文件指针。

例如:

```
int a=5; float x=13.6; char c='c';
fprintf(fp, "%-5d%-6.2f%c",a,x,c);
```

该 fprintf 函数的功能是:将变量 a 按%-5d 格式、变量 x 按%-6.2f 格式、变量 c 按%c 格式,写入 fp 所指向的文件中。写入文件中的数据形式为:

```
5    13.60 c
```

若 fp 为"stdout",则以上数据在显示器上显示。

【例 2-7】 从键盘输入数据,用 fprintf 函数写入文件中,再调用 fscanf 函数从文件读取出来并输出到屏幕上。

注意:在使用 fprintf 函数将键盘输入的数据写入文件后,文件内部位置指针已移动至文件尾部,如果要将文件内容从头再读出显示,则需要将指针重新定位到文件头。将文件内部位置指针定位到文件头有两种方法:一种是将文件关闭后重新打开,一种是使用 rewind 函数或者 fseek 函数。

方法 1:将文件关闭后重新打开。

```
#include <stdio.h>
#include <stdlib.h>
int main()
{
    int a,b;
    char c,d;
    float x,y;
    FILE * fp;                              //定义文件类型指针
    scanf("%c %d %f",&c, &a, &x);           //或为 fscanf(stdin,"%c %d %f", &c,
                                            //&a, &x);
    if((fp=fopen("file.txt","w"))==NULL)    //以只写方式打开文本文件,并使 fp 指向
                                            //该文件
    {
        printf("cannot open file\n");       //文件打开失败,给出提示信息
        exit(0);                            //退出程序
    }
    fprintf(fp, "%c %d %f ",c,a,x);         //将数据按指定格式写到 fp 所指向文件中
    fclose(fp);                             //为了从文件头开始读取数据,先把文件关
                                            //闭,然后再打开
    if((fp=fopen("file.txt","r"))==NULL)    //以只读方式打开文本文件,并使 fp 指向
                                            //该文件
    {
        printf("cannot open file\n");
        exit(0);
    }
    fscanf(fp, "%c %d %f",&d, &b, &y);      //从文件中按指定格式读取数据赋给 d、b、y
    printf("output data is: \n");           //或为 fprintf(stdout,"output data
                                            //is : \n");
    printf("%c %d %f\n",d,b,y);             //或为 fprintf(stdout,"%c%d%f\n",d,
                                            //b,y);
    fclose(fp);
    system("pause");                        //在屏幕输出类似于"按任意键继续…",等
                                            //待用户按一个键,然后返回
    return 0;
}
```

程序运行时输入：

a 123 45.678

输出结果为：

output data is:
a 123 45.678001

程序运行时,除了在屏幕输出结果,同时也在当前目录下创建一个名为 file.txt 的文件,可以打开该文件查看一下文件内容。

程序分析：

本程序调用 fopen 函数以只写方式打开文本文件 file.txt。如果打开失败,则给出提示信息并退出程序,否则打开成功并使文件指针 fp 指向该文件。

调用 fprintf 函数按指定格式将变量 c、a、x 的值依次写入 fp 所指的文件中。每写入一个数据,文件内部位置指针向后移动相应的字节数。写入完毕,该指针已指向文件尾。如果要把文件从头读出,需要把指针重新移到文件头,调用 fclose 关闭文件后重新以只读方式打开该文件,文件内部位置指针指向文件头。调用 fscanf 从文件中按指定格式读取数据赋给 d、b、y,并将 d、b、y 的值输出到屏幕上。调用 fclose 函数关闭 fp 所指向的文件。

方法 2：使用 rewind 函数。

```
# include <stdio.h>
# include <stdlib.h>
int main()
{
    int a,b;
    char c,d;
    float x,y;
    FILE * fp;                              //定义文件类型指针
    scanf("%c %d %f", &c, &a, &x);          //或为 fscanf(stdin,"%c %d %f",&c,
                                            //&a,&x);
    if((fp=fopen("File4.txt","w+"))==NULL)  //以读写方式打开文本文件,并使 fp 指
                                            //向该文件
    {
        printf("cannot open file\n");
        exit(0);
    }
    fprintf(fp, "%c %d %f ",c,a,x);         //将数据按指定格式写到 fp 所指向文件中
    rewind(fp);                             //将文件内部位置指针重新定位到文件头,也
                                            //可写成 fseek(fp,0,0)
    fscanf(fp, "%c %d %f \n", &d, &b, &y);  //从文件中按指定格式读取数据赋给 d、b、y
    printf("output data is: \n");
    printf("%c %d %f\n",d,b,y);             //或为 fprintf(stdout,"%c %d %f\n",d,
                                            //b,y);

    fclose(fp);
```

```
    system("pause");
    return 0;
}
```

习 题 2

1. 求下列表达式的值。

(1) 3.5+1/2

(2) 设 int x=18,k=14,表达式为 x%=k-k%5

(3) (int)((double)(5/2)+2.5)

(4) 设 x=2.5,a=7,y=4.7,表达式为 x+a%3 * (int)(x+y)%2/4

(5) 设 a=2,b=3,x=3.5,y=2.5,表达式为(float)(a+b)/2+(int)x%(int)y

(6) 设 a=2,b=5,表达式为 a++,b++,a+b

(7) a 为 int 类型,且其值为 3,表达式为 a+=a-=a * a

(8) x=y=6,x+y,x+1

(9) x=(y=6, y * 2,y+1)

2. 写出下列程序的输出结果。

```
#include<stdio.h>
int main()
{
    int a=1234,i=-1;
    short h=-1;
    float b=123.456;
    double c=12345.123456789123456789;
    printf("%d,%2d,%8d,%-8d\n",a,a,a,a);
    printf("%d,%u,%o,%x\n",i,i,i,i);
    printf("%d,%u,%o,%x\n",h,h,h,h);
    printf("%hd,%hu,%ho,%hx\n",h,h,h,h);
    printf("%f,%15f,%.2f,%20.10f\n",b,b,b,b);
    printf("%f,%10f,%.2f,%30.20f\n",c,c,c,c);
    return 0;
}
```

3. 有以下程序段:

```
int m=0,n=0;char c='a';
scanf("%d%c%d",&m,&c,&n);
printf("%d,%c,%d\n",m,c,n);
```

若从键盘上输入:

10↙

　　A10↙

输出结果是什么?

　　4. 用下面的 scanf 函数输入数据,使 a=10,b=20,c1='a',c2='A', x=2.5, y=5.49,试问在键盘上如何输入数据?

```
scanf("%3d%3d",&a,&b);
scanf("%f%c%f",&x,&c1,&y);
scanf("%c",&c2);
```

　　5. 编写程序:输入一个矩形的长和宽,计算该矩形的面积。

　　6. 编写程序:输入半径的值,计算并输出球的体积。

　　7. 编写程序:输入一个三位整数 x(100~999),输出其百位、十位、个位上的数字,并输出其各位之和以及各位之积。

　　8. 编写程序:从键盘输入一个三位整数,求其百位、十位、个位上的数字,并求出各位之和及各位之积,将该整数与结果写入文件 result.txt 中,之后再读出 result.txt 中的内容,在屏幕上进行显示,以检查结果是否正确。

第3章

C 程序控制结构

在第 1 章中已经介绍，一个 C 语言程序由一个或多个函数组成，一个函数包含声明部分和执行部分。声明部分主要定义本函数内用到的变量，执行部分由若干条语句组成，指定在函数内进行的操作，即函数的功能。

视频讲解

3.1　C　语　句

C 语句可以分为 5 大类：控制语句、函数调用语句、表达式语句、空语句和复合语句。

1. 控制语句

控制语句用于控制程序的执行流程，共有 9 种语句，可分为选择语句、循环语句和辅助语句 3 类。

（1）选择语句：if()…else…、switch。

（2）循环语句：for()…、while()…、do…while()。

（3）辅助语句：continue、break、goto、return。

其中，括号内是控制条件，使用时用具体的条件代替。例如：

```
if(x>y)
    z=x;
else
    z=y;
```

2. 函数调用语句

由一个函数调用加一个分号构成，格式如下：

函数名(参数表)；

例如：

```
printf("This is a C statement.");
```

3. 表达式语句

表达式后加一个分号“；”，就构成了表达式语句，例如，a=3 和 i=i+1 是赋值表达式，但不是语句,而"a=3;"和"i=i+1;"则是赋值语句。

4. 空语句

空语句指只含有一个分号的语句,例如:

```
;
```

空语句常用在循环语句或函数体中。

5. 复合语句

复合语句是将多个语句用大括号括起来的语句,在语法上作为一个语句,例如:

```
if(a>b)
{ t=a;a=b;b=t; }
```

3.2　顺序结构程序举例

视频讲解

一个 C 语言程序可由顺序、选择、循环 3 种基本控制结构组成。

(1) 顺序结构表示程序中的各个操作是按照它们出现的先后顺序执行的。

(2) 选择结构表示程序的处理步骤出现了分支,需要根据某一特定的条件选择其中的一个分支执行。

(3) 循环结构表示程序反复执行某个或某些操作,直到某条件为假(或为真)时才终止循环。

程序的整体结构是顺序结构,是按顺序从第一条语句开始执行到最后一条语句,其中可能嵌有选择结构和循环结构。

【例 3-1】 输入一个学生的 3 门成绩,求总分和平均分,并输出。

```c
#include<stdio.h>
int main()
{
    int score1,score2,score3,sum;
    float aver;
    scanf("%d%d%d",&score1,&score2,&score3);
    sum=score1+score2+score3;
    aver=sum/3.0;
    printf("sum=%d,aver=%.1f\n",sum,aver);
    return 0;
}
```

输入:

```
76 85 90
```

运行结果:

```
sum=251,aver=83.7
```

3.3 选 择 结 构

用顺序结构只能编写一些简单的程序。在求解实际问题时,用户往往会遇到先要判断一个条件,然后根据条件是否满足进行不同处理的情况,称为选择结构(分支结构)。C语言提供了实现分支结构的 if 语句和 switch 语句。

3.3.1 if 语句

视频讲解

用 if 语句可以构成分支结构,其功能是根据给定的条件进行判断,决定执行某个分支程序段。

1. if 语句的形式

C 语言中的 if 语句有 3 种基本形式,下面分别进行介绍。

(1) 单分支 if 语句。

单分支 if 语句的一般形式如下:

if(表达式)
语句

例如:

```
if(x>y)
    printf("%d",x);
```

单分支 if 语句的执行过程是,先求解表达式的值,如果表达式的值为真,那么执行其后的内嵌语句,否则执行 if 之后的语句,其执行过程如图 3-1 所示。

图 3-1 单分支 if 语句的执行过程

注意:if 后面的表达式是分支条件,一定要用小括号()括起来。

【例 3-2】 求 x 的绝对值。

```
#include<stdio.h>
int main()
{
    int x;
    scanf("%d",&x);
    if(x<0)
        x=-x;                    //if 的内嵌语句
    printf("|x|=%d\n",x);
    return 0;
}
```

输入：

-10

运行结果：

|x|=10

输入：

10

运行结果：

|x|=10

if 的内嵌语句可以是一条语句，也可以是多条语句，此时一定要用大括号"{ }"将多条语句括起来形成一条复合语句。

【例 3-3】 输入两个整数，按由小到大的顺序输出这两个数。

```
#include<stdio.h>
int main()
{
    int x,y,t;
    scanf("%d,%d",&x,&y);
    if(x>y)
    {   t=x;   x=y;   y=t;   }        //复合语句,功能是交换变量 x 和 y 的值
    printf("%d,%d\n",x,y);
    return 0;
}
```

输入：

10,5

运行结果：

5,10

注意：if 的内嵌语句是由 3 条赋值语句构成的复合语句，如果把复合语句的大括号去掉，写成：

```
if(x>y)
    t=x;   x=y;   y=t;
```

则 if 的内嵌语句是"t=x;"，其他两条语句"x=y;"和"y=t;"是 if 语句后的语句。如果输入：

5,10

则运行结果不正确。

(2) 双分支 if 语句。

双分支 if 语句的一般形式如下：

if(表达式)
    语句 1
else
    语句 2

例如：

```
if(x>0)
    printf("%d",x);
else
    printf("%d",-x);
```

双分支 if 语句的执行过程是,先求解表达式的值,如果表达式的值为真,则执行语句1,否则执行语句2,其执行过程如图 3-2 所示。

【例 3-4】 求 x 和 y 两个数中的较大者。

```
#include<stdio.h>
int main()
{
    int x,y,max;
    scanf("%d,%d",&x,&y);
    if(x>y)
        max=x;                  //if 的内嵌语句
    else
        max=y;                  //else 的内嵌语句
    printf("max=%d\n",max);
    return 0;
}
```

图 3-2　双分支 if 语句的
执行过程

输入：

5,10

运行结果：

max=10

注意：else 不能作为语句单独使用,必须是 if 语句的一部分,与 if 配对使用,所以 if…else 是一条语句。

在双分支的 if 语句中,if 和 else 后面的内嵌语句可以是一条语句,也可以是多条语句。如果是多条语句,一定要用大括号"{ }"将多条语句括起来形成一条复合语句,例如：

```
if(x>y)
{  x=y;  y++;  }              //if 的内嵌语句
else
{  y=x;  x--;  }              //else 的内嵌语句
```

如果写成：

```
if(x>y)
    x=y;   y++;
else
{   y=x;   x--;   }
```

则有语法错误,因为此时 if 是一条单分支 if 语句,其内嵌语句为"x=y;",而 else 没有 if 与它配对,所以出现语法错误。

如果写成：

```
if(x>y)
{   x=y;   y++;   }
else
    y=x;   x--;
```

则当 x>y 时,运行结果错误。因为此时 else 的内嵌语句为"y=x;",当条件成立时,不执行"y=x;",而执行"x--;"。

(3) 多分支 if 语句。

多分支 if 语句可以看成双分支 if 语句的扩展形式,即在双分支 if 语句中,else 的内嵌语句是另一个双分支的 if 语句,如此扩展下去,形成多分支 if 语句。

多分支 if 语句的一般形式为:

if(表达式 1) 语句 1
else if(表达式 2)语句 2
else if(表达式 3)语句 3
 ⋮
else 语句 n

多分支 if 语句的执行过程是,如果表达式 1 的值为真,则执行语句 1,否则判断表达式 2;如果表达式 2 的值为真,则执行语句 2,否则判断表达式 3……以此类推。如果所有表达式的值都为假,则执行语句 n,其执行过程如图 3-3 所示。

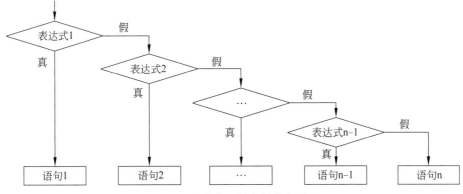

图 3-3　多分支 if 语句的执行过程

【例 3-5】 输入一个百分制的成绩,输出相应的等级。如果输入成绩为 90～100,则输出 A;输入成绩为 80～89,则输出 B;输入成绩为 70～79,则输出 C;输入成绩为 60～69,则输出 D;输入成绩小于 60,则输出 E。

```c
#include<stdio.h>
int main()
{
    int score;
    scanf("%d",& score);
    if(score >=90)
        printf("score grade is A\n");
    else if(score >=80)
        printf("score grade is B\n");
    else if(score >=70)
        printf("score grade is C\n");
    else if(score >=60)
        printf("score grade is D\n");
    else
        printf("score grade is E\n");
return 0;
}
```

输入:

85

运行结果:

score grade is B

输入:

55

运行结果:

score grade is E

注意:在 3 种形式的 if 语句中,关键字 if 之后均为表达式。该表达式通常是关系表达式或逻辑表达式,但可以扩展为任何类型的表达式,甚至可以是一个常量或变量。如果表达式的值非 0,则按真处理,条件成立;否则按假处理,条件不成立。例如:

```c
if(5)语句;
if(a)语句;
if(a=0)语句;
```

都是允许的。

2. if 语句的嵌套

在 if 语句中,if 和 else 的内嵌语句可以是任何语句,如果内嵌语句又是 if 语句,那么称为 if 语句的嵌套,其一般形式如图 3-4 所示。

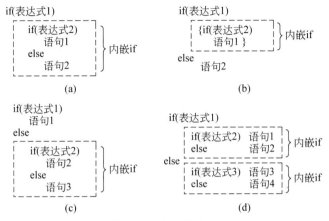

图 3-4 if 语句的嵌套

嵌套的 if 语句会出现多个 if 和多个 else 的情况,这时用户要注意 if 和 else 的配对问题。例如:

```
if(a>b)
    if(b>c)
        printf("%d is biggest\n",a);
else
    printf("%d is not biggest\n",a);
```

其中,else 究竟与哪一个 if 配对? 为了避免这种二义性,C 语言规定,else 总是与它上面最近的未曾配对的 if 配对,因此上述例子应属于图 3-4(a)所示的情况。例如:

```
if(a>b)
    if(b>c)                          //***
        printf("%d is biggest\n",a);
    else                             //else 与标记***的 if 配对
        printf("%d is not biggest\n",a);
```

如果要使 else 与第一个 if 配对,可以加大括号{ }来确定配对关系(见图 3-4(b))。例如:

```
if(a>b)
{
    if(b>c)
        printf("%d is biggest\n",a);
}
else
    printf("%d is not biggest\n",a);
```

【例 3-6】 求 x、y、z 3 个数中的最大者。

```
#include<stdio.h>
```

```
int main()
{   int x=4,y=5,z=2,max;
    max=x;
    if(z>y)
    {   if(z>x)
            max=z;
    }
    else
        if(y>x)
            max=y;
    printf("max=%d",max);
    return 0;
}
```

运行结果：

```
max=5
```

视频讲解

3.3.2　switch 语句

通过嵌套的 if 语句可以实现多分支结构,但如果分支较多,则嵌套的 if 语句层就会较多,理解起来就会较困难。switch 语句是专门用于处理多分支结构的条件选择语句,又称开关语句,其一般形式如下(通常使用 switch 语句):

```
switch(表达式)
{
    case    常量表达式 1: 语句 1; [break;]
    case    常量表达式 2: 语句 2; [break;]
      ⋮
    case    常量表达式 n: 语句 n; [break;]
    [default:  语句 n+1; [break;]   ]
}
```

其中,用中括号"[ ]"括起来的部分表示可以省略。

switch 语句的执行过程为：首先求解 switch 后面括号中表达式的值,然后用此值依次与各个 case 后面的常量表达式的值进行比较。若括号中表达式的值与某个 case 后面的常量表达式的值相等,则执行此 case 后面的语句。语句执行后若遇到 break 语句或 switch 的结束符"}"就终止 switch 语句,否则继续执行下一个 case 后面的语句。以此类推。若括号中表达式的值与所有 case 后面的常量表达式都不相等,则执行 default 后面的语句 n+1。

例如：

```
int no;
scanf("%d",&no);
```

```
switch(no)
{
    case 1 : printf("first\n"); break;
    case 2 : printf("second\n");
    case 3 : printf("third\n");
}
```

输入:

1

运行结果:

```
first
```

输入:

2

运行结果:

```
second
third
```

程序分析:

如果输入 1,则执行 case 1 后面的语句,输出 first,遇到 break 语句,终止 switch 语句。如果输入 2,则执行 case 2 后面的语句,输出 second,继续执行 case 3 后面的语句,输出 third,遇到 switch 语句的结束符},switch 语句结束。

说明:

(1) case 和常量表达式之间要有空格,常量表达式只起语句标号作用,跳出 switch 必须用 break 语句。如果每个 case 和 default 后面都有 break 语句,则它们出现的次序不影响执行结果,例如:

```
switch(no)
{
    default: printf("last\n"); break;
    case 2 : printf("second\n"); break;
    case 1 : printf("first\n"); break;
    case 3 : printf("third\n"); break;
}
```

(2) case 后面常量表达式的值必须互不相同。

(3) 多个 case 可共用一组执行语句。case 后可包含多个可执行语句,且不必加"{ }",进入某个 case 后,会顺序执行该 case 后面的所有语句。

【例 3-7】 将例 3-5 进行修改,用 switch 语句实现。

```
#include<stdio.h>
int main()
```

```
    {
        int score;
        scanf("%d",& score);
        switch(score/10)
        {
            case10:
            case 9: printf("score grade is A\n"); break;
            case 8: printf("score grade is B\n"); break;
            case 7: printf("score grade is C\n"); break;
            case 6: printf("score grade is D\n"); break;
            default: printf("score grade is E\n"); break;
        }
        return 0;
    }
```

程序分析:

本程序中,case 10 和 case 9 共用一组语句。case 后有两条语句,不需要用大括号括起来。

(1) default 部分可以省略。如果省略,当 switch 后面括号中表达式的值与所有 case 后面的常量表达式的值都不相等时,则不执行任何一个分支,直接退出 switch 语句。

例如,将例 3-7 中 switch 语句的 default 部分去掉,则当输入小于 60 的整数时,switch 语句中的任何一条语句都不被执行。

(2) switch 语句可以嵌套。

【例 3-8】 嵌套的 switch 语句。

```
#include<stdio.h>
int main()
{
    int x=1,y=0,a=0,b=0;
    switch(x)
    {
    case 1:
        switch(y)
        {
            case 0: a++; break;                //break 语句终止 switch(y)
            case 1: b++; break;                //break 语句终止 switch(y)
        }
    case 2: a++;b++; break;                    //break 语句终止 switch(x)
    case 3: a++;b++;
    }
    printf("\na=%d,b=%d",a,b);
    return 0;
}
```

运行结果：

```
a=2,b=1
```

程序分析：

本程序中有一条嵌套的 switch 语句。执行外层 switch(x)语句,由于 x 的值为 1,执行 case 1 后面的 switch(y)语句。由于 y 的值为 0,执行 case 0 后面的语句。a 的值变成 1,遇到 break 语句,终止内层的 switch(y),继续执行 switch(x)的 case 2 后面的语句。a 的值变成 2,b 的值变成 1,遇到 break 语句,终止外层的 switch(x)。

3.3.3　条件运算符与条件表达式

在 C 语言中有唯一的一个三元运算符,即条件运算符,由条件运算符连接的式子称为条件表达式,其一般形式如下：

表达式 1? 表达式 2:表达式 3

例如：

```
x>y? x:y
```

说明：

(1) 条件表达式的求解过程为先求解表达式 1,如果表达式 1 的值为真(非 0),则将表达式 2 的值作为整个条件表达式的值,否则将表达式 3 的值作为整个条件表达式的值。例如：

```
max=x>y? x:y;              //将 x 和 y 中较大者赋给 max
y=x>0? x:-x;              //将 x 的绝对值赋给 y
```

(2) 条件运算符的优先级高于赋值运算符和逗号运算符,低于其他运算符。例如：

```
a%3? a+2:a-2        等价于   (a%3)? (a+2):(a-2)
a>5&&a<10? a++:a--   等价于   (a>5&&a<10)? (a++):(a--)
b=a+3>7? 10:20      等价于   b=((a+3)>7? 10:20)
```

(3) 条件运算符的结合方向为自右至左。条件表达式可以嵌套,当一个条件表达式中出现多个条件运算符时,应该将位于最右边的问号与离它最近的冒号配对,并按这一原则正确区分各条件运算符的运算对象。例如：

```
a>b? 10:b>c? 20:30   等价于   a>b? 10:(b>c? 20:30)
```

3.3.4　选择结构程序举例

【例 3-9】　从键盘输入一个字符,判断该字符是否为大写字母。如果是,则转换为小写字母输出;如果不是,则原样输出。

```
#include<stdio.h>
```

```
int main()
{
    char ch;
    ch=getchar();
    if(ch>='A'&&ch<='Z')
        ch=ch+32;
    printf("%c\n",ch);
    return 0;
}
```

输入：

A

运行结果：

a

【例 3-10】 从键盘输入一个数字字符，输出对应的星期名称，其中，0 对应星期日，1～6 分别对应星期一到星期六。

```
#include<stdio.h>
int main()
{
    char ch;
    ch=getchar();
    switch(ch)
    {
        case '0': printf("Sunday\n");break;
        case '1': printf("Monday\n");break;
        case '2': printf("Tuesday\n");break;
        case '3': printf("Wednesday\n");break;
        case '4': printf("Thursday\n");break;
        case '5': printf("Friday\n");break;
        case '6': printf("Saturday\n");break;
        default: printf("error\n");
    }
    return 0;
}
```

输入：

5

运行结果：

Friday

程序分析：

本题 switch 语句中要使用 break 语句，否则输出存在错误。

3.4 循 环 结 构

循环结构是在给定条件成立时,反复执行某段程序,直到条件不成立为止。给定的条件称为循环条件,反复执行的程序段称为循环体。C 语言提供了多种循环语句,可以组成各种不同形式的循环结构。本节介绍 while 语句、do-while 语句和 for 语句。

3.4.1　while 语句

while 语句的一般形式如下:

while(表达式**)**　语句

其中,表达式是循环条件,要用小括号"()"括起来,语句为循环体。

while 语句的执行过程为先求解表达式的值,当其值为真时,执行循环体语句,然后再次求解表达式的值并进行判断,否则循环结束。while 语句的流程图和 N-S 图分别如图 3-5 和图 3-6 所示。流程图由一些特定意义的图形、流程线及简要的文字说明构成,能清晰、明确地表示程序的运行过程。在使用过程中,人们设计了一种新的流程图,它把整个程序写在一个大框图内,这个大框图由若干个小的基本框图构成,简称 N-S 图。

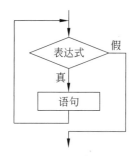

图 3-5　while 语句的流程图

图 3-6　while 语句的 N-S 图

【例 3-11】　用 while 语句计算 $1+2+3+\cdots+100$。

```c
#include<stdio.h>
int main()
{
    int k,sum=0;
    k=1;                     //为循环变量 k 赋初值
    while(k<=100)            //循环条件 k<=100
    {
        sum=sum+k;
        k++;                 //循环变量值增 1
    }
    printf("%d\n",sum);
```

```
    return 0;
}
```

运行结果：

```
5050
```

例 3-11 的流程图和 N-S 图分别如图 3-7 和图 3-8 所示。

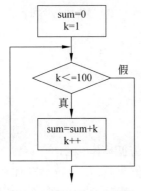

图 3-7　例 3-11 的流程图

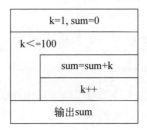

图 3-8　例 3-11 的 N-S 图

说明：

（1）循环条件表达式不仅限于关系表达式和逻辑表达式,可以是任意类型的表达式。如果表达式的值非 0,表示条件为真,执行循环体语句;如果表达式的值为 0,表示条件为假,终止循环,执行 while 语句后面的语句。例如:

```
k=10;
while(k--)
    printf("%3d\n",k);
```

while 语句的执行过程是计算 k-- 的值为 10,k 的值变成 9,输出 9。再计算 k-- 的值为 9,k 的值变成 8,输出 8,…,计算 k-- 的值为 1,k 的值变成 0,输出 0。最后计算 k-- 的值为 0,循环结束,k 的值变成-1。

（2）while 语句的特点是先判断循环条件,后执行循环体。循环体有可能一次也不被执行。

（3）当循环体包含一条以上的语句时,必须用大括号{}括起来,组成复合语句,否则会出现程序结果不正确或死循环的情况。例如:

```
#include<stdio.h>
int main()
{
    int k=1,sum=0;
    while(k<=10)
        sum=sum+k;
        k++;
    printf("%d\n",sum);
    return 0;
}
```

本程序执行时出现死循环,因为 while 的循环体语句是"sum＝sum＋k;",每次执行完循环体后,k 的值没有改变,循环条件一直成立,循环将一直执行下去。

(4) 在循环体中应有使循环趋于结束的语句。例如,循环条件是 k≤10,在循环体中应有使 k 增值从而导致 k>10 的语句,例如"k++;"。如果无此语句,循环条件将一直成立,循环无法结束。

3.4.2 do-while 语句

do-while 语句的一般形式如下:

do
    语句
while(表达式);

do-while 语句的执行过程是先执行循环体语句,然后求解表达式。如果表达式的值为假(0),终止循环;如果为真(非 0),则继续循环。do-while 语句的流程图和 N-S 图分别如图 3-9 和图 3-10 所示。

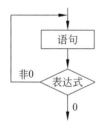

图 3-9　do-while 语句的流程图

图 3-10　do-while 语句的 N-S 图

【例 3-12】 用 do-while 语句计算 1＋2＋3＋…＋100 的值。

```
#include<stdio.h>
int main()
{
    int k,sum=0;
    k=1;                        //为循环变量 k 赋初值
    do
    {
        sum=sum+k;
        k++;                    //循环变量 k 值增 1
    }
    while(k<=100);              //循环条件 k<=100
    printf("%d\n",sum);
    return 0;
}
```

说明:

(1) do-while 语句的特点是先执行循环体,后判断循环条件,循环体至少要执行一次。

（2）do-while 语句的循环体是 do 和 while 之间的语句，如果有一条以上语句，要用大括号"{}"括起来，构成复合语句。

（3）while 语句与 do-while 语句的区别在于以下两点。

① while 语句先判断循环条件，如果条件成立，继续循环，否则终止循环。do-while 语句先执行一次循环体语句，然后判断循环条件，如果条件成立，继续循环，否则终止循环。

② 如果循环条件一开始就不成立，则 while 语句的循环体一次也不被执行，而 do-while 语句的循环体执行一次。

3.4.3　for 语句

视频讲解

for 语句的一般形式如下：

for([表达式 1]；[表达式 2]；[表达式 3])
　　语句

其中，用中括号[]括起来的部分表示可以省略，即 3 个表达式可以省略，但用于分隔 3 个表达式的 2 个分号";"不能省略。

for 语句的执行过程如下。

（1）求解表达式 1。

（2）求解表达式 2，若其值为假(0)，则结束循环，转到步骤(5)；若为真(非 0)，则执行循环体语句。

（3）求解表达式 3。

（4）转回到步骤(2)，继续执行。

（5）循环结束，执行 for 语句下面的语句。

for 语句的流程图和 N-S 图分别如图 3-11 和图 3-12 所示。

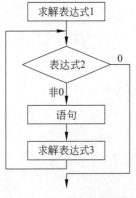

图 3-11　for 语句的流程图

图 3-12　for 语句的 N-S 图

for 语句常见的应用形式如下：

for([循环变量赋初值]；[循环条件]；[循环变量值增减])
　　语句

【例 3-13】 用 for 语句计算 $1+2+3+\cdots+100$ 的值。

```c
#include<stdio.h>
int main()
{
    int k,sum=0;
    for(k=1;k<=100; k++)
        sum=sum+k;
    printf("%d\n",sum);
    return 0;
}
```

说明:

(1) 若 for 语句的循环体中有多条语句,要用大括号{}构成复合语句。

(2) 在 for 语句中,for 后面小括号中的 3 个表达式可以省略,但分号不能省略。

① 表达式 1 省略,此时应把它放在 for 语句前面。例如:

```c
k=1;
for(;k<=10; k++)
    sum=sum+k;
```

② 表达式 2 省略,此时应在循环体中判断循环何时结束,否则出现死循环。例如:

```c
for(k=1; ; k++)
{   if(k>10)
        break;                  //终止循环
    sum=sum+k;
}
```

③ 表达式 3 省略,此时应把它放在循环体中。例如:

```c
for(k=1; k<=10; )
{   sum=sum+k;
    k++;
}
```

④ 表达式 1 和表达式 3 同时省略,只有表达式 2。例如:

```c
k=1;
for( ;k<=10; )
{   sum=sum+k;
    k++;
}
```

⑤ 3 个表达式可以同时省略。例如:

```c
k=1;
for( ; ; )
{   if(k>10)
        break;
```

```
    sum=sum+k++;
}
```

(3) 表达式 1 和表达式 3 可以是逗号表达式。例如：

```
for(k=1,sum=0; k<=10 ; sum+=k,k++);
```

表达式 1 是逗号表达式,为 k 和 sum 赋值。表达式 3 也是逗号表达式,依次改变 sum 和 k 的值。

视频讲解

3.4.4 循环嵌套

在一个循环体中又包含另一个循环语句,这称为循环的嵌套。如果是两个循环嵌套在一起,称为双重循环。C 语言支持多重循环。以双重循环为例,外层循环和内层循环均可是本节介绍的 3 种循环语句。3 种循环语句的嵌套如图 3-13～图 3-15 所示。

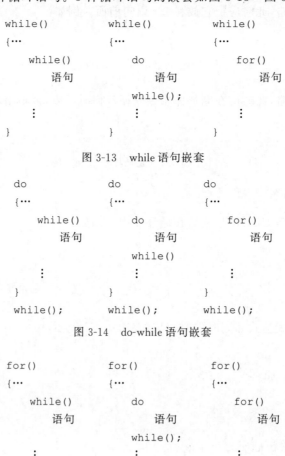

```
while()              while()              while()
{…                   {…                   {…
    while()              do                   for()
        语句                 语句                 语句
                         while();
    ⋮                    ⋮                    ⋮
}                    }                    }
```

图 3-13　while 语句嵌套

```
do                   do                   do
{…                   {…                   {…
    while()              do                   for()
        语句                 语句                 语句
                         while()
    ⋮                    ⋮                    ⋮
}                    }                    }
while();             while();             while();
```

图 3-14　do-while 语句嵌套

```
for()                for()                for()
{…                   {…                   {…
    while()              do                   for()
        语句                 语句                 语句
                         while();
    ⋮                    ⋮                    ⋮
}                    }                    }
```

图 3-15　for 语句嵌套

双重循环的执行过程是外层循环的循环体执行一次,内层循环执行一遍。

【例 3-14】 编写一个程序,使输出结果如下:

```
1 * 1=1
1 * 2=2   2 * 2=4
1 * 3=3   2 * 3=6   3 * 3=9
1 * 4=4   2 * 4=8   3 * 4=12   4 * 4=16
⋮
1 * 9=9   2 * 9=18   3 * 9=27   4 * 9=36   5 * 9=45   6 * 9=54   7 * 9=63   8 * 9=72   9 * 9=81
```

例 3-14 的流程图如图 3-16 所示。

```c
#include<stdio.h>
int main()
{
    int i,j;
    printf("\n");
    for(i=1;i<10;i++)
    {
        for(j=1;j<=i;j++)
            printf("%d * %d=%-4d",j,i,i * j);
        printf("\n");
    }
    return 0;
}
```

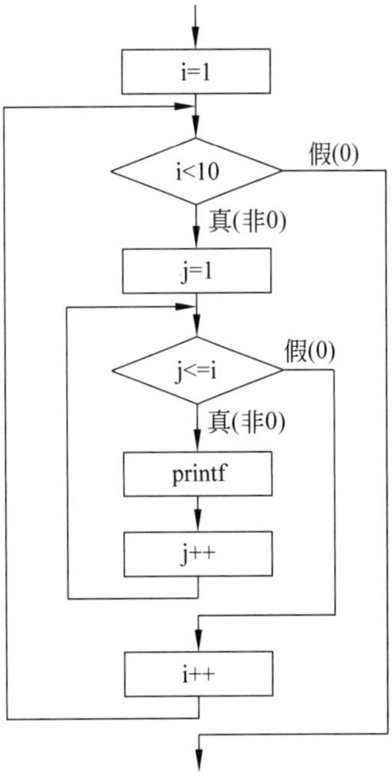

图 3-16　例 3-14 的流程图

3.4.5　break 语句和 continue 语句

1. break 语句

break 语句的一般形式如下:

break;

break 语句只能用于循环语句和 switch 语句中。当 break 语句用于循环语句中时,可终止循环,执行循环后面的语句。break 语句一般和 if 语句一起使用,即满足条件时跳出循环。例如:

```c
int k,m;
for(k=0;k<10;k++)
{
    m=k * k;
    if(m>50)  break;
}
printf("%d\n",m);
```

运行结果:

注意：break 语句虽然放在 if 语句中，但它对 if 语句不起作用，而是对 for 语句起作用。

2. continue 语句

continue 语句的一般形式如下：

continue;

continue 语句只能用于循环语句中，其作用是结束本次循环，跳过 continue 语句后面的语句，转去判断下一次循环是否执行。

如果在 while 语句和 do-while 语句中遇到 continue 语句，则结束本次循环，转去判断循环条件是否成立；如果在 for 语句中遇到 continue 语句，则结束本次循环，转去求解表达式 3，然后判断循环条件是否成立。例如：

```
int k,m=0;
for(k=0;k<10;k++)
{
    if(m>50)  continue;
    m=k*k;
}
printf("%d\n",m);
```

运行结果：

64

3.4.6 循环结构程序举例

【例 3-15】 判断一个正整数是否为素数。

例 3-15 的 N-S 图如图 3-17 所示。

```
#include<stdio.h>
#include<math.h>
int main()
{    int m,i;
    scanf("%d",&m);
    for(i=2; i<=m/2 ;i++)
        if(m%i==0)  break;
    if(i>=m/2+1)
        printf("%d is a prime\n",m);
    else
        printf("%d is not a prime\n",m);
    return 0;
}
```

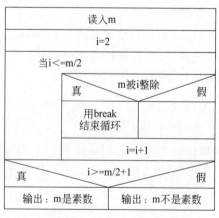

图 3-17　例 3-15 的 N-S 图

输入：

15

运行结果：

15 is not a prime

输入：

17

运行结果：

17 is a prime

【例 3-16】 找出一个大于给定整数 m 且紧随 m 的素数。

```c
#include<stdio.h>
int main()
{   int m,i,k;
    scanf("%d",&m);
    for(i=m+1;;i++)
    {   for(k=2;k<i;k++)
        if(i%k==0)
            break;
        if(k>=i)
        {   printf("%d",i);
            break;
        }
    }
    return 0;
}
```

输入：

15

运行结果：

17

输入：

19

运行结果：

23

【例 3-17】 求出下列分数序列的前 20 项之和。

2/1,3/2,5/3,8/5,13/8,…

例 3-17 的 N-S 图如图 3-18 所示。

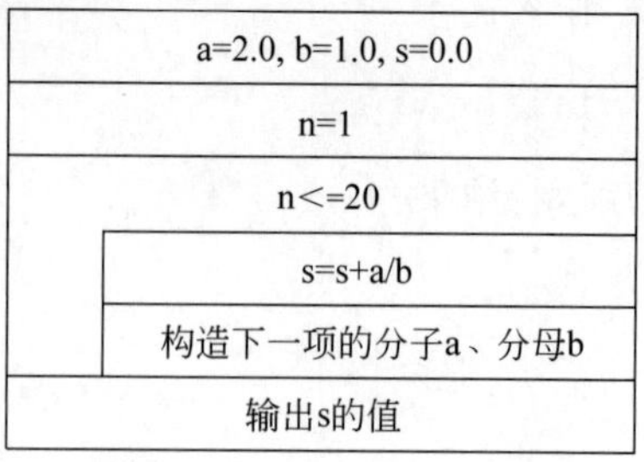

```c
#include<stdio.h>
int main()
{
    int n;
    float a=2,b=1,s=0,t;
    for(n=1;n<=20;n++)
        {
            s=s+a/b;
            t=a;a=a+b;b=t;        //构造下一项的分子和分母
        }
    printf("sum is %9.6f\n",s);
    return 0;
}
```

a=2.0, b=1.0, s=0.0
n=1
n<=20
s=s+a/b
构造下一项的分子a、分母b
输出s的值

图 3-18　例 3-17 的 N-S 图

运行结果：

```
sum is 32.660259
```

【例 3-18】 百鸡百钱问题。有 100 只鸡,价值 100 文钱,其中公鸡 5 文钱一只,母鸡 3 文钱一只,3 只鸡雏 1 文钱,问公鸡、母鸡和鸡雏各多少只?

分析：

百鸡百钱问题,是我国古代数学家张丘建在《算经》一书中提出的数学问题:"鸡翁一值钱五,鸡母一值钱三,鸡雏三值钱一。百钱买百鸡,问鸡翁、鸡母、鸡雏各几何?"在这里,设公鸡有 x 只,母鸡有 y 只,鸡雏有 z 只,使用循环的方法解决问题,即分别以 x 和 y 做循环变量,求解 z,然后判断是否符合百鸡百钱的条件,如果满足,则输出结果。

代码如下：

```c
#include<stdio.h>
#include<math.h>
int main()
{
    int x,y,z,k=0;
    for(x=0;x<=100;x++)
        for(y=0;y<=100;y++)
        {
            z=100-x-y;
            if(z>=0 && z%3==0)
                if(fabs(x*5+y*3+z/3-100)<1e-3)
                {
                    k++;
                    printf("Plan %d is x:%-3d y:%-3d z:%-3d\n",k,x,y,z);
                }
```

```
        }

    return 0;
}
```

运行结果如下：

```
Plan 1 is x:0    y:25   z:75
Plan 2 is x:4    y:18   z:78
Plan 3 is x:8    y:11   z:81
Plan 4 is x:12   y:4    z:84
```

3.5　文件字符读/写函数

视频讲解

文件字符读写函数是以字符(字节)为单位进行读写操作的,每次从文件读出或向文件写入一个字符。

3.5.1　文件读字符函数 fgetc

fgetc 函数的功能是从打开的文件中读取一个字符,将读取的字符作为函数的返回值。其调用的一般形式为:

fgetc(文件指针);

例如:

```
ch=fgetc(fp);
```

其功能是从 fp 所指向的文件中读取一个字符赋给 ch。fp 为文件指针,ch 为字符变量。

如果字符读取成功,则返回所读取的字符,否则返回 EOF(end of file)。EOF 是表示数据结尾的常量,其值为−1。

说明:

(1) 在 fgetc 函数调用中,读取的文件必须是以读或读写方式打开的。

(2) 每使用一次 fgetc 函数,文件内部位置指针将自动向后移动 1 字节,因此可通过连续使用 fgetc 函数读取文件中连续的字符。

(3) 注意文件指针和文件内部位置指针的区别。文件指针是指向一个 FILE 类型的结构体变量,须在程序中定义说明,只要不重新赋值,文件指针的值是不变的。文件内部位置指针用以指示文件内部的当前读写位置,每读写一次,该指针均自动向后移动。

3.5.2　文件写字符函数 fputc

fputc 函数的功能是把一个字符写入指定的文件中,其调用的一般形式为:

fputc(字符,文件指针);

其中,待写入的字符可以是字符常量、字符变量或字符表达式,例如:

```
fputc('a',fp);
```

其功能是把字符 a 写入 fp 所指向的文件中。

说明:

被写入的文件可以用写、读写或追加方式打开,每写入一个字符,文件内部位置指针向后移动 1 字节。

【例 3-19】 从键盘输入一些字符,写入当前目录下的 file1.txt 文件中,直到输入感叹号"!"为止,再把该文件内容读出并显示在屏幕上。

```
#include <stdio.h>
#include <stdlib.h>
int main()
{
    FILE * fp;
    char ch;
    if((fp=fopen("file1.txt","w"))==NULL)    //以只写方式打开文件
    {
        printf("cannot open the output file\n");
        exit(0);
    }
    printf("input a string:\n");
    while ((ch=getchar())!='!')              //当输入字符不为感叹号时,继续循环
        fputc(ch,fp);                        //将 ch 中字符写入 fp 所指向的文件中
    fclose(fp);
    if((fp=fopen("file1.txt","r"))==NULL)    //以只读方式打开文件
    {
        printf("cannot open the input file\n");
        exit(0);
    }
    while ((ch=fgetc(fp))!=EOF)              //从文件中读出一个字符,如果未到文件
                                             //尾则继续循环
        putchar(ch);
    printf("\n");
    fclose(fp);
    return 0;
}
```

输入:

123456✓
7890!abc✓

运行结果：

```
123456
7890
```

程序分析：

本程序先调用 fopen 函数以只写方式打开文本文件 file1.txt，如果打开失败，则给出提示信息并退出程序，否则打开成功并使文件指针 fp 指向该文件。

调用 getchar 函数依次从键盘输入字符，当输入的字符不为感叹号"!"时，用 fputc 函数将该字符写入 fp 所指的文件中。每写入一个字符，文件内部位置指针向后移动 1 字节。写入完毕，该指针已指向文件尾。如果要把文件从头读出，需要把指针重新移到文件头，可以关闭文件后重新打开来定位，也可以使用 rewind 函数或 fseek 函数定位。

调用 fclose 函数关闭 fp 所指向的文件，再调用 fopen 函数以只读方式打开该文件，文件内部位置指针指向文件头。调用 fgetc 函数依次从文件中读取字符并显示在屏幕上，直到文件结束。最后调用 fclose 函数关闭文件。

3.5.3　文件结束判断函数 feof

在对文本文件进行读取操作时，如果遇到文件尾，则读操作函数返回一个文本文件结束标志 EOF(其值为 -1)。在对二进制文件进行读操作时，必须使用 feof 函数判断是否到文件尾。

feof 函数调用的一般形式为：

feof(文件指针)；

若文件未结束，函数返回值为假(0)，否则为真(1)。用 feof 函数也可以判断文本文件是否结束。例如：

```
while ((ch=fgetc(fp))!=EOF)      //从文件中读出一个字符,如果未到文件尾则继续循环
    putchar(ch);
```

可以改写成：

```
while (!feof(fp))                //文件未结束,!feof(fp)的值为真
    putchar(fgetc(fp));
```

【例 3-20】　编写程序，将当前目录下文件 file1.txt 中的内容复制到另一个文件 file2.txt 中。

```
#include <stdio.h>
#include <stdlib.h>
int main()
{
    FILE * fp1, * fp2;
    char ch;
```

```
if((fp1=fopen("file1.txt","r"))==NULL)    //以只读方式打开源文件
{
    printf("Cannot open input file File1.txt\n");
    exit(0);
}
if((fp2=fopen("file2.txt","w"))==NULL)    //以只写方式打开目标文件
{
    printf("Cannot open output file File2.txt\n");
    exit(0);
}
while(!feof(fp1))                          //判断源文件是否到文件尾
    fputc(fgetc(fp1),fp2);                 //从源文件读取一个字符写入目标文件中
fclose(fp1);
fclose(fp2);
}
```

程序分析：

源文件事先必须存在，目标文件事先可以存在也可以不存在。

以只读方式打开源文件，以只写方式打开目标文件。文件指针 fp1 指向源文件 file1.txt，fp2 指向目标文件 file2.txt。调用 fgetc 函数从 fp1 所指向的文件 file1.txt 中逐个字符读出，调用 fputc 函数逐个字符写入 fp2 所指向的文件 file2.txt 中，直到源文件尾为止。

习　题　3

1. 从键盘输入一个年份，判断该年是否为闰年。

2. 输入某年某月某日，判断这一天是这一年的第几天。

3. 从键盘输入 3 个浮点数，按照从小到大的顺序输出这 3 个数。

4. 从键盘输入一个正整数，判断其是奇数还是偶数。

5. 从键盘输入一个字符，判断其是否为数字字符，如果是，输出其对应的整数；如果不是，原样输出该字符。

6. 输入一个五分制的成绩，输出对应的分数段。要求：输入 A，输出 90～100；输入 B，输出 80～89；输入 C，输出 70～79；输入 D，输出 60～69；输入 E，输出 0～59。

7. 从键盘输入一个 4 位正整数，求其逆序数并输出。例如，输入 1324，输出 4231。

8. 输入一行字符，分别统计出其中英文字母、空格、数字和其他字符的个数。

9. 利用式子 $\pi/4 \approx 1-1/3+1/5-1/7+1/9-\cdots$ 求 π 的近似值，要求某一项的绝对值小于 10^{-6} 即可。

10. 有斐波那契(Fibonacci)数列 1,1,2,3,5,8,13,21,…，求出这个数列的前 20 项之和。

11. 打印出 100～1000 所有的"水仙花数"。所谓"水仙花数"是指一个三位数，其各位数字的立方和等于该数本身。例如，$153=1^3+5^3+3^3$，因此 153 是一个"水仙花数"。

12. 求一个正整数的各个质因数。例如，输入 90，打印出 90=2*3*3*5。

13. 输出以下图形,要求输出时使用 putchar 函数。

```
                *
              *   *
            *   *   *
          *   *   *   *
        *   *   *   *   *
```

14. 求 S＝a＋aa＋aaa＋aa…a,其中,a 是一个数字。例如,2＋22＋222＋2222＋22222(此时 n＝5,n 由键盘输入)。

15. 一个球从 100 米高处落下,每次落地后反弹到原来高度的一半。编写程序,求第 50 次反弹时弹起的高度。

16. 求两个正整数 m、n 的最大公约数和最小公倍数。

17. 请找出 2000 年—2200 年间的闰年。

18. 编写程序:从键盘输入一串字符,以♯结尾,并将这串字符写入文件 original.txt 中。最后复制 original.txt 内容到 result.txt 中。

第4章

数　　组

变量只有保存单一数据项的能力,例如保存一个整数或一个实数。对于很多应用问题,我们需要处理批量数据,例如,输入 30 名学生的成绩,并对这些成绩进行排序,需要保存 30 个数据。若在程序中定义 30 个变量来保存数据,程序会变得很烦琐。若学生数改为 100 人,则需要大量修改程序,程序的扩展性很差。为了处理方便,可以利用数组来存放多个成绩。

在程序设计中多采用数组来处理批量数据。数组是相同类型的数据(变量)按一定顺序排列的集合。为了标识集合,需要为其命名,即数组名。数组中的每个数据称为元素,元素具有唯一索引号,即元素下标。数组元素用数组名加上其对应的下标来表示,因此每个数组元素也称为下标变量。用户可以根据元素在数组中所处的位置对它们逐一操作。

在 C 语言中,数组属于构造数据类型。数组元素可以是基本数据类型或者构造类型。按数组元素数据类型的不同,数组可以分为整型数组、实型数组、字符型数组、指针数组和结构体数组等。按数组元素的逻辑结构的不同,数组又可以分为一维数组、二维数组和多维数组。

本章主要介绍一维数组、二维数组以及字符数组。

4.1　一　维　数　组

一维数组由一组按顺序存储、具有相同数据类型的数组元素构成。

4.1.1　一维数组的定义

在 C 语言中,数组与普通变量一样,均遵循"先定义,后使用"的原则。通过数组定义可以确定数组的名称、大小和数据类型。

一维数组定义的一般形式如下:

类型说明符　数组名　[整型常量表达式];

例如,定义含有 6 个整数元素的数组 a,可以写成:

```
int a[6];
```

经过上面的定义后,系统会在内存中为数组 a 分配一个用于存放 6 个元素的连续存储空间。在 VC++ 中,一个 int 类型数据占 4 字节,所以给数组 a 一共分配了 4×6=24 字节的空间。数组名 a 代表数组首元素的地址,是地址常量。一维数组 a 的存储形式如图 4-1 所示。

图 4-1　一维数组的存储形式

说明:

(1) 类型说明符指定数组元素均为同一类型。数组的长度由方括号中整型常量表达式的值指定。常量表达式不能包含变量或函数调用,其值是整型(字符型也可以)。例如:

```
int a[2+4];int a['A'];        //合法形式
int n=10; int a[n];           //不合法形式
```

(2) 由于程序可能需要根据所处理数据量的规模调整数组的长度,所以较好的方法是用宏名来定义数组的长度。例如:

```
#define N 10
 ⋮
int a [N];
```

4.1.2　一维数组元素的引用

对数组的使用就是对数组元素进行操作。数组元素用数组名后跟一个下标来表示,其表示形式如下:

数组名[下标]

下标是数组元素的序号(或称索引),是整型表达式。数组元素下标从 0 开始。

例如,设 a 是含有 n 个元素的数组,其元素依次为 a[0],a[1],…,a[n−1],即元素的索引为 0~n−1,如图 4-2 所示。

数组元素可以像普通变量一样使用,例如:

```
a[0]=1;
printf("%d",a[1]) ;
a[9]++;
```

说明:

(1) 在形式上,数组长度的定义和数组元素下标的表示有些相似,但二者具有完全不同的含义。定义数组时,方括号中给出的

a[n−1]
⋮
a[3]
a[2]
a[1]
a[0]

图 4-2　一维数组的元素示意图

是某一维的长度,即可取下标的范围;而数组元素引用中的下标是该元素在数组中的位置标识。前者只能是常量,后者可以是任何整数表达式,例如:

```
int a[10];
```

方括号中的 10 表示数组的长度,即该数组有 10 个元素。数组长度必须是常量。

```
for (i=0;i<10;i++)
    a[i]=2 * i;
```

方括号中的 i 表示数组元素的序号,即该元素是数组中的第几个元素,可以是变量。

(2)用户可以把一个数组元素赋给另一个数组元素,例如:

```
a[i]=b[j]/2;
```

但不可以把一个数组作为整体赋给另一个数组。下面是错误的用法:

```
a=b;
```

(3) C 语言不要求检查下标的范围。如果用户使用 n 元数组的索引不是 0~n-1,而是 1~n,则下标可能超出范围。当下标超出范围时,程序可能执行不可预知的行为。

例如:

```
int a[10],i;
for(i=0;i<=10;i++)
    a[i]=0;
```

对于某些编译器来说,这个 for 语句可能会产生一个无限循环。因为当变量 i 的值变为 10 时,程序将数值 0 存储在 a[10] 中。但是 a[10] 这个元素并不存在,此时若系统将变量 i 在内存中的存储位置放置在 a[9] 的后边(这是有可能的),那么变量 i 将会被重置为 0,进而导致循环重新开始。

【例 4-1】 用户输入一组数据 10 20 54 87 23 56 85 47 45 25 后,将这组数据反向输出,即输出 25 45 47 85 56 23 87 54 20 10。

编程思路:定义一个长度为 10 的数组,利用循环对数组元素 a[i] 进行输入输出,当 i 从 0 变化到 N-1 时,数组元素由 a[0] 变化到 a[N-1],即可对 10 个数进行操作。

```
#include<stdio.h>
#define N 10
int main()
{
    int i,a[N];
    printf("Enter %d numbers:",N);
    for (i=0; i<N;i++)
        scanf("%d",&a[i]);
    printf("Reverse numbers:");
    for(i=N-1;i>=0; i--)
        printf("%3d ",a[i]);
```

C/C++ 程序设计进阶教程(第 2 版·微课视频版)

```
        printf("\n");
        return 0;
}
```

程序分析:

宏和数组联合使用很有效,若以后需要改变数组的大小,只需要编辑 N 的定义并且重新编译程序就可以了,其他均无须改变。

4.1.3　一维数组的初始化

和其他变量一样,数组也可以在定义的同时获得初始值,但要注意系统对数组进行初始化的一些规则。

数组初始化常见的格式如下。

(1) 用大括号括起来的常量表达式列表,常量表达式之间用逗号进行分隔,例如:

```
int a[10]={1,2,3,4,5,6,7,8,9,10};
```

(2) 如果对数组进行部分初始化操作,那么数组中的其余元素自动赋值为 0,例如:

```
int a[10]={1,2,3,4,5,6};
```

等价于

```
int a[10]={1,2,3,4,5,6,0,0,0,0};
```

(3) 把数组初始化为全 0,例如:

```
int a[10]={0};
```

等价于

```
int a[10]={0,0,0,0,0,0,0,0,0,0};
```

初始化式完全为空是非法的,至少要在大括号内放上一个 0。初值个数大于数组长度也是非法的。

(4) 可以省略掉数组的长度,例如:

```
int a[ ]={1,2,3,4,5,6,7,8,9,10};
```

编译器利用初始化式的长度来确定数组的大小,此例中为 10,这和明确地指定数组的长度效果一样。

4.1.4　一维数组的指针

数组是同类型数据的有序集合,系统会用一段连续的存储区来存放数组中的元素,并以数组名标识这个连续存储区的首地址。因此,数组名是一个地址常量。同变量一样,数组中的每一个元素在内存中都能找到唯一对应的地址。

在 C 语言中，地址与指针是两个等价的概念。即一维数组的指针就是指该一维数组在内存中的首地址，通过该地址便可顺序找到一维数组中的每一个元素。4.1.2 节中对于一维数组元素的引用采用的是数组名加下标的方式，其实就是通过用数组名所代表的数组首地址加上一定的下标偏移量来得到元素地址的方法。这种用数组名加下标访问元素的方式称为变址访问方式，用于表示下标的一对中括号"[]"是变址运算符。

在 C 语言中，若定义：

```
int a[4];
```

则一维数组 a 与其中元素之间的对应关系如图 4-3 所示。

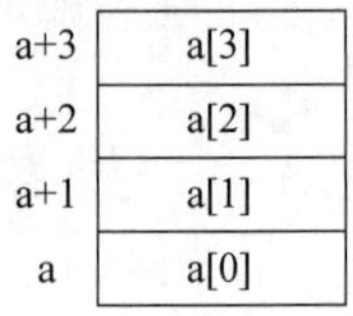

a 等价于 &a[0]，相当于 a 指向 a[0]。

a+1 等价于 &a[1]，相当于 a+1 指向 a[1]。

a+2 等价于 &a[2]，相当于 a+2 指向 a[2]。

a+3 等价于 &a[3]，相当于 a+3 指向 a[3]。

a+3	a[3]
a+2	a[2]
a+1	a[1]
a	a[0]

图 4-3　数组名与元素的关系

例如，通过键盘为数组元素 a[2]赋值，则以下两条语句是等价的。

```
scanf("%d",&a[2]);
scanf("%d",a+2);
```

另外，由于编译系统为数组分配的存储空间是固定的，在程序运行过程中都不会发生改变，因此，一维数组名是一个地址常量，程序运行中不允许修改其值。例如，a++、a−−或a=a+2 等都是非法的。

视频讲解

4.1.5　一维数组程序举例

【例 4-2】　给定两个 n 维向量，$\boldsymbol{a}=(a_1,a_2,\cdots,a_n)$ 和 $\boldsymbol{b}=(b_1,b_2,\cdots,b_n)$，求点积

$$\boldsymbol{a} \cdot \boldsymbol{b}=a_1b_1+a_2b_2+\cdots+a_nb_n。$$

例如：

输入两行数据，分别对应 $\boldsymbol{a}$ 和 $\boldsymbol{b}$：

$$1 \quad 4 \quad 6$$
$$2 \quad 5 \quad 7$$

输出：

64

编程思路：通过在欧氏空间中引入笛卡儿坐标系，向量之间的点积可以由向量坐标的代数运算得出。此题需要从键盘输入 n 维向量 $\boldsymbol{a}$、$\boldsymbol{b}$ 以及 n 的值。向量 $\boldsymbol{a}$、$\boldsymbol{b}$ 分别用一维数组表示。此时，该例便转化为两个一维数组 a 和 b 对应位置元素相乘的累计求和问题。

例 4-2 的算法如图 4-4 所示。

```
#include <stdio.h>
int main()
```

```
{
    int n;
    int a[100], b[100];
    int i, ans = 0;
    scanf ("%d", &n);
    for (i = 0; i < n; ++i)
        scanf ("%d", &a[i]);
    for (i = 0; i < n; ++i)
        scanf ("%d", &b[i]);
    for (i = 0; i < n; ++i)
        ans += a[i] * b[i];
    printf ("%d\n", ans);
    return 0;
}
```

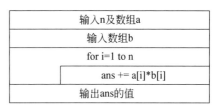

图 4-4 例 4-2 的算法

输入：

3
1   4   6
2   5   7

运行结果：

64

程序分析：

利用一维数组 a 和 b 分别输入两个向量的对应数值。由于点积是对应位置元素相乘，所以利用循环变量 i 控制元素下标位置，通过 a[i] * b[i] 进行计算。for (i=0; i<n; ++i) 循环 n 次，做累计求和运算 ans+=a[i] * b[i]。

【例 4-3】 数组有 10 个数，求出值最大的数和它的下标，然后将它与数组中的最后一个元素进行值交换。

编程思路：用一维数组 a 存放 10 个元素值，用变量 max 存放最大的元素值，初始化为 a[0]，用变量 p 存放值最大的元素下标，初始化为 0。用 max 和 10 个元素依次进行比较，当 max<a[i] 时，将 a[i] 赋给 max，同时将 i 的值赋给变量 p。当 max 与 10 个数都比较完毕时，max 为最大值，p 为最大值的下标。

例 4-3 的算法如图 4-5 所示。

```
#include "stdio.h"
int main()
{
    int i,max,p=0;                        //将 max 设为标杆
    int a[10]={85,89,87,74,85,96,56,95,92,54};
    max=a[0];                             //预设标杆的初始值
    for(i=1;i<10;i++)
        if(max<a[i] )                     //与标杆进行比较
```

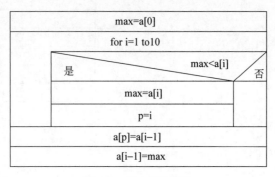

max=a[0]		
for i=1 to10		
是	max<a[i]	否
max=a[i]		
p=i		
a[p]=a[i-1]		
a[i-1]=max		

图 4-5　例 4-3 的算法

```
    {
        max=a[i];                       //将最大值赋给标杆
        p=i;                            //记录最大值的位置
    }
    a[p]=a[i-1];                        //最后的元素和最大值交换
    a[i-1]=max;
    printf("\n");
    for(i=0;i<10;i++)
        printf("%4d",a[i]);
    printf("\n%d,%d",max,p);            //输出最大值和其下标
    return 0;
}
```

运行结果：

```
85 89 87 74 85 54 56 95 92 96
96,5
```

程序分析：

本例是在数组中求最大值及其下标。若要求最小值，只需要把 if(max<a[i])改为 if(max>a[i])，即 max 变为存放最小值。这种优化形式的基本思想是，首先取第一个数预置为 max(标杆)，然后将其他数逐个与 max 比较，如果发现有比 max 大(小)的，就用它给 max 重新赋值，比较完所有的数后，max 中的数就是最大(小)值。这种方法采用的是顺序查找算法，常用于处理小规模数据量问题。

【例 4-4】　用选择法对输入的 N 个学生的单科成绩进行从小到大排序。

编程思路：直接选择排序的过程是，首先在所有数据中找出值最小(最大)的数据，把它与第 1 个数据交换，然后在其余的数据中找出值最小(最大)的数据，与第 2 个数据交换，以此类推，这样，N 个数据经过 N−1 轮交换后可得到有序结果。

例如，

```
int a[5]={3,6,7,5,0};
```

第 1 轮：在数组中找出值最小的元素下标为 4,然后将 a[4]和 a[0]交换,数组元素值的排列顺序变为 0,6,7,5,3。

第 2 轮:从数组中的其余部分找出值最小的元素下标为 4,然后将 a[4] 和 a[1] 交换,数组元素值的排列顺序变为 0,3,7,5,6。

第 3 轮:从数组中的其余部分找出值最小的元素下标为 3,然后将 a[3] 和 a[2] 交换,数组元素值的排列顺序变为 0,3,5,7,6。

第 4 轮:从数组中的其余部分找出值最小的元素下标为 4,然后将 a[4] 和 a[3] 交换,数组元素值的排列顺序变为 0,3,5,6,7。

经过 4 轮查找和交换后,数组元素得以排序。

例 4-4 的算法如图 4-6 所示。

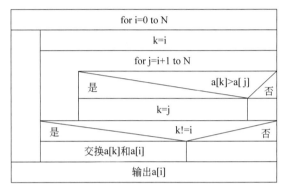

图 4-6 例 4-4 的算法

```c
#include "stdio.h"
#define  N   10
int main()
{
    float a[N] ,t;
    int i,j,k;
    for (i=0; i<N; i++)
        scanf("%f",&a[i]);
    printf("\n");
    for (i=0;i<N-1;i++)
    {
        k=i;                    //k 为目标位置
        for(j=i+1;j<N;j++)
            if (a[k]>a[j])   k=j;
        if (k!=i)
        {                       //内循环结束后判断 k 是否发生过变化
            t=a[k];a[k]=a[i];a[i]=t;
        }
    }
    for(i=0;i<N;i++)
        printf("%6.1f",a[i]);
```

```
    return 0;
}
```

输入:

```
95 85.5 78 57 65 84.5 69 86 76 58
```

运行结果:

```
57.0 58.0 65.0 69.0 76.0 78.0 84.5 85.5 86.0 95.0
```

程序分析:

利用双重循环实现算法,外层循环控制轮数,内层循环找出每轮中值最小的元素的下标。

每一轮只能找到一个值最小的元素并将其与本轮第 1 个元素交换,因此 N 个元素需要进行 $N-1$ 轮选择排序。外层循环变量 i 既控制轮数又是每轮第 1 个元素的下标,其值的变化范围为 $0 \sim N-2$。

变量 k 存放每轮中值最小的元素的下标。内层循环每次开始执行前,将每轮第 1 个元素的下标 i 赋给 k。内层循环执行结束后,k 的值即为本轮中值最小的元素的下标。然后将下标为 k 的元素与本轮第 1 个元素进行交换,即 a[k] 与 a[i] 交换。

4.2 二 维 数 组

在很多实际问题中,数据的逻辑结构是二维或多维的,因此,C 语言允许构造多维数组。多维数组元素有多个下标,以标识它在数组中的位置,所以也称为多下标变量。多维数组可由二维数组类推得到。

视频讲解

4.2.1 二维数组的定义

二维数组定义的一般形式如下:

类型说明符 数组名 [常量表达式 1] [常量表达式 2];

其中,常量表达式 1 表示第一维下标的长度,常量表达式 2 表示第二维下标的长度。

例如:

```
int a[3][4];
```

定义一个 3 行 4 列的二维数组,数组名为 a,其下标变量的类型为整型。该数组的下标变量共有 $3 \times 4 = 12$ 个,数组的行和列下标都从 0 开始,如图 4-7 所示。

二维数组是数据的逻辑结构,计算机内存的物理结构却是按一维线性排列的(即实际的硬件存储器是连续编址的)。在一维存储器中存放二维数组的方式有两种:一种是按行优先排列,一种是按列优先排列。C 语言采用按行优先的方式存储二维数组,如图 4-8 所示。

多维数组的定义形式如下:

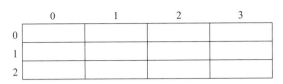

图 4-7　定义一个 3 行 4 列的二维数组

图 4-8　二维数组按行优先存储

类型说明符 数组名 [常量表达式 1] [常量表达式 2] [常量表达式 3]…;

例如,定义三维数组:

```
int a[3][4][5];
```

a[3][4][5]可以看成 3 个二维数组,每个二维数组又可以看成 4 个一维数组,仍然采用按行优先的存储方式。

在程序设计中应尽量避免使用多维数组。因为多维数组的存储量随着维数的增加呈指数增长,编译系统需要花费更多的时间计算元素下标,所以存取多维数组中的元素要比存取一维数组中的元素花费更多的时间。

4.2.2　二维数组元素的引用

视频讲解

二维数组的元素也称为双下标变量,其表示形式如下:

数组名 [下标] [下标]

其中,下标应为整型常量或整型表达式。

例如,有一数组定义如下:

```
int a[3][2];
```

该数组共有 $3\times2=6$ 个数组元素,即:

```
a[0][0],a[0][1]
a[1][0],a[1][1]
a[2][0],a[2][1]
```

同一维数组元素一样,二维数组元素的下标范围从 0 到 $N-1$(N 为该维长度),在内存中的存储形式如图 4-9 所示。

a[0][0]	a[0][1]	a[1][0]	a[1][1]	a[2][0]	a[2][1]

图 4-9　二维数组的存储形式

为了访问第 i 行第 j 列的元素,需要将该元素写成 a[i][j] 的形式。表达式 a[i] 指明了数组 a 的第 i 行,而 a[i][j] 则表示选择了此行中的第 j 个元素。

不要将 a[i][j] 写成 a[i,j],否则编译系统会将逗号分隔符作为逗号运算符处理,即将 a[i,j] 视为 a[j]。

注意:因内存的存储结构是线性的,可以将二维数组看作特殊的一维数组,数组的元素可以是任意数据类型(包括数组类型),这样就构成了多维数组。

【例 4-5】 一个学习小组有 5 个人,每个人有 3 门课程的考试成绩,从键盘输入这些成绩并输出。

	A	B	C
NO.1	90	75	92
NO.2	68	69	73
NO.3	58	69	70
NO.4	85	88	76
NO.5	76	77	89

```c
#include<stdio.h>
int main()
{
    int i,j,a[5][3];
    for(i=0;i<3;i++)
        for(j=0;j<5;j++)
            scanf("%d",&a[j][i]);
    printf("   A  B  C \n");
    for(i=0;i<5;i++)
    {
        printf("NO.%d: ",i+1);
        for(j=0;j<3;j++)
            printf("%4d",a[i][j]);
        printf("\n");
    }
    return 0;
}
```

输入:

```
90 75 92
68 69 73
58 69 70
85 88 76
76 77 89
```

运行结果:

```
     A  B  C
NO.1: 90 73 88
```

```
NO.2: 75 58 76
NO.3: 92 69 76
NO.4: 68 70 77
NO.5: 69 85 89
```

程序分析：

在内循环中依次读入 5 个学生某一门课程的成绩,外循环共循环 3 次,依次读入 3 门课程。scanf("%d",&a[j][i])中的 j 表示对 5 个学生进行控制,i 表示对 3 门课程进行控制。所以第一个双重循环是依次输入每门课程 5 个学生的成绩。第二个双重循环输出成绩,在内循环中依次输出一个学生的 3 门课程成绩,外循环控制对 5 个学生的访问。

4.2.3 二维数组的指针

同一维数组的指针一样,二维数组的指针也是一个地址常量。由于逻辑上二维数组是由行和列构成的,二维数组可以看作一个特殊的一维数组,其中的每一个元素又是一个一维数组。因此,不同于一维数组的是二维数组的指针分行指针和列指针两种。其中,行指针是指向行的,其值加 1 意味着指向下一行,即跳过该行中的所有元素,指向该数组的下一行元素。二维数组名是一个行指针常量,它指向了该二维数组的起始行。列指针是指向列的,即指向数组中元素的指针,它是该元素在内存中的存储地址。其值加 1,意味着指向该元素在存储空间中的下一个相邻元素。

在 C 语言中,若有以下定义：

```
short a[3][4];
```

则该二维数组中行指针和列指针之间的对应关系如图 4-10 所示。

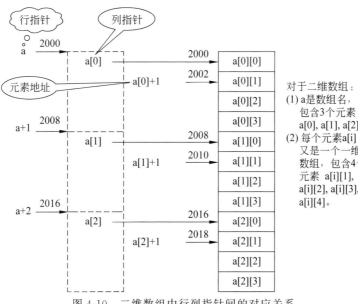

图 4-10　二维数组中行列指针间的对应关系

a 是行指针,指向了二维数组的第 0 行,其值等价于 &a[0]。

a+1 是行指针,指向了二维数组的第 1 行,其值等价于 &a[1]。

a[0]是列指针,指向了二维数组中的第 0 行第 0 列元素,其值等价于 &a[0][0]。

a[0]+1 是列指针,指向了二维数组中的第 0 行第 1 列元素,其值等价于 &a[0][1]。

因此,对于任意给定的一个 M 行 N 列的二维数组 a,可以得到以下有用信息。

(1) 二维数组名 a 是一个行指针常量,在程序运行期间,其值不会发生改变,它指向了该二维数组的起始行。

(2) a+n(其中 0≤n≤M−1)是一个行指针,指向了该二维数组的第 n 行。

(3) a[i](其中 0≤i≤M−1)是一个列指针,其指向了该二维数组中的第 i 行第 0 列元素。

(4) a[i]+j(其中 0≤i≤M−1,0≤j≤N−1)是一个列指针,其指向了该二维数组中的第 i 行第 j 列元素,即 a[i]+j 的值等价于 &a[i][j]。

4.2.4　二维数组的初始化

视频讲解

在定义二维数组的同时为各数组元素赋以初值的过程,称为二维数组初始化。二维数组可按行分段赋值,也可按行连续赋值,常见的格式如下。

1. 按行分段赋值

```
int a[5][3]={{80,75,92},{61,65,71},{59,63,70},{85,87,90},{76,77,85} };
```

通过嵌套一维初始化式的方法产生二维数组的初始化式。每一个内部初始化式提供了矩阵中一行的值。

2. 按行连续赋值

```
int a[5][3]={80,75,92,61,65,71,59,63,70,85,87,90,76,77,85};
```

和第一种方式赋初值的结果是完全相同的。

3. 给二维数组部分元素赋值

```
int a[5][3]={{80,75,92},{61,65,71},{59,63,70}};
```

在此只为数组 a 的前 3 行赋初值,后边的 2 行将自动赋值为 0。

如果内层的列表没有大到足以填满数组的一行,那么将此行剩余的元素初始化为 0:

```
int a[5][3]={{80,75},{61,65,71},{59,70},{85,87,90},{76,77,85}};
```

等价于

```
int a[5][3]={{80,75,0},{61,65,71},{59,70,0},{85,87,90},{76,77,85} };
```

4. 省略一维长度

当为二维数组全部赋初值时可以省略一维长度,例如:

```
int a[ ][4]={1,2,3,4,5,6,7,8,9,10,11,12};
```

此时,编译系统会自动定义一维长度为 3。如果初值个数不是二维长度的整数倍,则后面自动补 0,例如:

```
int a[ ][4]={1,2,3,4,5,6,7,8,9,10};
```

等价于

```
int a[3][4]={1,2,3,4,5,6,7,8,9,10,0,0};
```

编译系统会为数组 a 分配 12 个元素空间,最后两个分配 0 值。部分赋初值时,也可以采用按行赋初值的形式,例如:

```
int a[ ][4]={{0,0,3},{0},{0,10}};
```

编译系统默认数组 a 的一维长度为 3,未指定初值的元素系统会自动赋予 0 值。

视频讲解

4.2.5 二维数组程序举例

【例 4-6】 在 N 行 M 列的二维数组 a 中,找出数组 a 中每一行的最大值。

编程思路:求一维数组最大值元素(见例 4-3)的基本思想是预先设置一个标杆,然后将数组中的所有元素逐一与标杆进行比较。标杆的初值为数组中下标为 0 的元素值。

本例要求找出二维数组中每一行的最大值元素,可以把二维数组看成 N 个一维数组,只需要找出 N 个一维数组中的最大值元素即可。

例 4-6 的算法如图 4-11 所示。

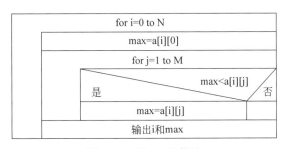

图 4-11 例 4-6 的算法

```c
#include "stdio.h"
#define N 3
#define M 4
int main()
{
    int a[N][M]={{54,8,65,45},{62,3,45,21},{56,98,85,47}};
    int i,j,max;                        //将 max 设为标杆
    for (i=0;i<N;i++)
    {
        max=a[i][0];                    //预设标杆的初始值
        for(j=1;j<M;j++)
            if(max<a[i][j])             //与标杆进行比较
                max=a[i][j];            //将 i 行的最大值元素赋值给标杆
        printf(" the %d line max :%d\n",i,max);     //输出最大值元素及其下标
```

```
    }
    return 0;
}
```

运行结果：

```
the 0 line max :65
the 1 line max :62
the 2 line max :98
```

程序分析：

定义二维数组 a 和用来存放每一行中最大值元素的临时变量 max。采用双重循环的嵌套结构，内、外层循环次数分别取决于二维数组的行、列数。在内循环中找出每一行的最大值元素，在外循环中输出每一行的最大值元素。

【例 4-7】 把一个 2 行 3 列的数组进行行列互换，形成一个新的数组并输出。例如：

$$\begin{matrix} 1 & 2 & 3 \\ 4 & 5 & 6 \end{matrix} \quad 变为 \quad \begin{matrix} 1 & 4 \\ 2 & 5 \\ 3 & 6 \end{matrix}$$

编程思路：示例矩阵中的数据共有 2 行 3 列，行列互换后，形成的新矩阵为 3 行 2 列。观察矩阵元素的位置变化情况，可以看出数组元素的行标号和列标号发生了对调，即第 i 行第 j 列元素转换后变为第 j 行第 i 列。利用这一规律，可以完成矩阵的转置。

例 4-7 的算法如图 4-12 所示。

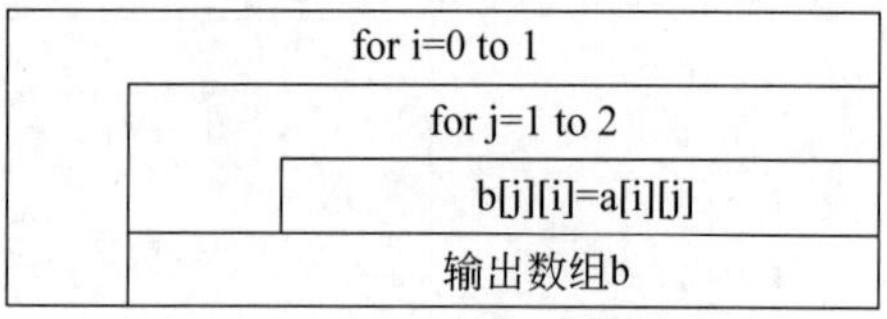

for i=0 to 1
for j=1 to 2
b[j][i]=a[i][j]
输出数组b

图 4-12　行列互换算法

```
#include "stdio.h"
int main()
{
    int a[2][3]={{1,2,3},{4,5,6}};
    int b[3][2],i,j;
    printf("array a:\n");
    for(i=0;i <=1;i++){
    for(j=0;j <=2;j++)
        {
            printf("%4d",a[i][j]);
            b[j][i]=a[i][j];              //矩阵的元素互换,实现转置的运算
        }
        printf("\n");
    }
    printf("array b:\n");
    for(i=0;i <=2;i++){
        for(j=0;j <=1;j++)
            printf("%4d",b[i][j]);       //输出数组 b
        printf("\n");
    }
    return 0;
```

```
    }
```

运行结果：

```
array a:
1  2  3
4  5  6
array b:
1  4
2  5
3  6
```

程序分析：

利用前面分析的行列互换规律,转置之前的元素 a[i][j]位于第 i 行第 j 列,则转置之后位于第 j 行第 i 列,存于数组 b 中,即成为 b[j][i]元素。所以,利用双重循环对所有元素应用此规律即可。

【例 4-8】 为 5×5 的二维数组的左下半三角依次赋自然数 2～30,每次递增 2;其余元素为 0。要求输出形式如下：

```
2   0   0   0   0
4   6   0   0   0
8   10  12  0   0
14  16  18  20  0
22  24  26  28  30
```

编程思路：示例矩阵中数据的变化规律为依次递增 2,所以设置数据的初始值为 2,
递增步长为 2 即可。数据出现在左下半三角,对角线元素 2、6、12、20、30 的行号和列号相同,并且每一行的元素都从第 0 列开始填充。利用这一特点,设置数据的遍历范围,行号从 0 变化到 4,而列号从 0 变化至和行号相同即可。

例 4-8 的算法如图 4-13 所示。

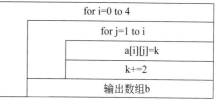

图 4-13　二维数组的左下半三角赋值算法

```c
#include "stdio.h"
int main()
{
    int a[5][5]={0},i,j;         //定义二维数组 a 并初始化
    int k=2;                     //变量 k 为产生 2～30 的偶数
    for(i=0; i<5; i++)
        for(j=0; j<=i; j++)      //注意内层循环的变化
        {
            a[i][j]=k;
            k+=2;
        }
    for(i=0; i<5; i++)
```

```
    {
        for(j=0; j <5; j++)
            printf("%d\t",a[i][j]);
            printf("\n");
    }
    return 0;
}
```

运行结果：

```
2   0   0   0   0
4   6   0   0   0
8   10  12  0   0
14  16  18  20  0
22  24  26  28  30
```

程序分析：

矩阵初始化时设置所有元素的初值为0,然后将左下半三角的数据变为需要的值。根据前面分析的左下半三角行列范围的规律,设置行标识 i 从 0 到 4 变化,列标识 j 从 0 到 i 变化,控制数据的遍历范围为左下半三角。在遍历过程中,a[i][j]元素从初始值 2 开始,每次循环递增步长为 2,即可控制数据从 2 到 30 递增。

4.3 字符数组

C语言没有专门的字符串变量数据类型,而是用字符数组来处理字符串类型数据。只要保证字符串的结尾,任何一维的字符数组都可以用来存储字符串。当 C 语言编译器在程序中遇到长度为 n 的字符串时,会为它分配长度为 n+1 的存储空间,该空间除用来存储字符串中的字符外,还要存储一个额外的字符串结束标志字符 '\0',即一个 ASCII 码值为 0 的空字符。

例如,字符串"abc"在内存当中的存储形式为 | a | b | c | \0 |。

如果是空串"",则存储一个空字符,即 | \0 |。

注意: 不要混淆 '\0' 和 '0'。'\0' 的 ASCII 码值为 0,不是一个可以显示的字符,而是一个"空操作符",即它什么也不做,而 '0' 的 ASCII 码值为 48。

4.3.1 字符数组的定义

视频讲解

用来存放字符型数据的数组称为字符数组。字符数组类型的说明形式与前面介绍的数值型数组相同,例如:

```
char c[10];
```

字符数组也可以是二维或多维数组,例如:

```
char c[5][10];
```

在定义用于存放字符串的字符数组时,应保证数组的长度至少比字符串的长度多一个字符。这是因为 C 语言规定每个字符串都以空字符结尾,且 C 语言所有的字符串处理函数都假设字符串以空字符结束。如果没有为空字符预留位置,可能会导致程序运行时出现不可预知的结果。

例如,若需要存储最多有 80 个字符的字符串,则应将数组长度定义为 81,以存储字符串末尾的空字符:

```
#define LEN_STR 80
char str[LEN_STR+1];
```

在定义中强调数组长度的限定范围是 C 程序员常用的方式。在实际使用时,我们更关心字符串的有效长度而不是字符数组的长度。C 语言用字符串结束标志'\0'测定字符串的有效长度,即在第一个'\0'之前的字符个数就是字符串的有效长度。

4.3.2　字符数组的初始化

用户可以在定义字符数组的同时对其进行初始化。

1. 把字符串直接作为初始化式

例如:

```
char str[10]="A and B";
```

或

```
char str[10]={"A and B"};
```

编译器把字符串"A and B"中的字符复制到数组 str 中,并追加一个空字符,从而使 str 可以作为字符串使用。若初始化式太短以至于不能填满字符数组,则编译器会自动添加空字符。初始化后的 str 数组如图 4-14 所示。

| A | | a | n | d | | B | \0 | \0 | \0 |

图 4-14　初始化后的 str 数组

2. 单个字符组成初始化式

在"A and B"中,"A and B"以字符串形式出现,实际上,C 编译器会将它看作数组初始化式的缩写形式,即可以写成以下形式:

```
char str[10]={'A',' ','a','n','d',' ','B', '\0'};
```

3. 在定义字符数组时省略数组长度

例如:

```
char str[ ]="A and B";
```

此时,编译器自动计算长度(若初始化式很长,手工计算长度容易出错)。

编译器为 str 数组分配 8 字节的空间,用来存储 7 个字符和一个空字符(不指定长度并不意味着以后可以改变数组的长度,一旦编译了程序,str 数组的长度就固定了),如图 4-15 所示。

图 4-15　编译器为 str 数组分配的空间

4. 省略数组长度并赋初值时没有指定 '\0'

例如:

```
char str[ ]={ 'A',' ','a','n','d',' ','B'};
```

此时,str 仅为字符型数组,不能作为字符串使用。编译器会为 str 数组分配 7 个字符的空间,用来存储 7 个字符,如图 4-16 所示。

图 4-16　数组分配 7 个字符空间

这样,在输出字符串时可能不会正常结束,所以,需要在赋初值时在初始化式末尾添加 '\0',即

```
char str[ ]={ 'A',' ','a','n','d',' ','B','\0' };
```

5. 初始化式含有多个 '\0'

这种情况如图 4-17 所示。

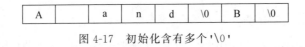

图 4-17　初始化含有多个 '\0'

```
char str[ ]={ 'A',' ','a','n','d','\0','B','\0' };
printf("%s",str);
```

输出字符串时,遇到第一个 '\0' 就结束,即仅输出"A and"。

6. 初始化式大于字符数组长度

初始化式大于字符数组长度,这对于字符串而言是非法的,编译器不会试图去保留多出的字符。例如:

```
char str[7]="A and B";
```

由于没有给空字符留空间,所以编译器不会试图存储空字符。

4.3.3　字符数组的输入与输出

字符数组的输入与输出有逐个字符输入与输出和整个字符串一次性输入与输出两种

方法。

1. 逐个字符输入与输出

对字符数组中字符串的操作可通过使用"%c"格式控制方式逐个输入与输出数组元素。

【例 4-9】 输出一个字符数组中的字符串。

视频讲解

```c
#include<stdio.h>
int main()
{
    char c[ ]="A and B";
    int i;
    for(i=0;i<7;i++)
        printf("%c",c[i]);
    return 0;
}
```

输出结果：

A and B

程序分析：

利用循环结构逐个对数组元素进行操作，达到输出字符串的目的。循环次数由字符个数决定。

若字符串的长度小于字符数组的长度，则循环次数的控制也应改变。由于字符串的长度不固定（我们只关心有效的字符个数），因此应根据字符串的结束标志来控制循环的次数。程序的循环部分可进一步优化为以下形式：

```c
char c[10]="A and B";
for(i=0; c[i]!='\0';i++)
    printf("%c",c[i]);
```

对二维字符数组的操作可通过双重循环来进行行和列的控制。

【例 4-10】 输出一个如图 4-18 所示的菱形图。

图 4-18 菱形图

```c
#include<stdio.h>
int main()
{    char diamond[][5]={{' ',' ','*'},
                        {' ','*',' ','*'},
                        {'*',' ',' ',' ','*'},
                        {' ','*',' ','*'},
                        {' ',' ','*'}};
    int i,j;
    for (i=0;i<5;i++)
    {
        for (j=0;j<5;j++)
        printf("%c",diamond[i][j]);
        printf("\n");
    }
    return 0;
}
```

程序分析：

定义一个字符型的二维数组，每行放一个字符串，对菱形的控制可以通过在每行的适当位置加空格来实现。在此用嵌套的 for 循环逐个输出字符数组中的所有元素。

2. 整个字符串一次性输入与输出

对于字符数组中的字符串可以作为一个整体来操作，即将整个字符串一次性输入与输出。

（1）在 printf 和 scanf 函数中使用"%s"格式控制，此时不需要通过循环进行逐个字符的操作。

【例 4-11】 输出一个字符数组中的字符串。

```c
#include<stdio.h>
int main()
{
    char c[8];
    scanf("%s",c);
    printf("%s",c);
    return 0;
}
```

输入：

```
Program
```

输出：

```
Program
```

程序分析：

在 scanf 函数中使用"%s"格式控制，表示输入的是一个字符串，在输入表列中只给出数组名即可，不能写成以下形式：

```
scanf ("%s",&c);              //错误
```

这是由于 C 语言中规定数组名代表数组的首地址，整个数组是以首地址开头的一块连续的内存单元。例如，该例字符数组在内存中的表示如图 4-19 所示。

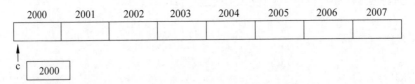

图 4-19 例 4-11 中的字符数组在内存中的表示

数组 c 的首地址为 2000，即 c[0]单元地址为 2000。数组名 c 代表这个地址，因此在 c 前面不能再加取地址运算符 &。

在执行函数 printf("%s",c)时，按数组名 c 找到首地址，然后逐个输出数组中的各字符，直到遇到字符串结束标志 '\0' 为止，不能写成以下形式：

```
printf("%s",c[i]);
```

注意：在使用"%s"进行格式控制时，各个字符的输出是系统自动控制的，用户不必使用循环语句逐个地输入与输出每个字符。

用户还应特别注意，在 scanf 函数中使用"%s"格式控制输入字符串时，字符串中不能含有空白字符，否则将以空白字符作为串的结束符。例如，例 4-11 中若输入：

A and B

由于 A 后面是空格，所以系统会认为当前字符串的输入已经结束，则把"A"作为最终的输入，所以输出结果为 A。

如果必须要处理含有空格的字符串，可多设几个字符数组，分段存放。例如，上例可改写为：

```
char st1[5],st2[5],st3[5];
scanf("%s%s%s ",st1,st2,st3);
printf("%s%s%s\n",st1,st2,st3);
```

输入：

A and B

输出：

AandB

输出时，可以在%s 后适当添加空格以区分串中的单词。例如：

```
printf("%s %s %s\n",st1,st2,st3);
```

输出结果为：

A and B

（2）用 gets 和 puts 函数输入与输出字符串。
① 输入函数 gets 的格式如下：

gets (字符数组名)

其功能是从标准输入设备上输入一个字符串。

gets 函数支持输入空白字符，会持续读入直到遇到换行符为止（scanf 函数会在任意空白字符处停止）。此外，gets 函数并不将换行符存储到数组中，而是用空字符代替换行符。

【**例 4-12**】 将例 4-11 中的输入改为 gets 函数的形式。

```
#include "stdio.h"
int main()
{   char c[8];
    gets(c);
```

```
        printf("%s",c);
        return 0;
}
```

输入：

A and B

输出：

A and B

可以看出，输出结果不再是 A。由于 gets 函数支持空白字符，所以，A and B 会全部存储到数组 c 中，并且在末尾保存一个 '\0'。

注意：在把字符读入数组时，scanf 函数和 gets 函数都无法检测数组何时被填满。因此，它们存储字符时可能越过数组的边界，这会导致未定义的行为。通过用%ns 代替%s 可以使 scanf 函数更安全（数字 n 为可以存储的最多字符数），而 gets 函数本身就是不安全的。

② 输出函数 puts 的格式如下：

puts(字符数组名)

其功能是把字符数组中的字符串输出到标准输出设备上，并用 '\n' 取代字符串的结束标志 '\0'。在用 puts 函数输出字符串时，可以不另加换行符。

【例 4-13】 将例 4-12 的输出改为 puts 函数的形式。

```
#include<stdio.h>
int main()
{
        char c[8];
        gets(c);
        puts(c);
        return 0;
}
```

输入：

program

输出：

program

puts 函数的参数可以是字符串常量，例如：

puts("A and B");

输出：

A and B

puts 函数完全可以用 printf 函数取代。当需要按一定的格式输出时,通常使用printf 函数。

3. 文件字符串读/写函数

视频讲解

文件字符串读写函数是以字符串(字符数组)为单位的文件读写函数。每次可从文件读出或向文件写入一个字符串。

(1) 读字符串函数 fgets。

fgets 函数调用的一般形式为:

fgets(str, n, fp);

其中,str 为字符数组名或字符指针变量名,n 是一个正整数,fp 为文件指针。fgets 函数的功能是从 fp 所指向的文件中读取一个长度为(n−1)的字符串,并将该字符串存入以 str 为起始地址的存储单元中,系统在最后面自动加一个字符串结束标志'\0'。

例如:

```
char str[30];
fgets(str,11,fp);
```

从 fp 所指向的文件中读取 10 个字符存到字符数组 str 中,在数组元素 str[10]中自动存入字符'\0'。

说明:

① 在读完 n−1 个字符之前,若遇到了换行符或 EOF,则读取结束。

② fgets 函数也有返回值,若读取字符串成功,则返回 str 的首地址;若遇到文件结束符或出错,则返回 NULL。

【例 4-14】 从 File1.txt 文件中读入一个长度为 n 的字符串。

```
#include <stdio.h>
#include <stdlib.h>
int main()
{
    FILE * fp;
    char str[30];
    int n;
    if((fp=fopen("File1.txt","r"))==NULL)
    {
        printf("cannot open the file.\n");
        exit(0);
    }
    scanf("%d",&n);
    fgets(str,n+1,fp);
    printf("%s\n",str);
    fclose(fp);
    return 0;
}
```

输入：

6

运行结果：

123456

程序分析：

本程序调用 fgets 函数从 fp 所指向的文件中读取 n 个字符，并保存到字符数组 str 的 str[0] 至 str[n-1]中，系统自动给 str[n]赋串结束标志'\0'.

同 fgetc 函数一样，在执行 fgets 函数后，文件内部位置指针也会移动。例如，执行 fgets(str,n+1,fp)后，文件内部位置指针向后移动 n 字节。如果应读取的字符中包含换行符（ASCII 码值为 10），则 fgets 仅读取换行符前的字符，连同换行符一起存入字符数组，并将文件内部位置指针指向换行符后的字符。例如：

File1.txt 文件中的内容为：

123456↙7890

输入：

9

运行结果：

123456

如果在 fgets 函数的后面增加一条语句"printf("%c",fgetc(fp));"，则输出字符是'7'.
（2）写字符串函数 fputs。

fputs 函数调用的一般形式为：

fputs(string, fp);

其中，string 可以是字符串常量、字符数组名或字符指针变量名。fputs 函数用于将 string 所表示的字符串输出到 fp 所指向的文件中。函数运行成功，则返回最后写入字符的 ASCII 码值，否则返回 EOF。

例如：

fputs("abcd",fp);

其功能是把字符串"abcd"写入 fp 所指向的文件之中。

4.3.4　字符串处理函数

视频讲解

C 语言没有提供可以对字符串进行复制、比较、连接等操作的运算符。在 C 程序中，对字符串的复制、比较、连接等操作均由标准库函数中提供的字符和字符串处理函数集完成。这些函数的原型驻留在<string.h>头文件中，在需要对字符串进行操作的程序中，应该包含该头文件。

在<string.h>中有多个字符和字符串处理函数,这里只介绍其中几个基本的字符串处理函数。

1. 字符串复制函数 strcpy 和 strncpy

(1) strcpy 函数的一般形式如下:

strcpy(字符数组 1,字符串 2)

其作用是将字符串 2 连同'\0'复制到字符数组 1 中。

例如:

```
char str1[10]="012345678",str2[]="China";
strcpy(str1,str2);
puts(str1);
```

输出:

```
China
```

复制完毕后,str1 中的内容如图 4-20 所示。

str1 | C | h | i | n | a | \0 | 6 | 7 | 8 | \0

图 4-20　复制字符串

字符数组 1 的长度应足够大,以便能够容纳从字符串 2 中复制过来的字符串。字符串 2 也可以写成字符串常量的形式:

```
strcpy(str1, "China");
```

不能用赋值语句将一个字符串直接赋给一个字符数组。例如,下面的赋值是非法的:

```
str1="China";                              //错误
```

但是,在声明中使用"="初始化字符数组是合法的,因为此时"="不是赋值运算符。例如,下面的初始化是合法的:

```
char str1[ ]="China";
```

另外,由于数组名是地址常量,所以把数组名作为左值也是非法的。例如,下面的赋值是非法的:

```
str1=str2;                                 //错误
```

(2) strncpy 函数的一般形式如下:

strncpy(字符数组 1,字符串 2,n);

其作用是将字符串 2 中的前面 n 个字符复制到字符数组 1 中。

例如：

```
char str1[10]="123456789",str2[]="China";
strncpy(str1,str2,2);
puts(str1);
```

输出：

```
Ch3456789
```

2. 字符串连接函数 strcat

strcat 函数的一般形式如下：

strcat(字符数组 1,字符数组 2)

其作用是把两个字符串连接起来，即将字符串 2 接到字符串 1 的后面，把结果放在字符数组 1 中。例如：

```
char str1[15]="Hello",str2[]="China";
printf("%s", strcat(str1,str2));
```

输出：

```
HelloChina
```

连接后 str1 中的内容如图 4-21 所示。

图 4-21 连接字符串

3. 字符串比较函数 strcmp 和 strncmp

（1）strcmp 函数的一般形式如下：

strcmp(字符串 1,字符串 2)

其作用是比较字符串 1 和字符串 2 的大小。

字符串比较的规则是，将两个字符串自左至右逐个字符进行 ASCII 码值的比较，直到出现不同的字符或遇到'\0'为止。如果全部字符相同，则认为两个字符串相等；若出现不相同的字符，则以第一对不相同字符的比较结果为准，即 ASCII 码值大的字符串大。例如，"computer">"compare"，"ab">"a"，"b"="b"。

比较的结果由 strcmp 函数返回值带回：

- 如果字符串 1=字符串 2,则函数值为 0;
- 如果字符串 1>字符串 2,则函数值为 1;
- 如果字符串 1<字符串 2,则函数值为—1。

例如，为了检查 str1 是否小于或等于 str2,可以写成以下形式：

```
if (strcmp(str1,str2)<=0)
```

注意：不能使用关系运算符来比较两个字符串。

例如：

```
if (str1==str2)
```

虽然上面的语句是合法的，但是得不到预期的效果，不会对两个字符串的大小进行比较。因为 str1 和 str2 是数组名，里面存放的是数组的首地址，所以这个语句比较的是地址是否相同，而 str1 和 str2 肯定在不同的地址，所以 str1==str2 结果肯定是 0。

（2）strncmp 函数的一般形式为：

strncmp(字符串 1, 字符串 2, n)

其作用是比较字符串 1 和字符串 2 的前 n 个字符。

strncmp 函数首先将两个字符串自左至右逐个字符进行 ASCII 码值的比较。若差值为 0，则再继续比较下一个字符，比较 n 次，或直到遇到字符串结束标识'\0'；若差值不为 0，则将非零值返回。注意，要比较的字符包括字符串结束标识'\0'，而且一旦遇到'\0'就结束比较。无论 n 是多少，不再继续比较后边的字符。

strncmp 函数返回值同 strcmp 函数返回值。

4. 测字符串长度函数 strlen

strlen 函数的一般形式如下：

strlen (字符数组)

其作用是计算字符数组中有效字符的个数（不含'\0'）并将其作为函数返回值。

例如：

```
char str[10]="China";
printf("%d",strlen(str));          //结果是 5
printf( "%d", strlen("China"));    //结果是 5
printf( "%d", strlen(""));         //结果是 0
```

4.3.5 字符数组应用举例

【例 4-15】　从键盘输入一个字符串，当输入回车符时认为输入结束，分别统计字符串中小写英文字母、大写英文字母、数字字符和其他字符的个数。

视频讲解

```
#include "stdio.h"
int main()
{
    int i,c[4]={0};
    char s[80];                      //定义一个字符数组
    printf("input a string:\n");     //输入提示
    gets(s);                         //字符串整体输入
    for (i=0;s[i]!='\0';i++)         //逐个访问字符数组中的元素
```

第 4 章　数组　⑪⑬

```
        if(s[i]>='a'&&s[i]<='z') c[0]++;
        else if(s[i]>='A'&&s[i]<='Z')  c[1]++;
        else if(s[i]>='0'&&s[i]<='9')  c[2]++;
        else c[3]++;
    printf("a~z:%d\nA~Z:%d\n0~9:%d\nothers:%d\n", c[0],c[1],c[2],c[3]);
    return 0;
}
```

input a string:

输入：

dfGSE345/g4\Fa

运行结果：

a~z:4

A~Z:4

0~9:4

others:<1

程序分析：

此例要求输入回车符时认为输入结束，由于 scanf 函数把空白符号作为字符串结束标志，所以不能用 scanf 函数输入数据，程序中使用 gets 函数输入字符串。小写英文字母、大写英文字母、数字字符的 ASCII 码值所在的范围用逻辑表达式表示分别如下：

```
s[i]>='a'&&s[i]<='z'
s[i]>='A'&&s[i]<='Z'
s[i]>='0'&&s[i]<='9'
```

注意：上例不能写成类似 'a'<=s[i]<='z' 的关系表达式形式。因为关系表达式 'a'<=s[i]<='z' 的求值顺序为先判断 'a'<=s[i] 是否为"真"，即值为 1 或 0，然后用 1 或 0 去和 'z' 作比较，结果依然是 1。

【例 4-16】 汉明距离是两个等长字符串对应位置的不同字符的个数。求两个字符串的汉明距离。

编程思路：汉明距离通常使用在数据传输差错控制编码中。对两个字符串进行异或运算，并统计结果为 1 的个数，这个数就是汉明距离。在 C 程序设计中，这里的异或运算可以用判断两个字符是否相等来进行。

例 4-16 的算法如图 4-22 所示。

```
#include <stdio.h>
#include"string.h"
#include<stdlib.h>
#define M 10
int main()
{
    char a[M], b[M];
```

```
    int dist=0,n1=0,n2=0,i;
    gets(a);
    gets(b);
    n1=strlen(a);
    n2=strlen(b);
    if(n1!=n2)
        exit(0);
    for(i=0;i<n1;i++)
    {
        dist+=((a[i]!=b[i])?1:0);
    }
    printf("%d\n", dist);
    return 0;
}
```

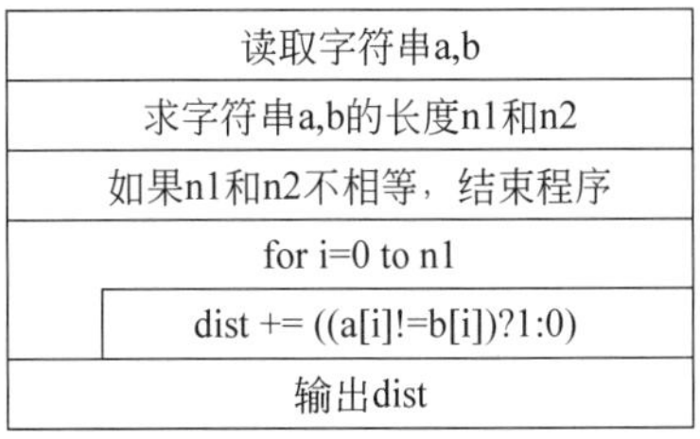

| 读取字符串a,b |
| 求字符串a,b的长度n1和n2 |
| 如果n1和n2不相等，结束程序 |
| for i=0 to n1 |
| dist += ((a[i]!=b[i])?1:0) |
| 输出dist |

图 4-22　例 4-16 的算法

程序分析：

语句 if(n1!=n2)对输入的两个字符串进行长度是否相等的判断。如果长度不相等，执行语句 exit(0)，结束整个程序；如果长度相等，则逐一进行字符的比对。表达式(a[i]!=b[i])?1:0实现了相同位置字符不相等时返回1，相等时返回0的操作。所以，语句"dist+=((a[i]!=b[i])?1:0);"完成了对同一位置不相等字符进行计数。

【例 4-17】　输入 3 个字符串，找出其中最大的字符串并输出。

编程思路：采用字符串比较函数来实现。按 ASCII 码值的大小，将 2 个字符串自左至右逐个字符相比较，直到出现不同的字符或遇到'\0'为止。如果全部字符相同，则认为两个字符串相等；如果出现不相同的字符，则以第一个不相同的字符的比较结果为准。

视频讲解

和比较 3 个数大小的思路相同，先比较前 2 个字符串，将二者之中的较大者存入 string，再和第 3 个字符串进行比较。

```
#include<stdio.h>
#include<string.h>
int main()
{
    char string[20],str[3][20];
    int i;
    for(i=0;i<3;i++)
        gets(str[i]);                          //读入 3 个字符串
    if(strcmp(str[0],str[1])>0)
        strcpy(string,str[0]);
    else strcpy(string,str[1]);                //选出前 2 个中的较大者
        if(strcmp(str[2],string)>0)
            strcpy(string,str[2]);
    printf("\nthe largest string is:\n%s\n",string);
    return 0;
}
```

输入：

```
math
c
C++
```

输出：

```
the largest string is:
math
```

程序分析：

循环结构"for(i=0;i<3;i++) gets(str[i]);"分 3 次分别读入 3 个字符串,存储在二维字符数组的 3 行中。str[i]代表了每一行的首地址,所以用作 gets 函数的参数,指明 3 个字符串的存放地址。

【例 4-18】 取字符串 s1 中从第 i 个字符开始的 len 个字符作为新的字符串 s2,若 len 值为 0,取出空串。

编程思路:设置字符数组 s1 和 s2,s1 中存放字符串 s。读取 i 和 len 的值,如长度为 0,则调用复制函数时 s2 中存放的是空串;如果从 i 开始的 len 个字符超出了取值范围,则调用复制函数把字符串 s1+i 存放到字符数组 s2 中,否则从 i 开始逐个赋值到字符数组 s2 中,共赋值 len 个元素。

例 4-18 的算法如图 4-23 所示。

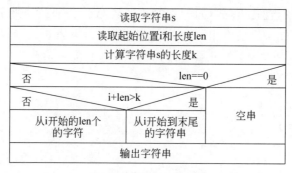

图 4-23 例 4-18 的算法

```
#include<stdio.h>
#include<string.h>
int main()
{
    char s1[20],s2[20];
    int i,len,k,j;
    printf("input string:\n");
        gets(s1);
        printf("input i and length");
        scanf("%d%d",&i,&len);
```

```
        k=strlen(s1);
        if (len==0)
            strcpy(s2,"");                    //长度 len 为 0 则子串为空
        else if (i+len>k)
            strcpy(s2,s1+i);                  //超出长度
            else {
                for (j=0;j<len;j++)           //取 i 开始的 len 个字符存放到 s2 中
                    s2[j]=s1[j+i];
                s2[len]='\0';                 //更改字符串结束标志
            }
        printf("\n%s\n",s2);
    return 0;
}
```

输入：

input string:
chinese
input i and length
3 4

运行结果：

nese

如果输入数据为 3 和 6,则运行结果如下：

nese

如果输入数据为 3 和 0,则运行结果为空。

程序分析：

if (len==0) strcpy(s2,"")表示如果长度为 0,那么 s2 中存放的是空串;else if (i+len>k) strcpy(s2,s1+i)表示从 i 开始的 len 个字符超出了字符串 s 的长度范围,所以把 s1 中从 i 开始到'\0'的字符串存放到字符数组 s2 中(s1+i 表示被复制字符串的起始位置)。最后一个 else 是从 i 开始逐个赋值到字符数组 s2 中,共赋值 len 个元素。由于使用 s2[j-i]=s1[j]进行赋值,所以在 s2 的末尾要补一个'\0',即 s2[len]='\0'。

习 题 4

1. 存放 10 个学生的作业成绩,前两个学生的成绩是 0 和 100,其余学生的成绩从键盘输入,反序输出这些学生的成绩。

2. 存储并输出斐波那契数列的前 20 项。数列是前两项为 1,以后各项均为前两项之和,即 1,1,2,3,5,8,13,21,34,55,89,…。

3. 使用冒泡法对输入的 10 个整型数据从小到大排序。

4. 在一组有序的数据中查找某数据,若找到,则输出该数据在数列中的位置,否则在有序数列中插入该数据。

5. 用折半查找法在(05 13 19 21 37 56 64 75 80 88 92)表中查找元素 21。

6. 分段统计 10 个学生的考试成绩。分数段设定为 60 分以下、60~69 分、70~79 分、80~89 分、90~99 分、100 分。统计各个分数段的人数,并输出到屏幕上。

7. 判断任意整数 x 是否为回文数。回文数是顺读与反读都一样的数。

8. 已知数组 A 中有 8 个互不相等的元素,数组 B 中有 5 个互不相等的元素,而数组 C 中的元素是包含在 A 中但不在 B 中的元素。编程产生数组 C。例如,数组 A 中存有 3、2、5、7、0、1、4、8,数组 B 中存有 10、3、11、7、5,则数组 C 中的数据是 2、0、1、4、8。

9. 输入任意 5 个数放在数组中,假定输入的 5 个数为 5、2、8、3、10,打印以下方阵:

$$
\begin{array}{ccccc}
5 & 2 & 8 & 3 & 10 \\
2 & 8 & 3 & 10 & 5 \\
8 & 3 & 10 & 5 & 2 \\
3 & 10 & 5 & 2 & 8 \\
10 & 5 & 2 & 8 & 3
\end{array}
$$

10. 输入 20 个正整数,找出其中的质数,并由小到大排序。

11. 用"筛选法"求 1~100 中的质数。

12. 从键盘输入 10 个整数,检查整数 k 是否包含在这些数据中,若包含,找出它的位置。

13. 将数组 a 中 10 个元素逆序存放并输出。

14. 求二维数组主对角线元素的和。例如:

$$
\begin{array}{ccc}
1 & 2 & 3 \\
4 & 5 & 6 \\
7 & 8 & 9
\end{array}
$$

主对角线元素 1、5、9 的和为 15。

15. 初始化一个矩阵(4 行 4 列)如下:

$$
\begin{array}{cccc}
1 & 0 & 0 & -1 \\
0 & 1 & -1 & 0 \\
0 & -1 & 1 & 0 \\
-1 & 0 & 0 & 1
\end{array}
$$

即主对角线元素为 1,次对角线元素为 -1,其余为 0。

16. 存储并打印杨辉三角的前 10 行。杨辉三角的形式如下:

杨辉三角的特点为：

- 第 0 列和对角线上的元素都为 1；
- 除第 0 列和对角线上的元素以外，其他元素的值均为前一行上的同列元素和前一列元素之和。

17. 向一个三维数组输入值并输出此数组全部元素。

18. 查找一个字符在一个字符串中出现的所有字符位置。例如，abccba 中 a 出现的位置为 1 和 6。

19. 对一个字符串重新排列，字母排在前面，数字排在后面，并不改变原来字母之间以及数字之间的字符顺序（要求在本数组内实现重新排序）。

20. 输入一个英文句子，将每个单词的第一个字母改成大写字母。例如：

```
i want to get accepted
```

变为

```
I Want To Get Accepted。
```

21. 编写程序：输入 3 个字符串，按字母顺序对字符串升序排序，并将排序结果写入result.txt 文件中。

第5章

函　　数

C语言属于结构化程序设计语言。结构化程序设计的主要思想是以模块化设计为中心,将待开发的软件系统划分为若干相互独立、功能单一的模块,从而使每一个模块变得简单而明确。由于模块之间相互独立,因此在设计一个模块时,该模块不会受到其他模块的影响,可将原来较为复杂的问题简化为一系列简单模块的设计。在C语言中,模块功能用函数来实现。

5.1　C语言函数概述

视频讲解

C程序是由函数组成的。虽然在前面各章的程序中大多只有一个main函数,但实用程序往往由多个函数组成。函数是C程序的基本模块,调用函数模块可以实现特定的功能。C语言不仅提供了极为丰富的库函数,还允许用户自己定义函数。用户可以把求解问题的算法编成一个个相对独立的函数模块,然后用调用的方法来使用函数。可以说,C程序的全部工作都是由各种各样的函数完成的,所以也将C语言称为函数式语言。

由于采用了模块式的结构,C语言易于实现结构化程序设计,使程序的层次结构清晰,便于程序的编写、阅读和调试。

一个C程序可以由一个或多个函数组成,其中,必须有且只有一个main函数。main函数也称为主函数。在C语言中,函数的定义是平行的,不允许嵌套定义函数,即不允许在一个函数内再定义另一个函数,但函数可以嵌套调用。由主函数调用其他函数,其他函数也可以再调用函数,同一个函数可以被多个函数调用,如图5-1所示。对于两个有调用关系的函数而言,一般用主调函数和被调函数来区分,调用其他函数的函数称为主调函数。

在C程序中,一个函数的定义可以放在任意位置,既可放在主函数main之前,也可放在main之后。但C程序的执行总是从main函数开始,在main函数中调用其他函数,调用完成后返回到main函数,并在main函数中结束程序的运行。

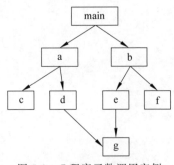

图 5-1　C程序函数调用实例

从函数定义的角度而言,函数分为库函数和用户自定义函数。C 系统提供了大量的库函数,在程序中可以直接调用,而程序中大部分函数是由用户按需定义的。

无论库函数还是用户自定义函数又可分为以下类型。

(1) 有返回值函数和无返回值函数。有返回值函数被调用后将向主调函数返回一个值;而无返回值函数用于完成某项特定的功能,执行完成后不向主调函数返回函数值。

(2) 有参函数和无参函数。有参函数在进行函数调用时,主调函数向被调函数传送数据;而对于无参函数,主调函数和被调函数之间不进行数据传送。

本章主要介绍用户自定义函数的定义及使用方法。

5.2 函数的定义

一个函数的完整定义包括两部分:一是函数首部;二是函数体。函数首部即函数定义中的第一行,包括函数的数据类型、函数名和形式参数列表。函数体包括声明和语句两部分,用一对大括号"{ }"括起来,声明部分是对函数体内部所要用到的变量的类型说明,语句部分是函数的执行部分。

5.2.1 函数定义的一般形式

视频讲解

1. 无参函数的定义

无参函数的一般定义形式如下:

类型说明符 函数名()
{
　　声明部分
　　语句部分
}

其中,类型说明符说明函数的类型,即函数返回值的数据类型。如果函数定义时不指定函数类型,系统默认函数类型为 int 型。如果函数调用时不需要带回函数值,可将函数类型定义为 void 类型。函数名是由用户定义的合法标识符,在此函数名后的括号内为空,即没有参数,所以称为无参函数。例如:

```
void fun()
{
    printf("This is a functional program.\n");
}
```

fun 函数是一个无参函数,其功能是输出"This is a functional program."字符串。由于函数类型为 void 型,所以函数调用后不带回函数值。

2. 有参函数的定义

有参函数的一般定义形式如下:

```
类型说明符 函数名(形参列表)
{
    声明部分
    语句部分
}
```

在有参函数中,函数名后面的括号内是形式参数(简称形参)的定义。形参可以是各种类型的变量,每个形参必须有类型说明,各形参之间用逗号分隔。例如:

```
int plus (int x, int y)                    //函数首部
{
    int z;                                 //声明部分
    z=x+y;                                 //以下是语句部分
    return z;
}
```

plus 函数是一个有参函数,功能是求两个整型数据之和。该函数是一个整型函数,由 return 语句返回一个整数。其形参 x 和 y 均为整型变量,其值是在 plus 函数被调用时由主调函数的实参传递过来的。

注意:不能将 int plus (int x, int y) 写成 int plus (int x, y),因为每个形参必须有类型说明。

5.2.2 函数参数与函数返回值

视频讲解

1. 实际参数和形式参数

函数的参数有两类,分别是形式参数和实际参数。形式参数出现在函数定义中,在函数首部,函数名后面的括号中的参数称为形式参数,简称"形参"。实际参数出现在主调函数中,在调用函数时,函数名后面的括号中的参数(也可为表达式)称为实际参数,简称"实参"。当函数被调用时,主调函数将实参的值赋给被调函数的形参,从而实现数据的传递。

【例 5-1】 函数间的参数传递。

```
#include<stdio.h>
int plus(int x, int y)
{
    int z;
    z=x+y;
    return z;
}
int main()
{
    int i, j, k;
    scanf("%d,%d",&i,&j);
    k=plus(i,j);
```

```
        printf("i+j=%d\n",k);
        return 0;
}
```

输入：

```
3,4
```

运行结果：

```
i+j=7
```

程序分析：

本程序定义 main 函数和 plus 函数两个函数,在 main 函数中调用 plus 函数。程序从 main 函数开始执行,当遇到 plus(i,j)时,main 函数被中断,转去执行 plus 函数,将主调函数中实参的值按照参数顺序分别传递给被调函数对应位置上的形参,即将 main 函数中实参 i 的值传递给形参 x,将实参 j 的值传递给形参 y,使两个函数中的参数之间发生联系,如图 5-2 所示。plus 函数调用结束后,返回到 main 函数中,将 plus 函数返回值赋给变量 k,

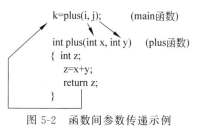

图 5-2　函数间参数传递示例

继续执行 main 函数中未被执行的语句,直到最后一条语句,至此整个程序执行完毕。

函数的实参和形参有以下特点。

(1) 实参可以是常量、变量、表达式、函数和地址等,在进行函数调用时,实参必须有确定的值,例如 plus(8,i+j)。

(2) 实参与形参的数量和顺序要严格一致,类型应相同或赋值兼容。如果实参与形参类型不同,则要按第 2 章中介绍的不同类型数据的赋值规则进行转换,即把实参的类型转换成形参的类型,然后送到形参中。

(3) 实参向形参的数据传递是单向的"值传递",即只把实参的值传递给形参,而形参的值不会传回给实参。因此,在函数调用过程中,形参的值发生改变,而实参中的值不会变化,因为实参与形参被分配到不同的存储单元。

(4) 当调用函数时,形参才被分配存储单元,调用结束时,形参所占存储单元即被释放,因此形参的有效使用范围仅限于本函数内。

【例 5-2】　交换两个变量的值。

```
#include<stdio.h>
void swap(int a,int b)
{
    int temp;
    temp=a;
    a=b;
    b=temp;
    printf("a=%d,b=%d\n",a,b);
```

```
}
int main()
{
    int i=2,j=1;
    printf("i=%d,j=%d\n",i,j);
    swap(i,j);
    printf("i=%d,j=%d\n",i,j);
    return 0;
}
```

运行结果：

```
i=2,j=1
a=1,b=2
i=2,j=1
```

程序分析：

本程序定义了一个 swap 函数，其功能是交换形参 a 和 b 的值。在调用 swap 函数时，为形参 a 和 b 分配存储单元，并将实参 i 和 j 的值分别传递给形参 a 和 b，如图 5-3(a)所示。执行 swap 函数时，交换了形参 a 和 b 的值。由于实参 i 与对应的形参 a 是两个不同的变量，占用不同的存储单元(同理，实参 j 与对应的形参 b 也占用不同的存储单元)，所以，虽然形参 a 和 b 两个变量值交换了，但实参 i 和 j 的值不随形参的变化而变化，如图 5-3(b)所示。在 swap 函数调用结束时，形参 a 和 b 所占的存储单元被释放，main 函数中的 i 和 j 并未互换，如图 5-3(c)所示。

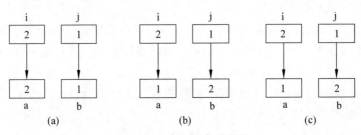

图 5-3　实参和形参变化图

由此可见，当实参和形参为普通变量时，是将实参的值传递给形参，属于单向的"值传递"方式，形参值的改变不会影响实参值。

2. 函数的返回值

函数的返回值是指函数被调用结束后所带回并返给主调函数的一个值，即函数的值。例如，调用 plus(2,4)得到值 6，即函数的返回值为 6。

说明：

(1) 函数的值是由 return 语句返回给主调函数的。

return 语句的一般形式如下：

return　表达式；

视频讲解

或

return (表达式);

该语句的功能是计算表达式的值作为函数返回值,终止函数的执行并返回到主调函数。如果函数不需要返回值,表达式可以省略,改写为以下形式:

return;

该语句的功能是终止函数的执行,并返回到主调函数。

一个函数可以有多个 return 语句,但每次调用只能有一个 return 语句被执行,因此函数调用只能返回一个值。例如:

```
int sign(int x)
{
    if(x<0)
        return -1;
    else if(x==0)
        return 0;
    else
        return 1;
}
```

(2) 如果不需要函数返回一个值,可以将函数定义为无类型或空类型,类型说明符为void,这样,系统就能保证不使函数返回任何值。另外,在函数体中不能有以下语句:

```
return 表达式;
```

(3) 函数的类型应该和 return 语句中表达式的类型一致,如果二者不一致,则以函数类型为准,系统自动将表达式的类型转换为函数类型,即函数类型决定返回值类型。

【例 5-3】 函数类型决定返回值类型。

```
#include<stdio.h>
int min(float i,float j)
{
    float k;
    k=i<j? i:j;
    return k;
}
int main()
{
    float x,y;
    int z;
    scanf("%f,%f",&x,&y);
    z=min(x,y);
    printf("Min is %d\n",z);
    return 0;
```

```
    }
```

输入：

```
3.1,6.4
```

运行结果：

```
Min is 3
```

程序分析：

min 函数的类型是 int 型。在 min 函数中，return 语句中 k 的值为 3.1，为 float 型，将 k 的值转换为 int 型，然后返回给主调函数 main。因此，主函数中 z 的值为 3，程序运行结果为 Min is 3。

视频讲解

5.3　函数的调用

函数的调用指程序从主调函数转到被调函数，执行被调函数的函数体直至执行完函数体中的语句，或者执行至遇到 return 语句为止。

5.3.1　函数调用的一般形式

函数调用的一般形式如下：

函数名(实参列表)

对于有参函数，实参的数据类型与形参的数据类型应一致，实参可以是常量、变量、函数或表达式，各实参之间用逗号分隔。对于无参函数，则无实参列表，但是括号不能省略。

在 C 语言中，函数调用有以下 3 种方式。

1. 函数语句

函数调用是以语句的形式出现的，适合于函数调用不需要返回值的情况。例如：

```
printf("x=%f,y=%f\n",x,y);
```

2. 函数表达式

函数调用作为表达式的一部分，这种表达式称为函数表达式。例如，plus(a,b) * 20 是一个函数表达式，函数调用 plus(a,b) 以操作数的形式出现在算术表达式中。

3. 函数参数

函数调用以实参的形式出现在另一个函数的调用中。例如：

```
m=plus(plus(a,b),c);
```

其中，plus(a,b)是一次函数调用，它的值作为 plus 函数另一次调用的实参，m 的值是 a、b、c 三个数的和。

5.3.2 被调用函数的声明

在主调函数调用另一个函数之前,应对被调用函数进行声明(说明)。函数的声明又称函数原型,作用是把函数类型,函数名称,形参的类型、数量、顺序告知编译系统,便于编译系统对函数调用形式进行语法检查,以及在调用函数时对函数返回值的类型进行处理。

被调用函数声明的一般形式如下:

类型说明符　被调用函数名(参数类型 1　形参 1,参数类型 2　形参 2,…);
类型说明符　被调用函数名(参数类型 1,参数类型 2,…);

例如:

```
float plus(float x, float y);
```

或

```
float plus(float, float);
```

上述是函数声明的两种形式。

对被调用函数的声明应该放在主调函数中的声明部分,也可以在所有函数定义之前,在函数外对各个函数进行声明。

【例 5-4】 编写函数求 n!。

```
#include<stdio.h>
int main()
{
    long fac(int n);              //fac 函数的声明
    int n;
    long k;
    scanf("%d",& n);
    k=fac(n);
    printf("k=%ld\n",k);
    return 0;
}
long fac(int n)
{
    long k=1;
    int i;
    for(i=1;i<=n;i++)
            k=k * i;
    return k;
}
```

输入:

5

运行结果：

```
k=120
```

以下两种情况可以省略对被调函数的声明。

（1）如果被调用函数的定义出现在主调函数之前，在主调函数中可以不必声明而直接调用函数。

（2）对库函数的调用不必声明，但必须用include命令将相应的头文件放在源文件开头，例如：

```
#include<stdio.h>
#include<math.h>
```

【例 5-5】 对例 5-4 做简单的修改。

```
#include<stdio.h>
long fac(int n)
{
    long k=1;
    int i;
    for(i=1;i<=n;i++)
        k=k*i;
    return k;
}
int main()
{
    int n;
    long s,k;
    scanf("%d",&n);
    k=fac(n);
    printf("k=%ld\n",k);
    return 0;
}
```

输入：

```
10
```

运行结果：

```
k=3628800
```

程序分析：

由于被调用函数 fac 的定义出现在主调函数 main 之前，所以在 main 函数中省略了对 fac 函数的声明。

另外，若在程序开头对各函数进行声明，则在之后出现的各函数中不必对被调用函数进行声明，可直接使用，例如：

```
#include<stdio.h>
char f1(char,char);
int f2(int);
float f3(float,float,float);
int main()
{…}
char f1(char c1,char c2)
{…}
int f2(int a)
{…}
float f3(float x,float y,float z)
{…}
```

5.4 函数的嵌套调用与递归调用

5.4.1 函数的嵌套调用

  C 语言不允许在一个函数定义中定义另一个函数,但允许调用另一个函数。函数的嵌套调用指在被调函数中又调用了其他函数,其关系如图 5-4 所示。该图表示两层嵌套关系,即 main 函数调用 n 函数,n 函数又调用 p 函数。其执行过程如下。

  (1) 程序从 main 函数开始执行,遇到调用 n 函数时,main 函数被中断,转去执行 n 函数。

  (2) 在 n 函数中调用 p 函数时,n 函数被中断,转去执行 p 函数。

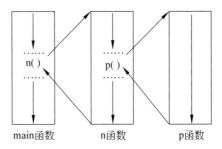

图 5-4 函数嵌套调用图

  (3) 当 p 函数执行完后,返回 n 函数的断点,继续执行后续语句。

  (4) 当 n 函数执行完后,返回 main 函数的断点,继续执行后续语句,直到 main 函数执行完毕,至此整个程序执行完毕。

  【例 5-6】 求 3 个数中最大数和最小数的差值。

```
#include<stdio.h>
int dif(int x,int y,int z);          //dif 函数声明
int max(int x,int y,int z);          //max 函数声明
int min(int x,int y,int z);          //min 函数声明
int main()
{
    int a,b,c,d;
    scanf("%d%d%d",&a,&b,&c);
```

```
    d=dif(a,b,c);
    printf("Max-Min=%d\n",d);
    return 0;
}
int dif(int x,int y,int z)
{
    return max(x,y,z)-min(x,y,z);
}
int max(int x,int y,int z)
{
    int i;
    i=x>y? x:y;
    return(i>z? i:z);
}
int min(int x,int y,int z)
{
    int j;
    j=x<y? x:y;
    return (j<z? j:z);
}
```

输入：

```
100 140 190
```

运行结果：

```
Max-Min=90
```

程序分析：

本程序定义了 4 个函数,即 main、dif、max、min,它们之间的调用关系如图 5-5 所示。由于 dif、max、min 3 个函数的定义放在主调函数之后,因此在主函数前面进行了函数声明。用户也可以将这 3 个函数的定义放在主调函数之前,这样就可以省略对 3 个函数的声明了。

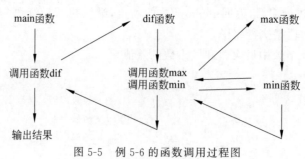

图 5-5 例 5-6 的函数调用过程图

5.4.2　函数的递归调用

函数的递归调用指函数在执行的过程中,直接或间接地调用自身,如图 5-6 所示。其特点是,主调函数同时又是被调函数,递归函数的执行将反复调用自身。

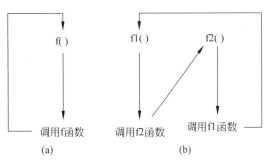

图 5-6　函数递归调用图

通常,只有在某一条件成立时才执行递归调用,以此实现有限次的递归调用。注意,不能出现无终止的直接或间接自身调用,否则程序将一直运行函数的循环调用,main 函数将不会结束。

【例 5-7】　用递归调用的方法求 $n!$ 。

$$n! = \begin{cases} 1, & n=0,1 \\ n(n-1)!, & n>1 \end{cases}$$

```c
#include<stdio.h>
int fac(int n)
{
    int f;
    if(n<0)  printf("n<0,data error!");
    else if(n==0||n==1)  f =1;
    else f=n* fac(n-1);
    return (f);
}
int main()
{
    int i,j;
    printf("Input a integer number:");
    scanf("%d",&i);
    j=fac(i);
    printf("%d!=%d\n",i,j);
    return 0;
}
Input a integer number:
```

输入:

5

运行结果：

5!=120

程序分析：

fac 函数是一个递归函数，功能是求阶乘。例如，求 5!的过程如图 5-7 所示。

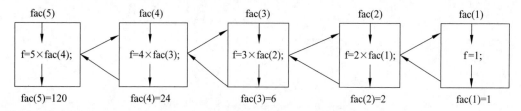

图 5-7 例 5-7 函数递归调用过程图

递归调用分为两个阶段。第一阶段是"回推"阶段，调用 fac(5)时，执行 fac(5)=5×fac(4)，又调用 fac(4)；调用 fac(4)时，执行 fac(4)=4×fac(3)，又调用 fac(3)；调用 fac(3)时，执行 fac(3)=3×fac(2)，又调用 fac(2)；调用 fac(2)时，执行 fac(2)=2×fac(1)，又调用 fac(1)；调用 fac(1)时，执行 fac(1)=1，至此"回推"结束。第二阶段是"递推"，由 fac(1)推出 fac(2)的值为 2，由 fac(2)推出 fac(3)的值为 6，由 fac(3)推出 fac(4)的值为 24，由 fac(4)推出 fac(5)的值为 120。显然，本题递归调用的结束条件是 1!=1。

【例 5-8】 用递归方法求 x 的 m 次方的值，其中，m 为正整数。

$$x^m = \begin{cases} 1, & m=0 \\ x^m, & m \neq 0 \end{cases}$$

```
#include<stdio.h>
double pow(float x,int m)
{
    double s;
    if(m==0)
        s=1;
    else
        s=x * pow(x,m-1);
    return s;
}
int main()
{
    float x;
    int m;
    double f;
    scanf("%f,%d",&x,&m);
    f=pow(x,m);
    printf("result=%f\n",f);
```

```
    return 0;
}
```

输入：

6,3

运行结果：

```
result=216.000000
```

程序分析：pow 函数是递归函数，递归结束的条件是 m==0。

5.5　用数组作函数参数

在 C 语言中参数传递有两种方式：值传递和地址传递。用普通变量及数组元素作函数参数属于值传递，即将实参的值传递给形参。用数组名作函数参数属于地址传递，即将数组的首地址传递给形参。

5.5.1　用数组元素作函数参数

视频讲解

本章前面的例子中大多用普通变量作函数参数。用数组元素作函数参数，与用普通变量作函数参数完全相同，实参与形参的数据传递方式属于单向值传递，即形参值的改变不影响实参。数组元素只能作实参，对应的形参应是同类型的变量。

【例 5-9】　用数组元素作函数参数，不能交换实参数组元素 a[0]、a[1]的值。

```
#include<stdio.h>
void swap(int x,int y)
{
    int z;
    z=x; x=y; y=z;
}
int main()
{
    int a[2]={1,2};
    swap(a[0],a[1]);
    printf("a[0]=%d\na[1]=%d\n",a[0],a[1]);
    return 0;
}
```

运行结果：

```
a[0]=1
a[1]=2
```

程序分析：

（1）主函数中定义了包含两个元素的一维数组 a，且初始化 a[0]＝1、a[1]＝2。

（2）被调函数 swap 的功能是交换两个形参变量的值。

（3）调用 swap 函数时将实参 a[0]和 a[1]的值依次传递给形参 x 和 y。函数执行时，交换的是形参 x 和 y 的值，而实参 a[0]和 a[1]的值没有改变，因此未达到交换数据的目的。

视频讲解

5.5.2 用一维数组名作函数参数

用数组名作函数实参时，对应的形参必须是同类型的数组，且有明确的数组说明。若形参数组与实参数组二者的类型不一致，会出现编译错误。

无论是值传递还是地址传递，都是单向的，即只能从实参传向形参，不能从形参传回实参。

当用普通变量或数组元素作函数参数时，形参变量和实参变量被分配不同的存储单元，发生函数调用时把实参的值（数值）赋给形参变量，而形参的值发生改变后，实参并不随其改变。

当用数组名作函数参数时，编译系统不为形参数组分配存储空间。实际上，形参数组名相当于一个地址变量，发生函数调用时是把实参数组的首地址赋给形参数组名，可以理解为形参数组和实参数组为同一数组，共用一段存储空间，因此当形参数组元素值发生变化时，实参数组对应位置上的数组元素值也随之变化。当然，这种情况不能理解为发生了"双向"的值传递。但从实际情况来看，调用函数之后实参数组的值将由于形参数组值的变化而变化。

【例 5-10】 对例 5-9 进行修改，用数组名作函数参数，实现 a[0]、a[1]值的交换。

```c
#include<stdio.h>
void swap(int x[])
{
    int z;
    z=x[0]; x[0]=x[1]; x[1]=z;
}
int main()
{
    int a[2]={1,2};
    swap(a);
    printf("a[0]=%d\na[1]=%d\n",a[0],a[1]);
    return 0;
}
```

运行结果：

```
a[0]=2
a[1]=1
```

程序分析：

调用 swap 函数时，将数组名 a 作为实参，是将数组 a 的首地址传递给形参数组名 x，属于地址传递，实参数组 a 和形参数组 x 共用一段存储单元。执行 swap 函数时交换了形参数组元素 x[0]和 x[1]的值，实际上就是交换了实参数组元素 a[0]和 a[1]的值，因此达到了交换数据的目的。

【例 5-11】 求 10 个学生的平均成绩。

```c
#include<stdio.h>
float average(float array[10])
{
    int i;
    float aver,sum=array[0];
    for(i=1;i<10;i++)
        sum=sum+array[i];
    aver=sum/10;
    return (aver);
}
int main()
{
    float score[10],aver;
    int i;
    printf("input 10 scores:");
    for(i=0;i<10;i++)
        scanf("%f",&score[i]);
    aver=average(score);
    printf("average score is %5.2f\n",aver);
    return 0;
}
```

input 10 scores:

输入：

80 90 100 70 60 50 78 65 95 85

运行结果：

average score is 77.30.

程序分析：

（1）用数组名作函数参数，在主调函数和被调用函数中分别定义数组，且实参与形参数组类型要一致。如例 5-11 中，实参数组 score 和形参数组 array 都是 float 型。

（2）当调用 average 函数时，将实参数组 score 的首地址赋给形参数组名 array，使 array 也表示 score 数组的首地址，array[0]与 score[0]共用一段存储单元，以此类推则有 array[i]与 score[i]共用一段存储单元。如形参数组中各元素的值发生变化，实参数组元素的值将同时发生变化，如图 5-8 所示。

（3）C 编译系统对形参数组大小不做检查，形参数组可以不指定长度。编程时，可以另设一个形参，传递需要处理的数组元素的个数。

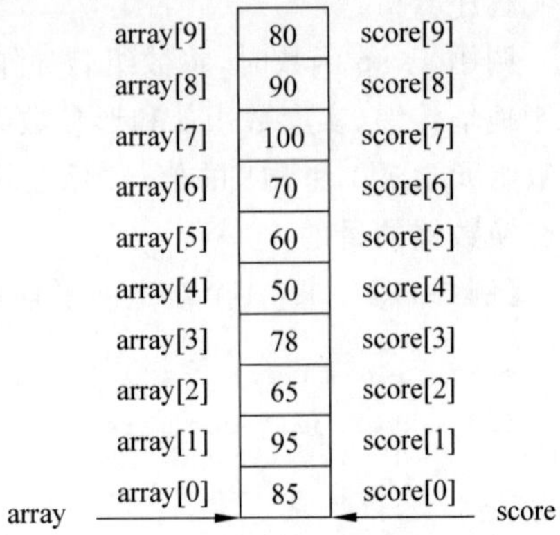

【例 5-12】 编写函数，用来统计一个一维数组中非零元素的个数。

```c
#include<stdio.h>
int solve(int b[],int n)
{
    int i,num;
    for(i=0,num=0;i<n;i++)
        if(b[i]!=0)  num++;
    return num;
}
int main()
{
    int i,num,num1,a[10];
    for(i=0;i<10;i++)
    scanf("%d",&a[i]);
    num=solve(a,10);
    num1=solve(a,5);
    printf("num=%d\n",num);
    printf("num1=%d\n",num1);
    return 0;
}
```

array			score
array[9]	80	score[9]	
array[8]	90	score[8]	
array[7]	100	score[7]	
array[6]	70	score[6]	
array[5]	60	score[5]	
array[4]	50	score[4]	
array[3]	78	score[3]	
array[2]	65	score[2]	
array[1]	95	score[1]	
array[0]	85	score[0]	

图 5-8 例 5-11 的实/形参数组存储单元对应图

输入：

5 6 7 8 9 0 0 0 4 11

运行结果：

num=7
num1=5

程序分析：

solve 函数的作用是统计数组中非零元素的个数，形参 n 是要处理元素的个数，其值由实参传递而来。主函数中两次调用 solve 函数，第一次调用形式为 solve(a,10)，统计的是 a 数组中 10 个元素中非 0 元素的个数；第二次调用形式为 solve(a,5)，统计的是 a 数组中前 5 个元素中非零元素的个数。

【例 5-13】 对例 5-12 进行部分修改。

```c
#include<stdio.h>
int solve(int b[],int n)
{   int i,num;
    b[7]=b[6]=32;
```

```
    for(i=0,num=0;i<n;i++)
        if(b[i]!=0)
            num++;
    return num;
}
int main()
{   int i,num,num1,a[10];
    for(i=0;i<10;i++)
        scanf("%d",&a[i]);
    num=solve(a,10);
    num1=solve(a,5);
    printf("num=%d\n",num);
    printf("num1=%d\n",num1);
    for(i=0;i<10;i++)
        printf("%d,",a[i]);
    return 0;
}
```

输入：同例 5-12 的输入。

运行结果：

```
num=9
num1=5
5,6,7,8,9,0,32,32,4,11
```

程序分析：

在例 5-12 的被调用函数中加入 b[7]=b[6]=32，使得 b[6] 和 b[7] 两个数组元素的值变成 32，然后再统计非零数组元素的个数。通过这个修改的例子可以看出，当数组名作为函数参数时，由于主调函数中的数组和被调函数中的数组共享同一段存储空间，所以在被调函数中可以通过修改数组元素的值，从而修改被调函数对应位置上的数组元素值。

【例 5-14】 用选择法对数组中的 10 个整数按由小到大的顺序排序。

```
#include<stdio.h>
void sort(int array[],int n)
{
    int i,j,k,t;
    for(i=0;i<n-1;i++)
    {
        k=i;
        for(j=i+1;j<n;j++)
            if(array[j]<array[k])
                k=j;
        if(k!=i)
        {
            t=array[i];
```

```
            array[i]=array[k];
            array[k]=t;
        }
    }
}
int main()
{
    int b[10],i;
    for(i=0;i<10;i++)
        scanf("%d",&b[i]);
    sort(b,10);
    for(i=0;i<10;i++)
        printf("%d ",b[i]);
    printf("\n");
    return 0;
}
```

输入：

1 4 5 3 6 8 7 2 10 9

运行结果：

1 2 3 4 5 6 7 8 9 10

程序分析：

在 sort 函数中，先将 10 个数中最小的数与 array[0]对换；再将 array[1]到 array[9]中最小的数与 array[1]对换……以此类推，每比较一轮，找出未经排序的数中最小的一个，共比较 9 轮。由于将实参数组 b 的首地址传递给形参数组名 array，因此在主函数中调用 sort 函数后，可以实现对数组 b 中的元素值由小到大进行排列。

【例 5-15】 用冒泡法对数组中 10 个整数按由小到大的顺序排列。

```
#include<stdio.h>
void sort(int b[ ],int lengh)
{
    int i=0,j,m;
    for(i=1;i<lengh;i++)
        for(j=0;j<lengh-i;j++)
            if(b[j]>b[j+1])
            {   m=b[j];
                b[j]=b[j+1];
                b[j+1]=m;
            }
}
int main()
{
```

```
    int i=0,a[10];
    for(i=0;i<10;i++)
        scanf("%d",&a[i]);
    sort(a,10);
    for(i=0;i<10;i++)
    {
        printf("%d ",a[i]);
    }
    return 0;
}
```

输入：

17 2 34 23 43 12 54 13 15 24

运行结果：

2 12 13 15 17 23 24 34 43 54

程序分析：

在 sort 函数中，有 N 个数组元素就需要比较 N-1 轮，每一轮的比较都是从未最终定位的数组元素中找到最大值，并将其赋给未最终定位数组元素的最后一个数组元素；每轮比较的次数为未最终定位数组元素个数-1。

第一轮的比较策略：b[0]与 b[1]比较，如果两个数组元素的值为降序，则更换这两个数组元素的值，否则不做任何操作；然后继续比较 b[1]与 b[2]两个数组元素的值，策略同上一步……以此类推，该轮比较中需要将 10 个数组元素两两比较 9 次，比较完成后将最大的数组元素值赋给最后一个数组元素，即 b[9]。

第二轮比较策略：由于已经确定了数组中最大数值并赋给 b[9]，此轮仅比较 b[0]到 b[8]9 个数组元素，比较次数为 8 次，比较策略同第一轮比较策略。以后的每轮都会比上一轮少比较一个已定位的数组元素，每轮的比较策略都同第一轮。

由此可见，10 个数组元素需要比较 9 轮，这样就完成冒泡排序了。

该题目在比较过程中重点关注双重 for 循环的两个循环控制变量之间的关系。

【例 5-16】 依据关键数利用折半查找方法对已排好序的数进行查找。

```
#include<stdio.h>
voidbisearch(int b[], int num)
{
    int first=0,end=9, middle;
    while(first<=end)
    {
        middle=(first+end)/2;
        if(num==b[middle])
        {
            printf("%d is the %d number\n",num,middle+1);
            break;
```

```
            }
        else if(num<b[middle])
            end=middle-1;
                else
                    first=middle+1;
            }
            if(first>end)
                printf("no answer\n");
    }
    int main()
    {
        int a[10]={12,24,41,53,66,68,83,89,90,93};
        int n;
        printf("Input a number:\n");
        scanf("%d",&n);
        bisearch(a,n);
        return 0;
    }
```

输入：

66

运行结果：

66 is the 5 number

输入：

65

运行结果：

no answer

程序分析：

折半查找目的是查找输入的关键数(变量 n)是否在已有序数列中。如果在,输出数值以及所在位置;如果不在,输出 no answer(没有答案)。

折半查找 bisearch 函数的步骤分析如下。

(1) 将第一个数组元素下标赋值给 first 变量,将最后数组元素下标赋值给 end 变量。

(2) 循环过程中,将 first＋end 结果的一半的整数部分赋值给 middle 变量,判断 b[middle]和关键数 num 的值是否相等。若查找成功,输出该数组元素的值以及其位置 middle＋1。

① 若 b[middle]比 num 小,则说明要查找的数在后半段,即[middle＋1,end],所以将 middle＋1 值赋给 first,确定下次要查找的区间,重复步骤(2);

② 若 b[middle]比 num 大,说明要查找的数在前半段,即[first,middle－1],所以将

middle−1 值赋给 end,确定下次要查找的区间,重复步骤(2);

(3) 当循环结束之后,如果 first>end,那么输出 no answer(没有答案)。

【例 5-17】 程序的功能是从键盘输入一个字符串,将该字符串与某文本文件(file1. txt)内容进行比较,打印出与之相同行的行号和内容。

```c
#include<stdio.h>
#include<string.h>
#include<stdlib.h>
void compare(char string[],FILE * fp1)
{
    int line=0;
    char str[100];
    while(!feof(fp1) )
    {
        fgets(str,100,fp1);
        str[strlen(str)-1]='\0';
        line++;
        if(strcmp(str,string)==0)
            printf("%d:%s\n",line,str);
    }
}
int main()
{
    char string[100];
    FILE *fp;
    if((fp=fopen("file1.txt","r"))==NULL)
    {
        printf("Cannot input file file1.txt\n");
        exit(0);
    }
    printf("Please input the string:\n");
    gets(string);
    compare(string,fp);
    fclose(fp);
    return 0;
}
```

文本文件 file1.txt 与当前源文件在同一级目录下,其内容如下:

aabbccdd

abdfreds

xdswedcd

abcdefgh

saqwxzcd

输入：

abcdefgh

运行结果：

4:abcdefgh

程序分析：

主函数中首先以只读方式打开文本文件，如果文件不存在，直接跳出程序；如果文件存在，从键盘读入一个字符串给 string 数组，然后将 string 以及指向文件的指针变量 fp 作为函数实参，分别将各自的值传递给形参 string 数组和 fp1。在函数 compare 的循环过程中，利用 feof(fp1)函数作为条件，判断文件是否结束，如果没有读到文件末尾，则继续循环。循环过程中，将文件中每一行数据看成一个字符串，利用 fgets 函数读入 str 数组中，并给出每行字符串的结束标识符'\0'。利用 line 变量记录从 file.txt 文件读取到了第几行字符串，利用 strcmp 函数比较 str 与文件中的每行字符是否相同，如果相同，则输出行数以及相应那一行的字符串。compare 函数调用完毕后，在主函数中关闭打开的文本文件。

视频讲解

5.5.3　用二维数组名作函数参数

当用二维数组名作函数实参时，对应形参应是同类型的二维数组。在定义形参数组时可以省略第一维的长度，但第二维的长度不能省略。例如，下面两种写法都是合法的，并且等价：

```
int min_value(int array[3][4])
int min_value(int array[][4])
```

【例 5-18】　有一个 3×4 的矩阵，求其所有元素中的最小值。

```
#include<stdio.h>
int min_value(int array[][4])
{
    int i,j,min;
    min=array[0][0];
    for(i=0;i<3;i++)
        for(j=0;j<4;j++)
            if(array[i][j]<min) min=array[i][j];
    return (min);
}
int main()
{
    int a[3][4]={{1,3,5,7},{2,4,6,8},{15,17,34,12}};
    printf("min value is %d\n",min_value(a));
```

```
        return 0;
    }
```

运行结果：

```
min value is 1
```

程序分析：

主函数中定义了一个二维整型数组 a 并进行初始化。min_value 函数的功能是求二维数组中最小元素的值。在调用 min_value 函数时，将实参数组 a 的首地址传递给形参数组名 array，这样，实参数组 a 与形参数组 array 共用同一段存储单元，因此对 array 数组的操作实际就是对 a 数组的操作。

在调用 min_value 函数时，首先将 array[0][0] 作为最小值赋给 min，然后采用双重循环语句，使 min 依次与每个元素值进行比较，如果 array[i][j]<min，则将 array[i][j] 的值赋给 min。双重循环执行结束后，min 的值即为最小元素的值，将 min 作为函数返回值返回到主调函数。

5.6 局部变量和全局变量

通过前面的例子可以看出，将一个函数中的数据传送给另一个函数，是通过参数传递的。这是因为每个函数中定义的变量只在本函数内有效，其他函数无法使用。这种变量有效性的范围称为变量的作用域。C 语言中所有的变量（包括形参）都有自己的作用域。

从变量作用域的角度看，变量可以分为局部变量和全局变量。

5.6.1 局部变量

视频讲解

在函数内部或复合语句内定义的变量称为内部变量，也称为局部变量。局部变量只在本函数内有效，离开本函数或复合语句的范围就不能使用了。例如：

```
int fun1(int a)
{
    int b,c;          ⎫
    ⋮                 ⎬ a、b、c 的作用域
                      ⎭
}
float fun2(float x,float y)
{
    float i,j;        ⎫
    ⋮                 ⎬ x、y、i、j 的作用域
                      ⎭
}
int main()
{
```

```
    int b,c;          b、c 的作用域
    ⋮
}
```

说明：

（1）main 函数中定义的变量也是局部变量，只在 main 函数中有效。

（2）形参是局部变量，只在本函数内有效。例如，函数 fun1 的形参 a 只在 fun1 函数中有效。

（3）不同函数中可以使用相同名字的变量，它们代表不同的局部变量，占用不同的内存单元，互不干扰。例如，main 函数中的变量 b 和 c 与 fun1 函数中的局部变量 b 和 c，占用不同的内存单元，是不同的局部变量。

（4）在复合语句中定义的变量是局部变量，其作用域是本复合语句内；若离开本复合语句，则变量无效，变量定义时分配的内存单元被释放。例如：

```
float fun3(float a)
{
    float x,y;
    ⋮
    {
        int z;          z 的作用域          a、x、y 的作用域
        ⋮
    }
    ⋮
}
```

视频讲解

5.6.2 全局变量

在函数之外定义的变量称为外部变量，也称为全局变量。全局变量的作用域是从定义全局变量的位置开始到本源文件结束。全局变量可以被本文件中的其他函数所共用，例如：

```
int p=1,q=5;                      //定义全局变量 p 和 q
int fun1(int a)
{
    int b,c;                      //定义局部变量 b 和 c
    ⋮
}
float m,n;                        //定义全局变量 m 和 n
float fun2(float x,float y)
{
    float i,j;                    //定义局部变量 i 和 j
    ⋮
}
```

```
int main()
{
    int b,c;                              //定义局部变量 b 和 c,只在 main 函数中有效
    ⋮
}
```

在上述例子中,p、q、m 和 n 都是全局变量,但作用域不同。main 函数和 fun2 函数可以使用全局变量 p、q、m 和 n,fun1 函数只能使用全局变量 p 和 q,不能使用全局变量 m 和 n。

使用全局变量应注意以下 3 点。

(1) 全局变量增加了函数间数据联系的渠道。定义全局变量,相当于在内存中设置了公用数据区,各个函数都可以访问这些全局变量。如果在一个函数内改变了全局变量的值,会影响其他函数,相当于各个函数间有直接的联系通道。

(2) 在程序中提倡尽量避免使用全局变量。使用全局变量有以下副作用。

① 全局变量在程序运行期间一直占用内存单元,增加了系统的开销。

② 降低了程序的清晰性。使用全局变量,每个函数都可以改变全局变量的值,很难确定全局变量的当前值,程序容易出错。

(3) 在同一个源文件中,若局部变量与全局变量同名,则在局部变量的作用范围内,全局变量被"屏蔽",即全局变量不起作用。

【例 5-19】 有一个一维数组存放 10 个学生的成绩,写一个函数,求出 10 个学生的平均分、最高分和最低分。

```
#include<stdio.h>
float max, min;
float average(float array[],int n)
{
    int i;
    float sum=array[0];
    max=min=array[0];
    for(i=1;i <n;i++)
    {
        if(array[i]>max)
            max=array[i];
        else if(array[i]<min)
            min=array[i];
        sum+=array[i];
    }
    return (sum/n);
}
int main()
{
    int i;
    float ave,score[10];
```

```
    for(i=0;i<10;i++)
        scanf("%f",&score[i]);
    ave=average(score,10);
    printf("max=%6.2f\nmin=%6.2f\naverage=%6.2f\n",max,min,ave);
    return 0;
}
```

输入：

90 80 70 50 99 87 76 56 97 87

运行结果：

```
max=99.00
min=50.00
average=79.20
```

程序分析：

根据题意,希望通过函数调用得到 3 个结果值。由于函数调用只能得到一个返回值,因此另外两个结果值(最大值和最小值)可以利用全局变量得到。

【例 5-20】 局部变量与全局变量同名示例。

```
#include<stdio.h>
int a=1,b=4;
int main()
{
    int a=8;
    printf("max is %d\n",(a>b?a:b));
}
```

运行结果：

```
max is 8
```

程序分析：

程序第 2 行定义了全局变量 a 和 b,在主函数内部定义了局部变量 a。由于全局变量和局部变量同名,所以在 main 函数中,局部变量 a 起作用,全局变量 a 被"屏蔽",即全局变量 a 不起作用,因此,条件表达式"a>b?a:b"相当于求解"8>4?8:4",其值为 8。

5.7 变量的存储类别

从变量的作用域(即空间)角度来分,变量可以分为全局变量和局部变量。

从变量值存在的时间(即生存期)角度来分,变量的存储类别可以分为静态存储方式和动态存储方式两种存储方式。

5.7.1 静态存储方式与动态存储方式

静态存储方式在程序运行期间分配固定的存储空间,动态存储方式在程序运行期间根据需要动态地分配存储空间。

内存中供用户使用的存储空间分为程序区、静态存储区和动态存储区 3 部分,如图 5-9 所示。

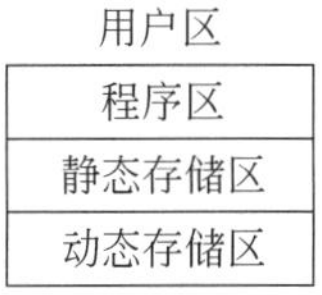

用户区
程序区
静态存储区
动态存储区

图 5-9　用户存储空间分布

1. 静态存储区中的数据

全局变量和静态局部变量存放在静态存储区中。在程序开始执行时为它们分配存储单元,在整个程序运行期间一直占用,直到程序结束,所占存储单元才被释放。在整个程序执行期间,静态存储变量占据固定的存储空间,而不是动态地进行分配和释放。

2. 动态存储区中的数据

(1) 函数形式参数;

(2) 自动变量;

(3) 函数调用时的现场保护和返回地址等。

以上数据属于动态存储变量,存放在动态存储区中。在函数调用时分配动态存储空间,在函数调用结束时释放存储空间,这种分配和释放是动态的。

在一个程序中,如果多次调用同一个函数,分配给该函数中局部变量的存储单元可能是不相同的。函数内的局部变量的生存期并不等于整个程序的执行周期,只是程序执行周期的一部分。

在 C 语言中,变量和函数都有两个属性,即数据类型和数据的存储类别。其中,存储类别有 4 种,即自动型(auto)、静态型(static)、寄存器型(register)和外部型(extern)。

5.7.2 局部变量的存储类别

1. 自动局部变量

对于函数中的局部变量,如不定义为 static 型,则存储类别都属于自动型的。在复合语句中定义的变量、函数的形参、函数中的局部变量,都属于自动变量。自动变量用 auto 作为存储类别的声明。关键字 auto 可以省略,即在定义变量时,如果不指明变量的存储属性,默认为 auto 变量。前几章中在函数内定义的变量都省略了 auto,因此它们都属于自动变量。

定义自动局部变量的一般形式如下:

[auto] 数据类型 变量名;

例如:

```
int max(int a,int b)
{
```

```
    auto int c;                     //等价于 int c;
    c=a>b? a:b;
    return c;
}
```

说明：

（1）自动变量属于动态存储方式，都是动态地分配存储空间，数据存储在动态存储区中。函数调用时，系统给自动变量分配存储空间，函数调用结束时，系统会释放自动变量占用的存储空间。显然，使用自动变量可以提高内存的利用率。

（2）如果没有对自动变量赋初值，自动变量的值是不确定的。

（3）自动变量是局部变量，其作用域只在定义范围内有效。

2. 静态局部变量

如果希望函数调用结束后能够将函数中局部变量的值保留下来，即其占用的存储单元不释放，下一次调用该函数时该变量仍然保留上一次调用结束时的值，这时可以定义局部变量为静态局部变量。

定义静态局部变量的一般形式如下：

static 数据类型 变量名；

【例 5-21】 考察静态局部变量的值。

```
#include<stdio.h>
int main()
{
    int f(int x);
    int x=3,i;
    for(i=0;i<3;i++)
        printf("%d\t",f(x));
    return 0;
}
int f(int x)
{
    auto int y=0;
    static int z=1;
    y=y+1;
    z=z+1;
    return ((x+y) * z);
}
```

运行结果：

8   12   16

程序分析：

本程序定义了两个函数 main 和 f，在 main 函数中 3 次调用 f 函数。由于 f 函数中的变量 z 是静态局部变量,所以在程序开始执行时分配存储单元并赋初值 1,而变量 y 是动态局部变量,所以在每次调用 f 函数时动态分配存储单元并赋初值 0。

第一次调用 f 函数时,z 的初值为 1,给 y 分配存储单元并赋初值 0。f 函数执行结束时,y 的值为 1,z 的值为 2,函数返回值为 8。由于 z 是静态局部变量,所占存储单元不释放,仍保留其值 2,而 y 是自动变量,存储单元被释放。

第二次调用 f 函数时,z 的值为上次调用函数结束时的值 2,重新给 y 分配存储单元并赋初值 0。第二次调用结束时,y 的值为 1,z 的值为 3,函数返回值为 12。

同理,第三次函数调用结束时,y 的值为 1,z 的值为 4,函数返回值为 16。整个程序结束时,释放静态局部变量 z 所占的存储单元。

说明:

(1) 静态局部变量是在编译时赋初值的,即只赋一次初值,在程序运行时它已有初值。以后每次调用函数时不再重新赋初值,而是保留上次函数调用结束时的值。

(2) 如果没有对静态局部变量赋初值,系统自动为数值型变量赋初值 0,为字符型变量赋值空字符('\0')。

(3) 由于静态局部变量也是局部变量,其作用域在本函数内。虽然在函数调用结束后静态局部变量仍然存在,但其他函数不能引用它。

(4) 静态局部变量属于静态存储类别,编译时在静态存储区为其分配存储单元,在整个程序运行期间都不释放,一直到程序结束才释放存储空间。

(5) 静态局部变量在被使用多次后,用户很难弄清楚静态局部变量的当前值,降低了程序的可读性。

3. 寄存器变量

C 语言允许将局部变量的值存放在 CPU 的寄存器中,在需要时直接从寄存器中取出并参加运算,这种变量称为寄存器变量。

由于 CPU 对寄存器的存取速度远高于对内存的存取速度。为了提高程序的执行效率,如果一些局部变量使用频繁,可以将其定义为寄存器变量。

定义寄存器变量的一般形式如下:

register 数据类型 变量名;

【例 5-22】 寄存器变量的应用。

```c
#include<stdio.h>
int main()
{
    register int i;
    int sum=0;
    for(i=1;i<=10000;i++)
    sum=sum+i;
    printf("sum is %d\n",sum);
    return 0;
}
```

运行结果：

```
sum is 50005000
```

说明：寄存器变量属于动态存储变量，调用函数时，将变量的值装入寄存器，函数调用结束时，释放相应的寄存器。因此，只有自动变量和形参可以定义为寄存器变量。由于寄存器的数目有限，不能定义任意多个寄存器变量。

注意：局部变量和全局变量的存储类别的作用是不同的。对于局部变量，存储类别的作用是指定变量的存储方式以及变量的生存期。而对于全局变量来说，由于在程序执行时分配存储单元，并且存储单元都在静态存储区，所以声明存储类别的作用是用于扩展或限制变量的作用域。

5.7.3 全局变量的存储类别

1. 用 extern 声明全局变量

1) 在一个函数内声明全局变量

全局变量的作用域是从变量定义处开始到程序结束。如果在全局变量定义之前的函数中要使用该全局变量，可以用 extern 对该变量进行声明，表示该变量是一个已经定义的外部变量。有了此声明，就可以在函数内合法地使用该变量了，从而扩展全局变量的作用域。

用 extern 声明全局变量的一般形式如下：

extern 数据类型 变量名；

或

extern 变量名；

【例 5-23】 扩展全局变量的作用域。

```c
#include<stdio.h>
int a=10;                            //定义全局变量 a
int main()
{
    extern b,c;                      //声明全局变量 b、c
    int max(int x,int y,int z);
    printf("%d\n",max(a,b,c));
    return 0;
}
int b=30,c=20;                       //定义全局变量 b、c
int max(int x,int y,int z)
{
    int m;
    m=x>y? x:y;
```

```
    return (z>m? z:m);
}
```

运行结果:

```
30
```

程序分析:

在程序开头定义全局变量 a,其下面定义的 main 函数和 max 函数都可以使用。而在 main 函数之后定义的全局变量 b 和 c,要想在 main 函数中使用,则必须用 extern 进行声明以扩展其作用域。

编程时,一般将全局变量的定义放在引用它的所有函数之前,这样可以避免在函数中再用 extern 声明来扩展作用域。

2) 在多个源文件的程序中声明全局变量

一个 C 程序可以由一个源文件构成,也可以由多个源文件构成。如果一个 C 程序由多个源文件构成,在一个源文件中要引用另一个源文件中已定义的全局变量,同样可以用 extern 进行声明,将全局变量的作用域扩展到其他源文件中,为多个源文件共用。

【例 5-24】 调用函数,求 3 个整数中的最大者。

```
//file1.c
#include<stdio.h>
int   a,b,c;
int main()
{
    int max();
    printf("Input three integer numbers:");
    scanf("%d%d%d", &a, &b, &c);
    printf("max is %d\n",max());
}
//file2.c
extern   a,b,c;
int max()
{
    int z;
    z=a>b? a:b;
    if(c>z) z=c;
    return z;
}
```

输入:

```
4 8 5
```

运行结果:

```
max is 8
```

程序分析：

变量 a、b、c 是在 file1.c 文件中定义的全局变量，在 file2.c 文件中要使用这些变量，需要在 file2.c 文件中用"extern a,b,c;"进行声明。这样可以将全局变量 a、b、c 的作用域从 file.c1 文件扩展到 file2.c 文件中，从而在 file2.c 文件中合法地使用。

说明：编译时如果遇到 extern 声明，编译系统先在本文件内查找全局变量的定义，如果找到，就在本文件中扩展作用域；如果找不到，就在连接时从其他文件中查找全局变量的定义。如果从其他文件中找到了，就将作用域扩展到本文件；如果找不到，就按出错处理。

2. 用 static 声明全局变量

如果要使全局变量的作用域只限于本文件内，而不能被其他文件引用，可以在定义全局变量时加一个 static 声明，这种全局变量称为静态全局变量。例如：

```
//file1.c                  // file2.c
static int a;              extern int a;
int main()                 void fun(int i)
{                          {
    ...                        a=a+i; ...
}                          }
```

file1.c 文件中定义了一个静态全局变量 a，其作用域在本文件内有效。虽然在 file2.c 文件中用 extern 声明了全局变量 a，但 file2.c 文件中的 fun 函数仍无法访问 file1.c 文件中的全局变量 a。

5.8　C 语言预处理

C 语言预处理是在进行编译之前，对源程序预处理部分所进行的处理，处理完毕会自动进入对源程序的编译，在 VC++ 2010 中执行编译命令时本身就包括了预处理步骤。

C 语言提供了多种预处理命令，包括宏定义、文件包含和条件编译等。预处理命令以"#"号开头，一般放在源文件的前面，即所有函数之外。

5.8.1　宏定义

C 语言源程序中允许用一个标识符表示一个字符串或者表达式，称为"宏"。被定义为"宏"的标识符称为"宏名"。在使用宏定义时，将字符较多的字符串或者表达式用一个宏名替换，可以减少程序编写量，也可以避免多处引用同一字符串的书写错误。

宏定义由源程序中的宏定义命令完成。在 C 语言中，宏分为无参和有参两种。

1. 无参宏定义

无参宏定义的一般形式如下：

#define **标识符** **字符串**

#表示这是一条预处理命令,define 是宏定义的关键字,"标识符"称为宏名。"字符串"称为宏体,可以是常数、字符串、表达式等。例如:

```
#define PI 3.1415926
```

上面的语句定义了一个标识符 PI,用来代替 3.1415926。在程序的编写过程中,凡是用到 3.1415926 的地方都可以用 PI 代替。而对源程序进行编译时,要先对宏定义命令进行处理,即用 3.1415926 去置换程序中所有的宏名 PI,然后再进行编译。

说明:

(1) 宏定义使用宏名表示一个字符串、常数、表达式、关键字等,只是一种简单的代替,在预处理时并不对宏定义进行检查,只是将所有出现宏名的地方用宏体来代替,这称为"宏代换"或"宏展开"。

(2) 宏定义不是 C 语句,在行末不用加分号,宏名会对其后的所有字符进行代替。例如:

```
#define ID 255;
```

ID 代替的是"255;",而不仅是 255。

(3) 宏名在源程序中如果用引号括起来,在预处理时不会进行宏处理。例如:

```
#define ID int
int main ()
{
    printf("ID");
    return 0;
}
```

输出结果为 ID,而不是 int。

(4) 必须在函数之外使用宏定义,作用域为从宏定义开始到本源程序结束。在程序中间可以使用#undef 命令终止其作用。例如:

```
#define ID 255
int main()
{…}
#undef ID                    //宏定义作用域到此处结束
void f()
{…}
```

在 f 函数中,如果用到 ID,在编译处理时,ID 不会被 255 代替。只有在#undef ID 前的语句中才能进行宏展开。

(5) 宏定义可以嵌套,但嵌套的宏名必须是已经被定义过的宏名。在宏展开时将层层代替。例如:

```
#define R   5
```

```
#define PI  3.1415926
#define S  PI * R * R
```

宏展开后,S 被 3.1415926 * 5 * 5 代替。

2. 有参宏定义

宏定义中的参数称为形参,在宏调用中的参数称为实参。在调用时,不仅要进行宏展开,还要用实参代替形参。

有参宏定义的一般形式如下:

#define 宏名(形参表) 字符串

有参宏调用的一般形式如下:

宏名(实参表)

例如:

```
#include<stdio.h>
#define PI  3.1415926
#define S(r)  PI * r * r
int main()
{
    int x=5;
    printf("area=%f",S(x));
}
```

宏展开后,程序如下:

```
#include <stdio.h>
int main()
{
    int  x=5;
    printf("area=%f",3.1415926 * 5 * 5);
}
```

在上述宏展开中,分别用 3.1415926、x 代替 PI、r。

说明:

(1) 在带参数的宏定义中,宏名与参数之间不能有空格。

(2) 有参宏定义的展开要用实参代替形参,实参可以是常量、变量或表达式。

例如,上例中的 printf("area=%f",S(x)) 可以写为 printf("area=%f",S(2 * x+8)),即在宏展开时,用 2 * 5+8 代替 r。

(3) 在有参宏调用时,实参与形参只是进行符号代替,没有进行值传递,所以形参不分配存储单元,因此形参不必作数据类型说明。同时为避免代替时发生错误,在宏定义中应适当加括号,例如:

```
#include<stdio.h>
#define  FA(i)  i * i
```

```
#define  FB(j)  (j) * (j)
int main()
{
    int k=2,y1,y2;
    y1=FA(2 * k+1);
    y2=FB(2 * k+1);
    printf("y1=%d,y2=%d ",y1,y2);
    return 0;
}
```

由于宏展开时,无论用宏体代替宏名还是用实参代替形参,都只是符号代替而不做任何处理,所以宏展开后:

```
y1=2 * k+1 * 2 * k+1=2 * 2+1 * 2 * 2+1
y2=(2 * k+1) *  (2 * k+1)=(2 * 2+1)(2 * 2+1)
```

程序输出结果为:

```
y1=9,y2=25
```

有参宏和有参函数的区别如下。

(1) 函数调用时,是把实参的值传递给形参;而宏调用只是简单的符号替换。

(2) 函数调用时的参数传递是在程序运行时处理的,形参分配存储单元;而宏展开是在预处理时进行的,形参不分配存储单元,不进行值传递。

(3) 函数的形参和实参都要定义相应的数据类型;而有参宏的形参不存在类型要求。

5.8.2　文件包含

文件包含是指在一个源文件中,通过文件包含命令将另一个源文件的内容全部包含进来,从而把指定的文件和当前的源文件连成一个源文件。在源文件编译时,连同被包含进来的文件一同编译,生成目标文件。C 语言通过#include 命令实现"文件包含"功能。使用文件包含功能可以将一个大的程序分成多个模块,由多个程序员分别编写。有些公用的符号常量或宏定义等可单独组成一个文件,在其他文件的开头用文件包含命令将该文件包含进来即可。这样,可避免在每个文件开头都书写那些公用部分,从而节省时间,并减少程序出错。

文件包含命令的一般形式如下:

#include "文件名"

或者

#include<文件名>

这两个命令形式是有区别的,使用双引号表示首先在当前的源文件目录中查找,若未找到再到包含目录中去查找;使用尖括号表示在包含文件目录中查找(包含目录是由用户在设置环境时设置的），而不去源文件目录中查找。用户编程时可以根据自己文件所在的目录来选择某一种命令形式。

文件包含的功能可以用图 5-10 说明。

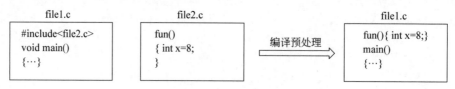

图 5-10　文件包含实例

说明：

（1）一个 include 命令只能包含一个文件，如果要包含 n 个文件，则要用到 n 条 include 命令。

（2）文件包含不能包含.obj 文件，因为文件包含是在编译之前而不是在连接时进行处理的。

（3）被包含文件与当前文件在预处理后形成一个文件，而非两个文件。如果 file1.c 文件中包含 file2.c 文件，file2.c 文件中定义了全局变量 a，则在 file1.c 文件中不必用 extern 关键字声明全局变量 a。但一般不在被包含文件中定义全局变量。

（4）文件包含可以嵌套，但必须按顺序包含。

习　题　5

1．编写程序，统计字符串中字母、数字及其他字符的个数。

2．编写程序，将一维数组中每个元素的值加 1 后显示出来。

3．编写程序，在已按升序排序的数列中插入一个数，并使插入后的数列仍按升序排列。

4．编写程序，用递归方法求两个整数的最大公约数。

5．编写一个判断质数的程序，在主函数中输入一个整数，输出该数是否为质数的信息。

6．编写程序，使给定的 3×3 的二维整型数组转置，即行列互换。

7．编写程序，依次取出字符串中所有的数字字符，形成新的字符串，并取代原字符串（例如，window123open456 变为 123456）。

8．编写程序，利用带参数的宏定义，实现对输入的两个参数的值进行互换。

9．分别用函数和带参数的宏从 3 个数中找出最小数。

第6章

指　　针

在 C 程序设计中,指针是非常重要也是比较难掌握的内容,特别是设计对计算机底层硬件进行管理和控制的系统软件(如操作系统)时,指针的优势是其他方法无法替代的。使用指针可以提高程序编译和执行的速度,可以实现动态内存分配,可以表示和实现复杂的数据结构,从而使编写的程序更加紧凑、灵活。然而,指针使用不当也潜藏着危险,容易造成系统错误。本章将详细讲述指针的使用方法。

6.1　地址和指针

6.1.1　变量的地址和变量的值

在程序设计中,变量是存储空间的抽象,可以理解成变量的符号地址,用来标识一块内存区域,存储计算的中间或最终结果。变量必须先定义后使用,可以通过变量名访问。有 3 个相关的概念要区别对待,即变量名、变量值和变量地址。变量名是定义变量时的标识符,是逻辑上的,程序中对变量的使用是通过变量名来实现的。变量在某一时刻的取值就是变量值。

编写的程序要装入内存才能运行。存储器按字节编址,每字节都有一个唯一的地址编号,在程序的编写阶段,编程人员只使用变量名来对数据进行操作,并不涉及具体物理地址的使用。而编译系统会把逻辑上的变量名转换成物理上的存储地址,即从某个地址开始的几字节用于保存该变量的值(一个变量占用的存储空间由变量定义时的数据类型来决定),并把变量对应的存储空间的第一个字节的地址称为变量的地址。

例如以下程序:

```
#include<stdio.h>
int main()
{
    short int a,b=10;
    float i=12.3,j=3.14;
    char ch='W';
```

```
    scanf("%d",&a);
    printf(" %d%d%f%f%c",a,b,i,j,ch);
    return 0;
}
```

程序中定义了 5 个变量,并通过初始化、输入函数得到变量值。在编译时系统为变量分配了存储单元,如图 6-1 所示。根据变量名可以得到其对应的地址,将变量值保存到存储单元中,或者读取某一时刻变量的值。

综上所述,在源程序中通过变量名对数据操作,编译后变量名转换为变量地址,对变量的操作实际是对内存单元的存取操作。

视频讲解

6.1.2　间接寻址

以基本数据类型定义变量,如整型、实型、字符型,变量的值是具体的数据内容,通过变量名,可以直接对变量值进行操作。上例中的变量 j,初始化后的值为 3.14。这种通过变量名对其所占用的存储单元中的数据直接进行存取的方法称为"变量的直接访问方式"。

如果一个变量中保存的内容不是普通的数据,而是另外一个存储单元的地址,通过这个地址可以进一步找到另一个存储单元的内容,这种寻址方式要得到一个具体的数据并不直接,是数据的"间接寻址"方式。图 6-2 将变量 a 的地址(1000)存放到另一个变量 p 中,假设 p 的变量地址是 5000。对变量地址 1000 中的数据进行操作有两种方式,一种是对变量 a 直接访问;另外一种是通过变量 p,得到变量 a 的地址(1000),再通过变量 a 的地址(1000)访问其中的数据,这种方式就像用一把钥匙打开了一个抽屉,在这个抽屉里找到了另外一个抽屉的钥匙,再用这把钥匙打开另外一个抽屉,取出一封信。

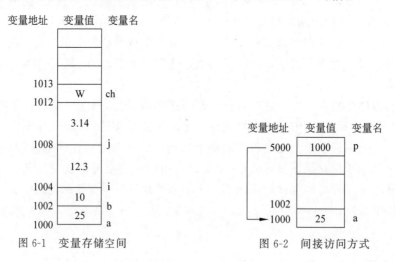

图 6-1　变量存储空间　　　　　图 6-2　间接访问方式

如何断定变量 p 中存放的 1000 是地址而不是一个数值型数据呢？这要由 p 的数据类型决定。C 语言中有很多种数据类型,基本数据类型的变量存放的是数值型数据,如图 6-1 所示。在图 6-2 中,由 p 至 a,可以形象地理解成一种指向,变量 p 是专门保存另外一个变量 a 的地址的,这种专门用来存放变量地址的数据类型称为指针数据类型。用指针类型定义的变量就是指针变量。图 6-2 中的变量 p 就是指针变量,p 的变量值是变量 a 的地址。

程序中,把变量 a 的地址存放到指针变量 p 中,这是通过下面的语句完成的:

p=&a;

其中 & 是取地址运算符,用来获得变量 a 的地址。将 &a 赋值给 p,就是将地址 1000 赋值给指针变量 p,变量 a 是指针变量 p 所指向的目标变量。因此,地址又被形象地称为指针。

6.2　指针变量的定义与引用

6.2.1　指针变量的类型

视频讲解

指针变量是专门用来存放地址的变量。为了在一个变量中存放地址,必须把这个变量定义为指针类型的变量。

指针变量的值是地址值,而指针变量的类型指的是它所指向目标对象的类型。根据所指向目标对象的不同,指针变量的类型可以分为:

(1) 指向变量的指针变量(即指向基本类型变量的指针变量);

(2) 指向一维数组的指针变量;

(3) 指向字符串的指针变量;

(4) 指向函数的指针变量;

(5) 指向指针的指针变量;

(6) 指向结构体的指针变量;

(7) 指向文件的指针变量。

6.2.2　指向变量的指针变量的定义

视频讲解

C 语言规定所有变量在使用前必须先定义,指定其数据类型,之后编译系统按照此类型为变量分配相应字节的内存单元。

定义指向变量的指针变量的一般格式如下:

类型说明符　＊指针变量名；

格式中的符号 ＊ 在定义语句中是指针说明符,表示其后跟随的变量名被定义成指针变量,只能用于存放地址,以便指向某个目标变量。格式中左侧的类型说明符用来说明被定义的指针变量可以指向的目标变量的数据类型。

例如,有以下定义:

```
int a;
float b;
char c;
int * p1;
float * p2;
char * p3;
```

其中的指针变量 p1、p2、p3 只能分别指向目标变量 a、b、c。

注意:

(1) 在上述定义形式中,"*"仅是一个指针说明符,用来说明名为 p1、p2、p3 的变量是指针变量,不能把 * p1、* p2、* p3 理解为指针变量名。

(2) 指针变量是一种变量,编译系统要为其分配相应的内存单元,以存放指针变量的值(即目标变量的地址)。由于指针变量中存放内存单元的地址,内存单元地址编码长度是一致的,指针变量的长度都是相同的。

视频讲解

6.2.3 指针变量的引用

由于指针变量中只能存放地址,所以不能把非地址类型的数据赋给一个指针变量。例如,下面的操作是非法的:

```
int * p=20;
```

合法的操作如下:

```
int a;
int * p;
p=&a;
* p=20;
```

在程序段的第 3 和第 4 行中分别使用了符号"&"和"*",这是 C 语言关于指针的两个运算符。

"int * p"中的"*"是定义变量 p 为指针变量。"* p=20"中的"*"是指针变量的取值运算。二者含义不同,注意区分。

视频讲解

6.2.4 指针运算符

1. 取地址运算符

取地址运算符"&"的作用是得到变量的地址。如上面程序段中的"p=&a;"就是对变量 a 做取地址运算,并将所获得的 a 的地址赋给指针变量 p。

2. 存取内容运算符

存取内容运算符"*"简称内容运算符,又称间接访问运算符,表示存取其后指针变量所指向目标变量或其后地址中的值。

C/C++ 程序设计进阶教程(第 2 版·微课视频版)

（1）＊与指针变量结合，例如上面程序段中的第 4 行"＊p=20;"，表示给指针变量 p 所指向的目标变量 a 赋值（即把整型常量值 20 赋给变量 a），这是一种间接访问目标变量的方式。

（2）＊与地址结合，例如"＊&a"，表示取变量 a 的值。

这里需要注意的是，在定义一个指针变量时，"＊"的含义是"指向"，表示所定义的指针变量可以指向其他目标变量。例如，上述程序段第 2 行的"int ＊p;"，表示 p 被定义为指针变量，可以指向目标变量 a 或目标变量 b。但在程序中引用指针变量时，"＊"的含义却是"被指向"，即它代表被指针变量所指向的目标变量。例如，＊p=10，会将目标变量 a 赋值 10。

两个指针运算符的含义及其相互关系如图 6-3 所示。

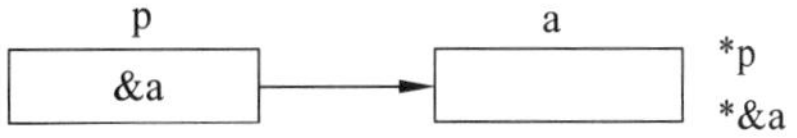

图 6-3　指针运算符

【例 6-1】　定义和引用指针变量。

```
1   #include<stdio.h>
2   int main()
3   {
4       int x,y;
5       int * p1, * p2;
6       x=10;y=25;
7       p1=&x;p2=&y;
8       printf("%d,%d\n",x,y);
9       printf("%d,%d\n", * p1, * p2);
10      return 0;
11  }
```

运行结果：

10,25
10,25

程序分析：

（1）例 6-1 程序第 5 行中定义部分的类型说明符 int 表示指针变量 p1、p2 将来只能指向整型目标变量。符号 ＊ 是指针说明符，其作用是说明 p1 和 p2 是指针变量，它们可以指向目标变量，但此时指针变量 p1 和 p2 并没有指向任何目标变量。

（2）程序中第 7 行用取地址运算符 & 获得整型变量 x 和 y 的地址，并分别赋给指针变量 p1 和 p2，使指针变量 p1 指向整型目标变量 x，使指针变量 p2 指向整型目标变量 y。此时 p1 的值是 &x，p2 的值是 &y。

（3）程序第 9 行中的符号 ＊ 是存取内容运算符，表示存取指针变量所指向目标变量的内容，因此，＊p1 就是被指针变量 p1 所指向的目标变量 x，＊p2 就是被指针变量 p2 所指向的目标变量 y。

符号 & 和 ＊ 都是 C 语言中合法的运算符，都是单目、2 级、右结合，互为逆运算。因此，当它们同时出现在一个合法的表达式中时，需要根据它们的属性来确定表达式的求值过程。

例如,以下程序段:

```
1   int x=10,y=25;
2   int * p1=&x, * p2=&y;
3   p2=& * p1;
4   printf("%d \n", * &x);
5   printf("%d\n",p2);
```

该程序中第 3 行的作用是把 x 的地址赋给 p2。此前 p2 是指向 y 的,经过重新赋值后,p2 指向了 x。这是因为 & 运算符和 * 运算符都是单目运算符,且优先级相同,但是按照右结合方向,先进行的是 * 运算,得到的是变量 x,再执行 & 运算取 x 的地址,所以 & * p1 和 &x 相等。

程序中第 4 行的作用是输出变量 x 的地址。因为 &x 是得到 x 的地址(地址即指针),* 运算是存取指针变量所指单元(即变量 x 的存储单元)的值。所以, * &x 和 x 相等。

程序中第 5 行是输出指针变量的值。由于第 3 行中把 x 的地址赋给了指针变量 p2,所以输出的是 x 的地址。地址可以用十进制形式表示,也可用八进制或十六进制形式表示。

【例 6-2】 利用指针变量的指向实现对目标变量的等价访问。

```
1   #include<stdio.h>
2   int main()
3   {
4       int x=10,y=100;
5       int * p1=&x, * p2=&y;
6       x= * p2/4;
7       * p2= * p1;
8       printf("x=%d, y=%d\n",x,y);
9       printf(" * p1=%d, * p2=%d\n", * p1, * p2);
10      return 0;
11  }
```

运行结果:

```
x=25, y=25
 * p1=25, * p2=25
```

程序运行过程中,指针变量 p1、p2 的指向始终没有改变。程序的第 6 行和第 7 行是改变被指针变量 p1、p2 所指向的目标变量 x、y 的值。

【例 6-3】 改变指针变量的指向,实现两个数据的降序排列输出。

```
1   #include<stdio.h>
2   int main()
3   {
4       int x=10,y=100;
```

```
5       int * p, * p1=&x, * p2=&y;
6       if(x <y)
7       { p=p1;p1=p2;p2=p; }
8       printf("x=%d, y=%d\n",x,y);
9       printf("max=%d, min=%d\n", * p1, * p2);
10      return 0;
11   }
```

运行结果：

```
x=10, y=100
max=100, min=10
```

程序的第 7 行使指针变量 p1、p2 的值改变了，即所指向的目标变量改变了，x、y 本身并未改变。指针变量的指向改变前后的情形如图 6-4 所示。

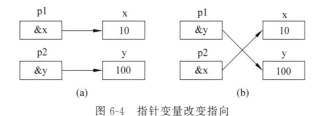

图 6-4　指针变量改变指向

6.2.5　指针运算

视频讲解

指针运算指的是对指针进行的运算，即运算对象是指针。指针运算的目的是移动指针，使其指向另外的存储单元。指针的移动不是以字节作为基本单位，而是以所指目标对象的数据类型作为基本单位计算。

有关指针的运算，除赋值运算以外，还有指针算术运算和指针关系运算。

1. 指针算术运算

指针运算就是地址运算，因此指针的算术运算只能对指针进行加、减运算。

（1）指针加减整数和自加减。若 p 是已经指向了某个目标对象的指针变量，可以进行加减 1 个整数或自加减的运算，例如：

++p、p++、p+=5、p=p+5、p+5

或

--p、p--、p-=5、p=p-5、p-5

注意：指针加 1(如 p+1)不是简单地将 p 的值加上 1，而是将 p 的值加上它所指向的变量所占用的内存字节数。指针加 i(如 p+=i)是将 p 的值加上 i 倍的它所指向变量占用的内存字节数。如果指针变量 p 指向基本整型变量，由于 int 型占用内存的字节数为 4，因此 p+i 实际上是 p+4 * i。

例如,以下程序段:

```
short int a[5]={0,0,5,8,0};
short int * p=&a[0];
printf("%d\n", * (p+ 2));
```

以 VS 2010 环境为例,程序中目标对象数组 a 的数据类型为短整型,每个数据的存储空间为 2 字节,则例中 p+2 后指针移动了 2 个短整型,即 4 字节,如图 6-5 所示。

元素地址	元素值	元素
q→1008	0	a[4]
1006	8	a[3]
p+2→1004	5	a[2]
1002	0	a[1]
p→1000	0	a[0]

图 6-5 指针的移动

(2) 指针相减。若两个指针所指向的目标对象的数据类型相同,可以进行指针变量的相减运算,运算的结果是整型常数,表示两个指针间的距离。

两个指针可以相减,但不是任意的两个指针都可以相减。实际上,任意的毫无关联的两个指针相减是没有意义的。而指向同一个数组的两个不同元素的指针相减,则表示两个指针相隔元素的个数。

例如,以下程序段:

```
short int a[5]={0,0,5,8,0};
short int * p=&a[0];
short int * q=&a[4];
printf("%d\n",q-p);
```

输出结果为整型数 4,即 q 和 p 之间相差 4 个元素的距离,如图 6-5 所示。

2. 指针关系运算

指针关系运算也称为指针比较运算,用来比较两个指针所处存储区的位置,比较的结果是逻辑值"真"或"假"。参与关系运算的两个指针的数据类型必须相同,只有这样才能表示出它们所指向的目标变量在内存中的前后位置关系。指针关系运算包括以下运算。

(1) 两个指针值是否相等:==、!=。

(2) 两个指针值的大小比较:>、>=、<、<=。

将任意的毫无关联的两个指针进行比较是毫无意义的,而指向同一个数组的两个指针可以进行比较。如果指向同一个数组的两个指针相等,则表示这两个指针指向同一个元素,如果两个指针不等,则表示这两个指针不是指向同一个元素,而是指向两个不相同的元素。

6.2.6 用指针变量作函数参数

视频讲解

指针变量也是变量,因此可以作为函数参数。用指针变量作函数参数的形式与用普通变量作函数参数的形式完全相同,同样遵循单向值传递的原则,但它传递的实参并不是目标变量的值,而是目标变量的地址。

【例 6-4】 用指针变量作函数参数,实现两个数据的降序排列输出。

```
#include<stdio.h>
```

```
void change(int * p1,int * p2)
{
    int temp;
    temp= * p1;
    * p1= * p2;
    * p2=temp;
}
int main()
{
    int x=2,y=7;
    int * pt_1=&x, * pt_2=&y;
    if(x <y) change(pt_1,pt_2);
    printf("\n%d,%d\n",x,y);
    return 0;
}
```

运行结果：

7,2

程序分析：

change 是用户定义的函数,它的作用是交换两个目标变量(x 和 y)的值。change 函数的形参 p1、p2 是指针变量。程序运行时,首先在 main 函数中将 x 和 y 的地址分别赋给指针变量 pt_1 和 pt_2,使 pt_1 指向 x、pt_2 指向 y,如图 6-6(a)所示。

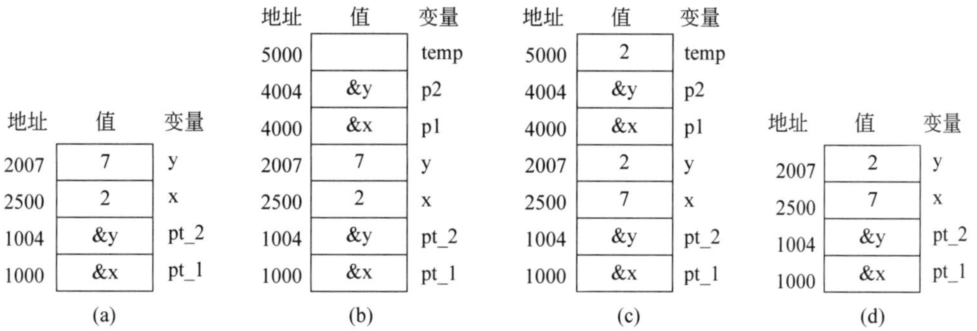

地址	值	变量	地址	值	变量	地址	值	变量	地址	值	变量
			5000		temp	5000	2	temp			
			4004	&y	p2	4004	&y	p2			
			4000	&x	p1	4000	&x	p1			
2007	7	y	2007	7	y	2007	2	y	2007	2	y
2500	2	x	2500	2	x	2500	7	x	2500	7	x
1004	&y	pt_2	1004	&y	pt_2	1004	&y	pt_2	1004	&y	pt_2
1000	&x	pt_1	1000	&x	pt_1	1000	&x	pt_1	1000	&x	pt_1
(a)			(b)			(c)			(d)		

图 6-6　用指针作函数参数

执行 if 语句时,由于 x<y,所以调用 change 函数(此时才给形参 p1、p2 和变量 temp 分配内存单元)。这时的实参 pt_1 和 pt_2 是指针变量,函数调用时,将实参变量的值传递给形参变量 p1 和 p2,虚实结合后形参 p1 的值为 &x,p2 的值为 &y,即 p1 和 pt_1 都指向变量 x,p2 和 pt_2 都指向变量 y。也就是形参通过获得实参传来的指针,使形参指向了主调函数中的目标变量,因此可以在被调函数中访问主调函数的变量 x 和 y,如图 6-6(b)所示。

在被调函数 change 中通过局部变量 temp,使 * p1 和 * p2 的值互换,也就是使 x 和 y 的值互换,如图 6-6(c)所示。

函数调用结束后,形参 p1 和 p2 不复存在(已释放),如图 6-6(d)所示。最后,在 main

函数中输出的 x 和 y 的值是经过交换后的值。

从此例可以看出,使用指针变量作函数参数,增加了函数间数据传递的通道,这主要体现在主调函数可以使用被调函数对数据的操作结果。这是因为指针变量可以直接对目标变量进行运算,形参和实参指向了相同的空间。但函数参数传递过程本身仍遵循单向值传递的原则。

读者还要注意,使用指针作函数参数,要求形参的数据类型必须与实参的数据类型一致;否则,经过指针运算后,由于不同类型数据所占的字节数不同,会导致指针所指的单元并非预期的存储单元。

6.3 指针与数组

变量在内存中的存放是有地址的。同样,数组在内存中的存放也有地址,其中数组名就是数组在内存中存放的首地址。指针变量用于存放变量的地址,可以指向变量,当然也可以存放数组的首地址或数组元素的地址。这就是说,指针变量可以指向数组或数组元素。使用指向数组的指针操作数组有程序书写方便和高效的好处,而且使用指向数组的指针常常可以写出占用较少内存并且执行快速的代码。

6.3.1 指针与一维数组

视频讲解

1. 用数组名引用一维数组元素

在第 4 章中,我们曾学习过使用数组名加下标的方式访问一维数组中的元素。一维数组名标识该数组在内存中的首地址,通过下标可以标识数组中每个元素相对于该起始地址的偏移量,从而确定各个元素在内存中的地址。

在 C 语言中,若有以下定义:

```
int a[4];
```

图 6-7 显示了该数组的数组名 a 与其中各元素间的关系。

由此可以总结出以下对数组名与元素关系的描述。

(1) a+i 是第 i 个元素的地址 &a[i],即 a+i 是指向第 i 个元素的指针。

(2) *(a+i)与元素 a[i]等价,即 *(a+i)是被 a+i 所指向的元素。

这种使用数组名作为元素的指针,通过存取内容运算符" * "访问数组中元素的方法,是一种变址访问元素的等价方法,可以用图 6-8 表示。

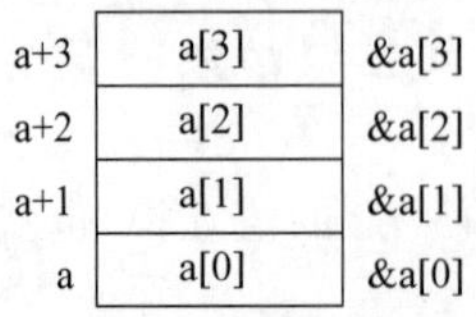

a+3	a[3]	&a[3]
a+2	a[2]	&a[2]
a+1	a[1]	&a[1]
a	a[0]	&a[0]

图 6-7 数组名与元素的关系

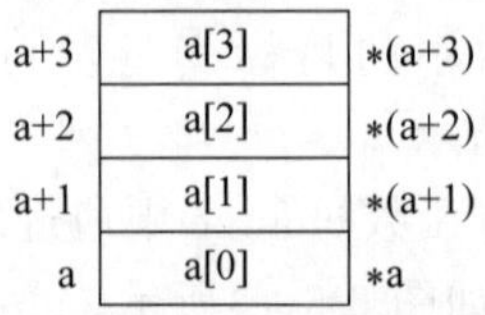

a+3	a[3]	*(a+3)
a+2	a[2]	*(a+2)
a+1	a[1]	*(a+1)
a	a[0]	*a

图 6-8 变址访问元素的等价关系

【例 6-5】 用数组名引用一维数组元素的两种方法。

```c
#include <stdio.h>
int main()
{
    short int arr[ ]={67,89,75,90,52};
    int i=4;
    for(i=0;i<4;i++)
        printf("%d %d %d %d\n",&arr[i],arr+i, arr[i], * (arr+i));
    return 0;
}
```

运行结果：

```
1245044   1245044   67   67
1245046   1245046   89   89
1245048   1245048   75   75
1245050   1245050   90   90
```

这里输出的结果是元素的地址和元素的值。

2. 用指针变量引用一维数组元素

数组在内存中占有一段连续的存储空间，每个元素在其中有自己的一个存储空间，因此，元素在本质上是与变量使用方法相同的。元素的指针就是该元素在内存中所占存储空间的首地址。用户可以定义一个指向变量的指针变量，使其指向数组元素。例如：

```c
int a[4];
int * p=&a[0];
```

也可以写成：

```c
int a[4], * p=a;
```

这样定义之后，指针变量 p 与数组名 a 等价，都表示数组 a 的首地址（但 a 是常量，p 是变量）。指向数组元素的指针变量 p 和数组元素的等价关系如图 6-9 所示。

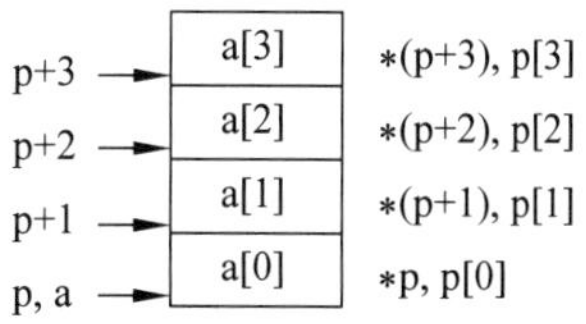

(1) p+1 与 a+1 等价，都表示数组元素 a[1]的首地址。*(p+1)与 *(a+1)也等价，都等于数组元素 a[1]的值，p[1]也等价于 a[1]。

(2) p+i 与 a+i 等价，都表示数组元素 a[i]的首地址。*(p+i)与 *(a+i)也等价，都等于数组元素 a[i]的值，p[i]也等价于 a[i]。

(3) p++(或 p+=1) 使 p 指向下一个数组元素。

(4) *p++与 *(p++)等价，也等价于 *p,p=p+1,作用是先得到 p 所指向的数组元素的值（即 *p），然后 p 的值自增1，使 p 指向下一个数组元素。

(5) *(++p)与 p=p+1 等价，作用是先使 p 的值自增1，使 p 指向下一个元素，然后得到 p 所指向的数组元素的值（即 *p）。

图 6-9 指向一维数组的指针

(6)（＊p)++表示 p 所指向的元素值自增 1，即（a[0])++。

【例 6-6】 通过指针变量引用数组元素。

```
1   #include<stdio.h>
2   int main()
3   {  int arr[4],i;
4       int * p=arr;                    //定义 p 为指针变量并指向数组首地址
5       for(i=0;i <4;i++)
6           scanf("%d",p++);            //相当于取地址,输入一个值,p 再指向下一元素
7       printf("\n");
8       p=arr;                          //使 p 重新指向数组首地址
9       for(i=0;i <4;i++,p++)           //移动指针
10          printf("%d ", * p);         //利用指针变量的指向访问元素
11      printf("\n");
12      p=arr;
13      for(i=0;i <4;i++)
14          printf("%d ",p[i]);         //这里 p[i]等价于 a[i]
15      printf("\n");
16      for(i=0;i <4;i++)
17          printf("%d ", * (p+i));     //利用指针的偏移访问元素
18      printf("\n");
19      for(;p <arr+4;p++)              //数组名是地址常量,不能自加
20          printf("%d ", * p);
21      printf("\n");
22      for(p=&arr[0],i=0;i <4;i++)     //使 p 重新指向数组首元素
23          printf("%d ", * p++);       //通过移动与指向指针访问元素
24      printf("\n");
25      return 0;
26  }
```

输入：

1 2 3 4

运行结果：

1 2 3 4
1 2 3 4
1 2 3 4
1 2 3 4
1 2 3 4

程序分析：

在例 6-6 的程序中,虽然都是使用指针变量引用数组元素,但指针的使用方法从形式上看有 3 种。第一种形式如程序的第 6 行、第 9 行、第 19 行和第 23 行,通过指针变量自加 1 运算更改指向的目标变量;第二种形式如程序的第 17 行,通过指针变量引用数组元素;第三种形式如程序的第 14 行,通过指针的下标表示法引用数组元素。

在上面的 3 种形式中,第一种形式的效率最高,因为利用指针自加 1 运算实现指针移

动时,不必对每个要寻址的数组元素地址进行指针算术运算。虽然指针变量和数组名都是指针,但数组名是指针常量,不能再被赋值,所以数组名不能做赋值运算,例如程序的第19行。这也表明,数组名仅代表数组的首地址,不能代表整个数组。

第二种和第三种形式都需要根据对指针变量 p 的当前值进行加 i 运算得到要访问的数组元素的地址,如程序第 14 行中的 p[i]。

使用指针引用数组元素时,用户要时刻知道指针当前所指向的位置,由于编译系统并不严格检查数组的边界,一旦指针越界,可能会导致程序得不到预期的结果。例如,程序的第6行使指针指向了数组的尾,第8行又使指针重新指向了数组的首地址。再如,为了使程序第14行中 p[i]的计算结果正确,还需要第12行,使指针再次指向数组的首地址。自第13～18行并没有移动指针,所以指针变量指向的位置仍然是第12行所指向的数组首地址。直到第19行才又去移动指针,使得第22行又要把指针重新指向数组首地址。

注意,程序第23行 * p++中有两个运算符,自加运算符++和存取内容运算符 * 的优先级是相同的,并且结合方向都是自右向左的,因此按 C 语言规定,* p++等价于 * (p++),也就是先得到 p 所指向的变量的值(* p),然后再使 p 自加 1(先用后加)。同理,* (++p)则是先使 p 自加 1,然后再做 * 运算。

6.3.2 指针与二维数组

视频讲解

图 6-10 所示是一个有 N 行 M 列元素的二维数组 a 的逻辑结构。图 6-11 表示了它在内存中的一维物理存储结构。

	第0列	第1列	第2列	第3列
第0行	a[0][0]	a[0][1]	a[0][2]	a[0][3]
第1行	a[1][0]	a[1][1]	a[1][2]	a[1][3]
第2行	a[2][0]	a[2][1]	a[2][2]	a[2][3]

图 6-10　二维数组的逻辑结构

1. 通过指向变量的指针变量访问二维数组元素

用户可以定义一个指向变量的指针变量 p,并通过其访问二维数组元素,如图 6-11 所示。

【例 6-7】 指向二维数组元素的指针变量。

```
#include<stdio.h>
#define N  3
#define M  4
int main()
{
    int * p, a[N][M]={{3,5,7,9},
        {10,20,30,40},{100,200,300,400}};
    for(p=&a[0][0];p<&a[0][0]+N*M;p++)
        printf("%d ",* p);
```

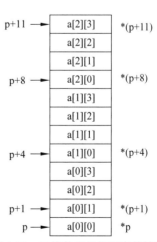

图 6-11　二维数组的物理存储结构

```
        printf("\n");
        return 0;
    }
```

运行结果：

3 5 7 9 10 20 30 40 100 200 300 400

例 6-7 是顺序地访问二维数组中的全部元素，从图 6-10 和图 6-11 可知，&a[i][j]等价于 p+i＊M+j，因此例 6-7 可以改写为：

```
#include<stdio.h>
#define N   3
#define M   4
int main()
{
    int a[N][M]={{3,5,7,9},{10,20,30,40},{100,200,300,400}};
    int i,j,* p;
    p=&a[0][0];
    for(i=0;i<N;i++)
        for(j=0;j<M;j++)
            printf("%d ",* (p+i* M+j));
    printf("\n");
    return 0;
}
```

2. 通过数组名访问二维数组元素

从图 6-10 所示的逻辑结构可以看出，二维数组 a 是由 N 个一维数组组成的，每个一维数组有 M 个元素。从另外一个角度，还可以将二维数组 a 看作由 N 个元素组成的一维数组 a，如图 6-12 所示。根据一维数组名与指针的关系，一维数组名 a 代表一维数组的首地址，即元素 a[0]的地址 &a[0]。而从二维数组的角度看，a[0]又代表一个有 M 个元素的一维数组，因此 a[0]是一维数组名，代表一维数组的首地址，即元素 a[0][0]的地址 &a[0][0]，由于 a[0]是数组名，所以它不会占据实际的存储单元。

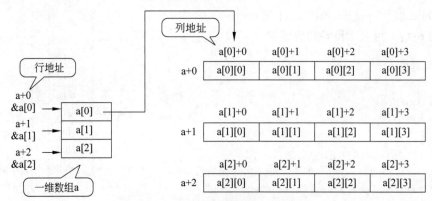

图 6-12　二维数组的行地址和列地址

继续对图 6-12 进行分析，a 是二维数组名，指向二维数组的首地址（即第 0 行）。因此，a+0 与 &a[0]是等价的；a+1 则代表第 1 行的首地址，指向二维数组第 1 行的首地址，与 &a[1]是等价的。由此可见，二维数组名+1 表示指针在二维数组中向下移动了一行，指向了下一个一维数组，因此二维数组名也称为"行指针"。

a[0]是一维数组名，代表一维数组的首地址（即第 0 个元素 a[0][0]的地址），因此，a[0]与 &a[0][0]是等价的；a[0]+1 则指向一维数组中的第一个元素 a[0][1]，与 &a[0][1]是等价的。由此可见，一维数组名+1 表示指针在一维数组中向后移动了一列，指向了一维数组中的下一个元素，因此一维数组名也称为"列指针"。

由图 6-8 已知变址访问元素的等价关系：*(a+0)和 a[0]等价；*(a+1)和 a[1]等价；*(a+i)和 a[i]等价。因此可以推断出：*(a+0)+0 和 a[0]+0 等价，并且都等价于 &a[0][0]；*(a+1)+1 和 a[1]+1 等价，并且都等价于 &a[1][1]。由此可知，对二维数组中的元素可有 4 种等价的表示方式：a[i][j]、*(a[i]+j)、*(*(a+i)+j)、(*(a+i))[j]。

综合以上分析，对二维数组要区分的概念如下：

（1）a：二维数组名，行指针，指向一维数组 a[0]，0 行首地址。

（2）*a，*(a+0)，a[0]：一维数组名，列指针，指向第 0 行第 0 列元素，第 0 行第 0 列元素的地址。

（3）a+1，&a[1]：第 1 行的首地址。

（4）*(a+1)，a[1]：a[1][0]的地址。

（5）*(a+1)+2，&a[1][2]，a[1]+2：a[1][2]的地址。

（6）*(*(a+1)+2)，*(*(a+1)+2)，a[1][2]：a[1][2]的值。

【例 6-8】 使用数组名变址访问 N 行 M 列二维数组元素。

```
1  #include<stdio.h>
2  #define N  3
3  #define M  4
4  int main()
5  {
6      int a[N][M]={{3,5,7,9},{10,20,30,40},{100,200,300,400}};
7      int i,j;
8      for(i=0;i<N;i++)
9      {
10         for(j=0;j<M;j++)
11             printf("%xh  %5d  %xh  %5d  \n", *(a+i)+j,
                   *(*(a+i)+j),a[i]+j,
12                 *(a[i]+j));
13         printf("\n");
14     }
15     return 0;
16 }
```

运行结果：

12ff50h	3	12ff50h	3
12ff54h	5	12ff54h	5
12ff58h	7	12ff58h	7
12ff5ch	9	12ff5ch	9
12ff60h	10	12ff60h	10
12ff64h	20	12ff64h	20
12ff68h	30	12ff68h	30
12ff6ch	40	12ff6ch	40
12ff70h	100	12ff70h	100
12ff74h	200	12ff74h	200
12ff78h	300	12ff78h	300
12ff7ch	400	12ff7ch	400

程序分析：

程序中以不同形式表示了数组元素的地址和值,每个元素占据输出结果的一行。

程序的第 11 行中, *(a+i)+j 等价于 a[i]+j,都等价于第 i 行第 j 列元素的地址,即 &a[i][j]。显然, *(*(a+i)+j) 等价于 *(a[i]+j),都等价于元素的值,即 a[i][j]。

从上面的分析和例题中,读者可以注意到,用二维数组名变址访问元素时,行指针和列指针可以相互转换。

(1) 行指针前加上一个 * 运算符变为列指针,列指针前加上一个 * 运算符变为值。例 6-8 中,a 是二维数组名,是行指针,指向二维数组的第 0 行;a+i 是行指针,指向二维数组的第 i 行; *(a+i)是列指针,等价于 a[i],表示第 i 行第 0 列元素的地址; *(a+i)+j 表示第 i 行第 j 列元素的地址; *(*(a+i)+j)表示第 i 行第 j 列元素的值。

(2) 列指针前加上一个 & 运算符变为行指针。a[i]是列指针,表示第 i 行第 0 列元素的地址,而 &a[i]是行指针,表示第 i 行的首地址,等价于 a+i。

3. 指向由 M 个元素组成的一维数组的指针变量

利用数组名变址访问需要对指针进行算术运算。例如,a 是二维数组名,a+1 表示指针从二维数组的首地址向高地址空间方向偏移 M×d 字节(d 代表一个元素占据的存储单元数,不同数据类型的元素占据的存储单元数不同),即移动了一个一维数组。因此,可以定义一个指针变量 p,使其不像例 6-7 中那样指向数组中的一个元素,而是指向一个含有 M 个元素的一维数组。每当 p 加 1 时,指针也会从当前指向的单元向高地址空间方向偏移 M×d 字节。

仅从指针移动的角度看,指针变量 p 和数组名 a 的作用是相同的,但要注意数组名 a 是一个常量,不能被再赋值。指针变量 p 则可以被再赋值,使得程序设计更加灵活。

定义一个指向具有 M 个元素的一维数组的指针变量的一般形式如下:

类型说明符 (*p)[M];

其中,类型说明符是一维数组元素的数据类型;p 是指针变量名,并且 p 被定义成只能指向含有 M 个元素的一维数组,因为 p+1 意味着要移动 M×d 字节。

读者要注意该定义形式中 3 个运算符的使用方法,正是因为( )和[]的优先级同为 1 级,且都是左结合性,所以小括号内 * p 的含义是定义 p 为指针变量。

以下面语句为例,二维数组与指向一维数组的指针变量之间的关系如下。

```
int a[3][4],(*p)[4];
```

(1) 二维数组名 a 是一个指向有 4 个元素的一维数组的指针常量。

(2) 指针变量 p 是一个指向有 4 个元素的一维数组的指针变量。

(3) p=a 使 p 指向二维数组的第 0 行。

(4) p+i 等价于 a+i,指向二维数组的第 i 行。

(5) * (p+i) 等价于 * (a+i),指向二维数组的第 i 行第 0 列。

(6) * (p+i)+j 等价于 * (a+i)+j,指向二维数组的第 i 行第 j 列。

(7) * (* (p+i)+j) 等价于 * (p[i]+j),等价于 p[i][j],等价于(* (p+i))[j],等价于 a[i][j]。

(8) 二维数组形参实际上是指向一维数组的指针变量。

例如,如果函数的形参定义为 int x[ ][10] ,则编译系统是按行指针变量处理的,即按 int (* x)[10]处理。

【例 6-9】 将例 6-8 改写为用指向具有 M 个元素的一维数组的指针变量访问 N 行 M 列二维数组元素。

```
1   #include<stdio.h>
2   #define N 3
3   #define M 4
4   int main()
5   {
6       int a[N][M]={{3,5,7,9},{10,20,30,40},{100,200,300,400}};
7       int (*p)[M]=a;
8       int i,j;
9       for(i=0;i <N;i++)
10      {   for(j=0;j <M;j++)
11              printf("%xh  %5d  %xh   %5d   \n", * (p+i)+j, * ( * (p+i)+j),p[i]+j,
12              * (p[i]+j));
13          printf("\n");
14      }
15      return 0;
16  }
```

由于 p+1 和 a+1 的执行效率都低于 p++,可以将例 6-9 修改为:

```
1   #include<stdio.h>
2   #define N 3
3   #define M 4
4   int main()
5   {
```

```
6        int a[N][M]={{3,5,7,9},{10,20,30,40},{100,200,300,400}};
7        int (*p)[M];
8        int j;
9        for(p=a;p<a+N;p++)
10       {   for(j=0;j<M;j++)
11               printf("%5d   ",*(*p+j));
12           printf("\n");
13       }
14       return 0;
15   }
```

程序运行的结果与例6-8相同。

程序分析：

程序中第7行把p定义为指向行的指针变量；第9行的p++使p的值变为a+1,指向二维数组的下一行；第11行的*p是行指针p前面加了一个*号,使其成为列指针,与j相加后使指针指向元素。

指针变量可以被重新赋值,所以当仅需要输出数组的部分元素时,上面的程序还可以改写为：

```
#include<stdio.h>
#define N 3
#define M 4
int main()
{
    int j,a[N][M]={{3,5,7,9},{10,20,30,40},{100,200,300,400}};
    int (*p)[M];
    p=&a[1];
    for(j=0;j<M;j++)
        printf("%5d   ",*(*p+j));
    printf("\n");
    return 0;
}
```

视频讲解

6.3.3 用指向数组的指针变量作函数参数

不仅指向变量的指针变量可以作函数的参数(见例6-4),指向数组的指针变量或数组名也可以作函数参数。如果函数的某个形参是指针类型,则其对应的实参一定是指针类型表达式。在虚实结合时,把实参的值(指针型数据)传递给形参。这种传递同样遵循函数调用的单向值传递原则,只是此时传递的实参值是指针。调用后,实参与形参共同指向了同一位置,相当于共享了数据。

1. 一维数组

对于一维数组,用指向数组元素的指针变量或数组名作函数参数均可以。

(1) 实参是数组名,形参定义成数组。例如:

```
#include<stdio.h>
void inv(int x[], int n)
{   int t,i,j,m=(n-1)/2;
    for(i=0;i<=m;i++)
    {   j=n-1-i;
        t=x[i]; x[i]=x[j]; x[j]=t;
        /*上行也可写成: t=*(x+i); *(x+i)=*(x+j); *(x+j)=t; */
    }
}
void main()
{   int i,a[10]={3,7,9,11,0,6,7,5,4,2};
    inv(a,10);
    printf("The array has been reverted:\n");
    for(i=0;i<10;i++)
        printf("%d ",a[i]);
}
```

(2) 形参定义成指针变量,实参传递指针变量。例如:

```
#include<stdio.h>
void inv(int * x, int n)
{   int t,i,j,m=(n-1)/2;
    for(i=0;i<=m;i++)
    {   j=n-1-i;
        t=x[i]; x[i]=x[j]; x[j]=t;
        /*上行也可写成: t=*(x+i); *(x+i)=*(x+j); *(x+j)=t; */
    }
}
void main()
{ int i,a[10]={3,7,9,11,0,6,7,5,4,2}, * p=a;
  inv(p,10);
  printf("The array has been reverted:\n");
  for(i=0;i<10;i++)
      printf("%d ",a[i]);
}
```

2. 二维数组

用指向二维数组的指针变量或二维数组名作函数参数,函数的声明和调用形式与一维数组有些不同,这主要在于指向二维数组的指针有行指针和列指针两个不同的概念。

(1) 用列指针作函数参数。

【例 6-10】 用指向二维数组的列指针变量作函数参数,计算二维数组元素的平均值。

```
1  #include<stdio.h>
2  #define  N  3
```

```
3   #define  M  4
4 int main()
5 {    void fct(int * x,int num);
6      int arr[N][M]={{3,5,7,9},{10,20,30,40},{100,200,300,400}};
7      int * pt=&arr[0][0];                    //列指针
8      fct(pt,N * M);
9      return 0;
10 }
11 void fct(int * x,int num)
12 {    int n,avg=0;
13     for(n=0;n <num;n++,x++)
14         avg=avg+ * x;
15     printf("%d\n",avg/num);
16 }
```

运行结果:

93

程序分析:

程序的第 7 行定义了一个指针变量 pt,并用 &arr[0][0] 对其进行了初始化。由于 &arr[0][0] 是二维数组 arr 的第 0 行第 0 列元素的地址,因此 pt 是一个指向二维数组 arr 的列指针。一个指向列的指针就是指向元素的指针,它的作用与指向变量的指针没有本质区别。因此,在第 8 行发生函数调用时,fct 函数的两个实参分别是指向二维数组元素的列指针和二维数组的元素个数。在被调用函数中,实际上二维数组是按照其在内存中的物理结构被当作一维数组处理的。

例 6-11 中的实参和形参都是指向列的指针变量。对于二维数组 arr,arr[i] 是一维数组名,根据等价关系,* (arr+i) 等价于 arr[i],等价于第 i 行第 0 列元素的地址,都是列指针,所以程序第 7 行可以改写为:

```
int * pt= * (arr+0);
```

或

```
int * pt=arr[0];
```

(2) 用行指针作函数参数。

【例 6-11】 用指向二维数组的行指针作函数参数,计算二维数组元素的平均值。

```
1  #include<stdio.h>
2  #define  N  3
3  #define  M  4
4  int main()
5  {    void fct(int ( * x)[M],int num);
6       int arr[N][M]={{3,5,7,9},{10,20,30,40},{100,200,300,400}};
7       int ( * pt)[M]=arr;               //指向有 M 个元素的一维数组的行指针
```

```
8        fct(pt,N);
9        return 0;
10 }
11 void fct(int (*x)[M],int num)
12 {   int n,m,avg=0;
13     for(n=0;n<num;n++)
14         for(m=0;m<M;m++)
15             avg=avg+ * ( * (x+n)+m);
16     printf("%d\n",avg/(N*M));
17     return 0;
18 }
```

程序运行结果与例 6-10 相同。

程序分析：

程序的第 7 行定义了一个指向含有 M 个元素的一维数组的指针变量 pt(即行指针变量)，并用二维数组名 arr 对其进行初始化。由于二维数组名是行指针，所以 pt 指向了二维数组的第 0 行。在第 8 行发生函数调用时，函数 fct 的两个实参分别是指向二维数组 arr 的行指针和二维数组行数。虚实结合时，被调用函数 fct 的形参必须是一个能够接收实参传来的行指针的指针变量，因此第 11 行中 fct 的形参也必须是一个能够接收行指针的指针变量，所以形参的定义形式为(* x)[M]。由于 * (x+n) 等价于 x[n]，等价于 &x[n][0]，是列指针。

例 6-11 中的实参和形参都是指向行的指针变量。由于二维数组名是指向行的指针，所以也可以使用数组名作实参，形参定义成数组类型，程序可以改写为：

```
#include<stdio.h>
#define  N  3
#define  M  4
int main()
{   void fct(int array[][M],int num);
    int arr[N][M]={{3,5,7,9},{10,20,30,40},{100,200,300,400}};
    fct(arr,N);
    return 0;
}
void fct(int array[][M],int num)            //编译系统按 int( *array) [M]来处理
{   int n,m,avg=0;
    for(n=0;n<num;n++)
        for(m=0;m<M;m++)
            avg=avg+array[n][m];
    printf("%d\n",avg/(N*M));
}
```

这是一个典型的利用下标访问元素的例子。在定义二维形参数组时可以省略第一维的长度，但不能省略第二维的长度，例如可以写成 array[][M]。在这种访问方式中，编译系统也会把形参数组名编译成指针变量。因此，例 6-11 还可以改写为实参使用数组名，形

参使用指针变量,或者实参使用指针变量,形参使用数组名的形式。

6.4　指针与字符串

C语言中没有字符串变量。对字符串的操作可以通过字符数组或字符指针变量来实现。

视频讲解

6.4.1　字符指针与字符数组

定义指向字符型数据的指针变量的一般格式如下:

char * 指针变量名;

【例6-12】　用字符数组编程,存储并输出字符串。

```
#include<stdio.h>
int main()
{    char string[]="I am a boy.";
     printf("%s\n",string);
     return 0;
}
```

运行结果:

I am a boy.

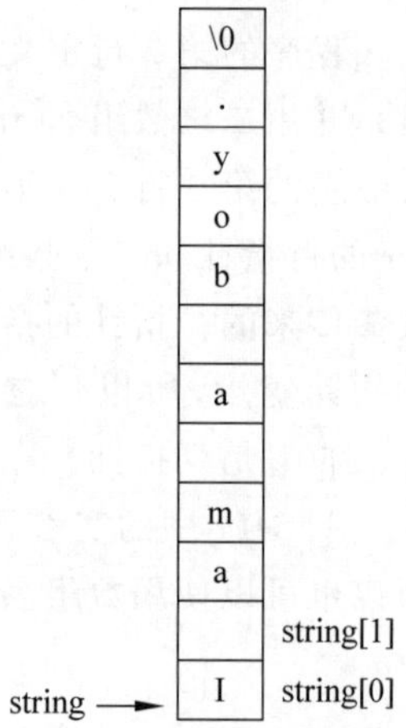

字符数组 string 在存储空间中的一维物理结构如图 6-13 所示。数组名 string 是字符数组的首地址,string+i 表示第 i 个元素的地址。因为指针变量用来保存地址的变量,所以可以定义一个指针变量使其指向字符串。通常情况下要先定义一个字符数组,将其首地址赋给指针变量。

\0
.
y
o
b
a
m
a
I

string[1]

string[0]

string →

图 6-13　字符数组 string

【例6-13】　用指向字符串的指针编程,存储并输出字符串。

```
1   #include<stdio.h>
2   int main()
3   {    char string[20]="I am a boy.";
4        char * pc=string;
5        while( * pc)
6        printf("%c", * pc++);
7        pc=string+2;
8        printf("\n%c\n", * (pc+5));
9        printf("\n%s\n",pc+5);
10       printf("\n%s\n",pc);
11       return 0;
12  }
```

运行结果：

I am a boy.
b
boy.
am a boy.

程序分析：

程序中第 4 行定义了一个指向字符型数据的指针变量 pc,并使其指向字符数组 string;第 6 行是 while 循环体内的唯一语句。以字符形式输出指针当前所指元素后,使指针自加移动;第 7 行使指针重新指向数组中下标为 2 的元素;第 8 行使当前指针移动 5 个元素,指向下标为 7 的元素,并以字符格式输出;第 9 行输出 &string[7]为首地址的字符串;第 10 行同理。需要注意指针的算术运算与赋值运算的差别,虽然在第 8 行后指针移动,但 pc 的值并未改变。

例 6-13 中先定义了一个数组 string,并用字符串对数组进行了初始化,然后定义指向字符型数据的指针变量 pc,并进行初始化,使其指向字符数组的首地址 string。

实际上,C 语言允许程序中事先不定义字符数组,而是在定义指针变量的同时,直接用字符串对字符指针变量进行初始化。

把例 6-13 改写为：

```
1  #include<stdio.h>
2  int main()
3  {    char * pc="I am a boy. ";
4       pc=pc+2;
5       printf("\n%c\n", * (pc+5));
6       printf("\n%s\n",pc+5);
7       printf("\n%s\n",pc);
8       return 0;
9  }
```

程序分析：

修改后的程序中虽然没有定义字符数组,但字符串仍是以字符数组的形式存放的,如图 6-14 所示。

对程序的第 3 行,编译系统会首先在存储区中开辟出一段连续的存储单元,用于存储字符串"I am a boy.",并把该连续存储区的首地址赋给指针变量 pc。

图 6-14 中的 pc 是指向字符串的指针变量,它可以在程序的运行过程中被再赋值,从而指向字符串中的不同字符,甚至可以指向其他的字符串,例如可以使 pc="This is a C program."。

图 6-13 中的 string 是字符数组名,是一个地址常量,在程序的运行过程中其值不能改变。除了初始化外,在程序运行中不能用字符串直接给字符数组赋值,例如不能执行语句 string="This is a C

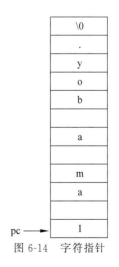

图 6-14　字符指针

program.",即不能使用赋值语句为数组整体赋值。

上面的程序对字符指针的初始化和对字符数组的初始化在形式上相同,在含义上却完全不同。对字符指针变量 pc 而言,当用字符串"I am a boy."对其初始化时,是把该字符串的首地址赋给 pc。由于没有定义数组,该字符串在存储区中占用的单元数是由字符串中的字符数和结束标识决定的。若是用 char string[20]= "I am a boy."初始化字符数组,则只对数组中的 string[0]~string[10]元素进行赋值。由于数组的长度是被定义的,因此未被赋值元素的值均为'\0'。

虽然字符指针和字符数组的概念并不复杂,但用法灵活,初学者在使用时还须十分小心,以避免出现意想不到的问题。

【例 6-14】 用指向字符串的指针编程,把一个字符串复制到另一个字符串中。

```
1   #include<stdio.h>
2   int main()
3   {    char source[]="I am a boy.",target[20], * first, * second;
4        char * pfmt="copied string : %s\n";    //指向字符串的指针变量
5        first=source;second=target;            //指向源和目的数组
6        while((* second++ = * first++)!='\0')  //把源数组元素复制到目的数组
7        { ; }
8        second=target;
9        printf(pfmt,second);                    //用指针变量所指字符串作为格式控制
10       return 0;
11  }
```

运行结果:

```
copied string : I am a boy.
```

程序分析:

程序中的第 3 行在定义数组 source 的同时进行了初始化,不能试图把这个过程改为以下的写法:

```
char source[];
source="I am a boy.";
```

但却可以改写为:

```
char * pfmt;
pfmt="copied string : %s\n";
```

因为 pfmt 是指针变量,而 source 是地址常量。

程序第 6 行充分体现了使用指向字符串的指针变量的优越性,它使得程序非常简练、灵活。当然,有些程序看起来写法不如上面的程序简单,但对初学者理解字符指针的工作过程以及字符指针与字符串之间的关系却是相当必要的。

例如,上面的程序可以改写为:

```
1   #include<stdio.h>
```

```
2   int main()
3   {    char source[]="I am a boy.",target[20], * first, * second;
4        char * pfmt="copied string : % s\n";
5        first=source;second=target;
6        for(; * first!='\0';first++,second++)
7        { * second= * first; }
8        * second='\0';
9        second=target;
10       printf(pfmt,second);
11       return 0;
12  }
```

程序分析：

第 6 行 for 循环的表达式 2 中，循环控制条件为 first 指向的字符数组的元素未到字符串的结束标识'\0'，循环体内语句每执行一次后，通过表达式 3，first 和 second 分别指向下一个元素。第 7 行是循环体内的语句，利用指针变量引用源数组 source 和目标数组 target 中的元素，将 first 指向的元素赋值给 second 指向的元素。

注意，第 9 行 second 需要重新定位，使其重新指向 target 数组的首地址，以便在第 10 行中输出 second 指向的字符串。

6.4.2　用指向字符串的指针作函数参数

视频讲解

用指向字符的指针作函数参数，就是将字符串或字符数组的首地址传递给被调用函数，参数可以是指针变量或字符数组名。

【例 6-15】　用指向字符串的指针作函数参数编程，要求在字符串"Themousebroke-thecup."内所有特定字符'e'的后面插入一个空格字符。

```
1   #include<stdio.h>
2   int main()
3   {    void insert_c(char * fir,char * sec);
4        char source[]="Themousebrokethecup.",target[80];      //目的数组要足够大
5        char * first=source, * second=target, * pfmt="the new string is : % s\n";
6        insert_c(first,second);
7        printf(pfmt,second);
8        return 0;
9   }
10  void insert_c(char * fir,char * sec)
11  {    for(; * fir!='\0';fir++,sec++)
12           if( * fir!='e')
13               * sec= * fir;    //当前字符不是特定字符 'e',则原样复制到目的数组
14           else
15           {
16               * sec= * fir;    //字符 'e'也要复制
```

第 6 章　指针　(181)

```
17                    * ++sec=' ';    //然后在'e'后加空格
18              }
19              * sec='\0';           //在新生成的串后加结束标识
20  }
```

运行结果：

the new string is : The mouse broke the cup.

程序分析：

程序的第 4 行定义了两个数组。其中,source 数组用于存放原始的字符串;target 数组用于存放增加了空格的新字符串,因此数组的长度要足够大。

第 5 行定义了 3 个指针变量。其中,first 指向 source 数组;second 指向 target 数组;pfmt 指向一个字符串,该字符串是 printf 函数中的格式控制字符串。

第 6 行的函数调用中,使用指向两个数组的指针变量作 insert 函数的参数。

第 7 行也是使用两个指针变量作 printf 函数的参数,输出增加空格后的新字符串。

在被调用函数中,形参指针变量 fir 和 sec 分别接收实参传来的数组首地址。在第 11 行的循环语句中,通过自加使指针 fir 和 sec 移动,对数组中的所有元素值进行比较,直到数组尾。

在第 12 行的 if 语句中,比较当前 fir 指针所指的元素值是否为字符'e',若不是字符'e',第 13 行中,则把 fir 指针所指 source 数组的当前元素值赋值给 sec 指针所指 target 数组的当前元素中;若 if 语句中 fir 指针所指 source 数组的当前元素值是字符'e',则不但第 16 行中要把该元素值(即字符'e')赋值给由 sec 指针所指 target 数组的当前元素,还要在第 17 行中通过 sec 指针变量自加运算,使 target 数组的下一个元素值为空格。

第 19 行是由于第 11 行的 for 循环语句只对 * fir!='\0'进行了比较,因此还需要在 target 数组尾放置一个'\0'。

【例 6-16】 用指向字符串的指针作函数参数编程。

在例 6-15 中是用两个数组实现的字符插入操作,指针的使用相对简单,现在把题目要求改为只有一个操作数组 oper,让它同时作为源数组和目标数组。

程序的基本思想是,从数组首元素开始比较,如果当前元素是字母'e',则用指针记住此元素,然后将此元素后的所有字符顺序依次向后移动一个字符位置。

图 6-15 所示为指针移动和字符移动的示意图。

移动的过程是,首先从最后一个字符开始(本例中最后一个字符是符号'.'),要把此字符移动到原字符串的'\0'位置,然后把原来'.'前的字符'p'移动到原来'.'的位置,再把原来'p'前的字符'u'移动到原来'p'的位置。重复上述过程,直至遇到记忆指针 first 为止,first 所指的字符为'e',不用移动。

由于上述过程中已经把记忆指针所指字符'e'后的那个元素向后移动了一个字符位置,因此可以把记忆指针向后移动一个字符位置,再把空格赋值给记忆指针所指的元素。

此时还要注意,由于在把'.'移动到'\0'位置时,用'.'覆盖了'\0',所以还应该在新形成的

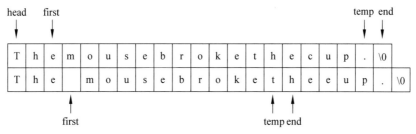

图 6-15　指向字符串的指针访问字符串

字符数组元素'.'的后一个元素位置补上一个'\0',作为字符串的结束标志。以上过程会使新的字符串长度比原始的字符串长度更长。

　　上述过程只完成了对从数组首地址开始的第一个'e'后的空格元素的操作,而字符串中有多个字符'e',因此还要不断重复上述移动过程,直至字符串中所有的'e'后都有空格字符。注意,在开始重复时,要进行比较的元素位置从记忆指针当前所在的位置开始。

　　根据以上分析,设置一个永远指向数组首地址的指针 head,设置 3 个可以移动的指针,first 指针最初指向数组头,向后移动,逐个寻找字符'e';end 指针最初指向数组尾('\0'),用来表示被移动元素所要放置的新位置,操作后向前移动,temp 指针始终指向 end 前的一个字符位置,即将要被向后移动的字符。

　　程序如下:

```
1  #include<stdio.h>
2  #include<string.h>
3  int main()
4  {    void insert_c(char * first);
5       char oper[80]="Themousebrokethecup.";
6       char * pfmt="the new string is : %s\n";
7       insert_c(oper);                    //对 oper 数组进行插入字符操作的函数
8       printf(pfmt,oper);
9       return 0;
10 }
11 void insert_c(char * head)
12 {    char * first, * end, * temp;
13      first=head;end=head+strlen(head);  //first 指向第 0 个元素,end 指向'\0'
14      for(; * first!='\0';first++)        //first 向数组尾移动
15         if( * first=='e')               //first 指针停在'e'字符处
16         {    * (end+1)='\0';            //设置新字符串结束标志
17              temp=end-1;                //temp 指向将要向后移动的字符
18              while(temp!=first)         //first 之前不会再有要移动的字符'e'
19              { * end--= * temp--; }      //先复制,然后向前移动指针
20              * (++first)=' ';  //先把 first 移到'e'后的一个元素,再使此元素为空格
21              end=head+strlen(head);     //使 end 指向数组尾,准备重复上述过程
22         }
23 }
```

程序运行结果与例 6-15 相同。

程序分析：

程序的 main 函数部分与例 6-15 基本相同。在第 5 行定义了一个用于操作的数组 oper，第 7 行用数组名作函数的实参。

第 11 行定义一个形参指针变量 head 用于接收来自实参的数组首地址，并永远指向该数组的首地址，以便计算因不断增加空格后新的数组长度。

第 12 行定义了 3 个指针变量。第 13 行使 first 指向了数组的首元素，通过计算数组长度使 end 指向数组尾（即'\0'）。

在第 14 行开始的循环语句中，利用指针 first++对数组的所有元素值进行比较。若 first 指针遇到整个数组中的第一个字符'e'（第 15 行），则把 end 指针当前所指元素的后一个元素值置为'\0'（第 16 行），然后令 temp 指向 end 前一个元素（第 17 行），再通过循环（第 18 行），逐个把 temp 所指元素的值赋给 end 所指元素（第 19 行）。上述循环过程使 end 指针和 temp 指针不断向前移动。因此，当 temp 指针和 first 指针相等时（第 18 行），表示 first 后至 end 之间的所有元素依次向后移动一个元素位置，所以可以将 first 后的一个元素赋值为' '（第 20 行）。

上述插入一个空格的过程使字符数组的长度增加了，为了再次给字符数组中的下一个字符'e'（如 mouse 中）后添加空格字符，需要重新确定指针 end 所指的位置，即需要重新度量字符串的长度（第 21 行）。这就可看出 head 始终指向数组首地址的意义了。当然，也需要使 first 指针指向字符数组中的下一个'e'字符（第 14 行中的 first++）。

6.5 指针与函数

视频讲解

6.5.1 指向函数的指针

在结构化程序设计方法中被称为模块的子程序，在 C 语言中称为函数。任何计算机的程序都必须由操作系统将其装入到内存，才能被执行。因此，程序开始执行的第一条指令所在的内存地址，就是该程序的入口地址。我们已经知道，C 语言的编译系统把所定义的数组的名称编译成数组的首地址，是指向该数组的指针。事实上，C 语言的编译系统也把函数的名称编译成该函数程序段的入口地址，因此函数名就是指向该函数的指针。

指针变量可以指向目标变量、数组，也可以指向函数。

定义一个指向函数的指针的一般形式如下：

类型说明符 (∗ 指针变量名)(参数列表);

其中，"类型说明符"是该指针变量所指函数的数据类型，即函数返回值的数据类型。"参数列表"应与其所指函数的参数列表相同。由此可见，该指针就是一个指向函数的指针，它只能指向函数的入口，不能像使用指向普通目标变量的指针变量那样对其进行算术运算。例如，不能进行 p+n、p++或 p--等操作。

另外,读者还要注意,由于优先级的关系,＊指针变量名两侧的括号不能省略。

【例 6-17】 用指向函数的指针变量调用函数,实现数据的降序排列输出。

```
1  #include<stdio.h>
2  int main()
3  {
4      void change(int * ,int * );
5      void ( * pfc)(int * ,int * );
6      int x=2,y=7;
7      int * pt1=&x, * pt2=&y;
8      pfc=change;
9      if(x < y) ( * pfc)(pt1,pt2);
10     printf("\n%d,%d\n",x,y);
11     return 0;
12 }
13 void change(int * p1,int * p2)
14 {
15     int temp;
16     temp= * p1;
17     * p1= * p2;
18     * p2=temp;
19 }
```

运行结果:

7,2

程序分析:

程序的第 5 行定义了一个指向函数的指针变量,该指针变量只能指向具有两个整型形参,且没有返回值的函数。第 8 行通过赋值语句的形式,将 change 函数的入口地址赋给指针变量 pfc,使其指向 change 函数,因此第 9 行中调用 ＊ pfc 就是调用 change 函数。

例如,程序中:

(＊ pfc)(pt1,pt2);

等价于

change(pt1,pt2);

即利用指向函数的指针变量进行函数调用。

第 5 章中介绍了函数的 3 种调用方式,其中一种方式是把函数调用作为一个函数的实参。例如:

num=aver (max(a,b),min(x,y));

这里,max(a,b)和 min(x,y)都是一次函数调用,它们各自的返回值将作为 aver 函数调用的实参。

由此可以看出,aver 函数有两个形参,并且这两个形参一定是指向函数的指针变量。在调用 aver 函数时,实参是两个函数名 max 和 min,由于函数名就是函数的入口地址,所以传递给形参的是函数 max 和 min 的入口地址,这样在 aver 函数中就可以调用 max 和 min 函数了。

【例 6-18】 指向函数的指针作为函数参数。

程序如下:

```
1  #include<stdio.h>
2  int main()
3  {
4      int aver (int (*p1)(int,int),int (*p2)(int,int));
5      int max(int,int),min(int,int);
6      int diff(int,int), prod(int,int);
7      int num;
8      num=aver(max,min);                    //最大值和最小值的平均值
9      printf("%d\n",num);
10     num=aver(diff, prod);                 //差和积的平均值
11     printf("%d\n",num);
12     return 0;
13 }
14 int aver(int (*p1)(int,int),int (*p2)(int,int))
15 {
16     int a=2,b=4,x=7,y=9;
17     return ((*p1)(a,b)+(*p2)(x,y))/2;
18 }
19 int max(int i,int j)
20 {
21     return ((i>j)? i:j);
22 }
23 int min(int m,int n)
24 {
25     return ((m <n)? m:n);
26 }
27 int diff(int i,int j)
28 {
29     if(i>j)  return (i-j);
30     else    return (j-i);
31 }
32 int prod(int m,int n)
33 {
34     if(m <n)  return (3*m);
35     else    return (4*n);
36 }
```

运行结果：

```
5
11
```

程序分析：

程序第 4~6 行声明了 5 个函数。在第 8 行的函数调用中用函数名 max 和 min 作实参，由于函数名就是函数程序的入口地址，因此第 14 行 aver 函数的两个形参 p1 和 p2 必须被定义成指向函数的指针变量。既然 p1 和 p2 分别是 max 和 min 函数的入口地址，所以在 aver 函数中可以通过 p1 和 p2 来调用函数 max 和 min（第 17 行）。

程序中对 aver 函数做了两次调用（第 8 行和第 10 行）。在没有对 aver 函数本身做任何修改的前提下，两次调用得到两个完全不同的结果，这是因为每次 aver 函数执行时，它所要调用的其他函数都是不同的（从两次调用 aver 函数的实参的不同可以看出）。之所以能够实现每一次 aver 函数执行时可以调用不同的函数，要归功于使用了指向函数的指针变量。

程序中的 p1 和 p2 是指向函数的指针变量，可以通过重新赋值的方法使其先后指向同类型的不同函数。例如，第 10 行的函数调用使用的实参是另外两个函数名 diff 和 prod，第 14 行的 p1 和 p2 分别接收的是 diff 和 prod 函数的入口地址，在第 17 行使用 p1 和 p2 时，就会分别调用 diff 和 prod 函数。这种方法增加了函数使用的灵活性。

在使用指向函数的指针变量时，要充分理解第 14 行中 int（* p1）(int,int) 是定义了一个指向函数的指针变量 p1，它可以指向具有两个 int 形参并且返回值为整型数据的函数。在为指向函数的指针变量赋值时，是把函数的入口地址赋给指针变量，不能把函数的参数也赋给指针变量。例如，正确的赋值为：

```
p1=max;
```

不能写成如下的赋值形式：

```
p1=max(a,b)
```

因为显然 p1 无法接收 a 和 b 的值。

在使用指向函数的指针变量调用函数时，则要根据定义时的函数形参列表要求写上实参，如程序第 17 行中的（* p1）(a,b)，在 aver 函数第一次执行时，它表示调用由 p1 所指向的函数 max（即调用 max），实参为 a、b。

6.5.2　返回指针的函数

视频讲解

为了保持模块化程序设计的特征，函数的一次调用只能有一个返回值，这使得函数之间的数据联系通道变得非常狭窄。使用全局变量可以增加函数间数据联系的渠道，但由于全局变量的一些副作用，所以非必要时不要使用全局变量。当然，利用指向数组的指针变量（或数组名）作函数的参数，也可以达到在主调函数中使用被调函数产生的多个数据的目的，前提一定要先在主调函数中分别定义多个指针变量及数组，然后使实参和形参是同一地址单元。对于那些没有利用指针变量或数组名作参数的主调函数,则无法使用被调函数中产生的数组、字符串或其他存储空间的内容。

为解决此问题,可以定义一个函数,其返回值是一个指针,指向保存被调函数所产生结果的存储区首地址(注意该区域不能被释放),主调函数通过这个指针来使用被调函数所产生的全部数据。

返回指针值的函数称为指针类型函数,其一般定义形式如下:

类型说明符　*函数名(形参列表)
{ 函数体 }

例如:

```
int * pt(int a,int b);
```

其中,pt 是函数名,因为()的优先级高于 *,所以先形成函数 pt(int a,int b),* 表示函数值是一个指向整型变量的指针。

【例 6-19】　利用返回指针值的函数编程,在主调函数中查看由被调函数生成的数据。

```
1  #include<stdio.h>
2  int main()
3  {
4      int * create(int);
5      int num1=12,num2=16,count;
6      int * browse;
7      browse=create(num1);
8      for(count=0;count <num1;count++)
9          printf(" %d", * browse++);
10     printf("\n");
11     browse=create(num2);
12     for(count=0;count <num2;count++)
13         printf(" %d", * browse++);
14     printf("\n");
15     return 0;
16 }
17 int * create(int num)
18 {
19     static int add[20];
20     int i;
21     int * pt=add;
22     for(i=0;i <num;i++)
23         add[i]=i;
24     return pt;
25 }
```

运行结果:

```
0 1 2 3 4 5 6 7 8 9 10 11
0 1 2 3 4 5 6 7 8 9 10 11 12 13 14 15
```

程序分析：

程序第 4 行定义了一个返回值指向整型数据的指针函数 create，当在第 7 行调用 create 函数时，第 19～23 行的程序段产生一个静态数组 add，并为 add 数组的各元素赋值。第 24 行则把 add 数组的首地址作为被调用函数 create 的返回值返回到第 7 行的函数调用处，使 browse 的值为 add 数组的首地址，在程序的第 9 行利用指针变量 browse 输出 add 数组各元素的值。

当第 11 行再次调用 create 函数时，由于第一次调用（第 7 行）时产生的是一个静态数组 add，并保存在静态存储区，函数调用结束后没有被释放，因此第 19 行不会再次定义 add 数组。

两次调用 create 函数得到了不同的数据集，利用返回指针值的函数，可以在主调函数中使用这些数据集。

6.6　指向指针的指针

6.6.1　间接访问

视频讲解

使用指针变量是一种对目标变量间接寻址的访问方式。本章前面所述的都是单级间接寻址，如图 6-16(a)所示，即指针变量 point_1 的值是目标变量 var 的地址。实际上，可以让指针变量 point_1 的值是另一指针变量 point_2 的地址，而 point_2 的值才是目标变量 var 的地址，如图 6-16(b)所示，这种方式称为多级间接寻址方式。一般多级间接寻址很少超过两级，因此图 6-16(b)也称为二级间接寻址。在多级间接寻址方式中，point_2 仍然是指向目标变量的指针，而 point_1 则称为指向指针的指针。

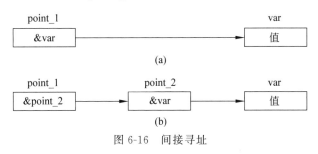

图 6-16　间接寻址

定义一个指向指针的指针变量的形式如下：

类型说明符 ＊＊指针变量名；

例如：

```
char **point;
```

由于 * 是右结合性的运算符, **point 相当于 * (* point)。括号内的 * point 表示定义 point 是一个指针变量, 而括号前又加了一个 * 后, 则表示指针变量 point 是指向一个指针变量的指针, 即 point 是一个指向指针的指针。因此, 在程序中引用指针变量时, 根据指向与被指向的表示形式, * point 就是被 point 所指向的另一个指针变量, 而 **point 就是被 point 所指的指针变量所指的目标变量。

【例 6-20】 输出图 6-16 中各变量的值。

```
1  #include<stdio.h>
2  int main()
3  {
4      int var=15;
5      int * point_2=&var;               //指向目标变量 var 的指针变量
6      int **point_1=&point_2;           //指向指针变量 point_2 的指针变量
7      printf("%o\n",point_1);
8      printf("%o\n", * point_1);
9      printf("%d\n", * * point_1);
10     return 0;
11 }
```

运行结果:

```
4577570
4577574
15
```

程序分析:

程序第 7 行输出 point_1 的值(即 point_2 的地址), 第 8 行输出 point_1 所指向的 point_2 的值(即 var 的地址), 第 9 行输出 var(即 point_2 所指目标变量)的值。

视频讲解

6.6.2 指针数组

指向指针的指针非常适合处理字符串。当有多个字符串时, 可以把每个字符串的首地址作为数组中的一个元素保存在数组中, 即用数组中的元素分别指向各字符串。

若数组的各元素均为指针类型, 则称此数组为指针数组, 其元素只能用于指向对象。

一维指针数组的定义形式如下:

类型说明符 * 数组名[数组长度];

例如:

```
int * arr[3];
```

在定义形式中, 由于下标运算符[]比指针运算符 * 的优先级高, 所以先定义有 3 个元素的数组 arr, 再定义其中的元素是指针型, 每个指针都可以指向一个整型目标变量。

【例 6-21】 使用指针数组的方法编写程序,查找库存商品中是否有指定名称的商品。

```
1   #include<stdio.h>
2   #include<string.h>
3   #define   N   5
4   int main()
5   {
6       int i,flag=0;
7       char * name[N]={"Television","Washer","Refrigerator","Microwave ovens",
8                       "Toaster"};
9       char stockname[80];
10      printf("please enter a merchandise'name: ");
11      gets(stockname);
12      printf("\n");
13      for(i=0;i<N;i++)
14          if(!strcmp(name[i], stockname))
15          {
16              flag=1;
17              break;                              //结束循环
18          }
19      if(flag)
20          printf("%s is in the stock..\n",stockname);
21      else
22          printf("%s isn't in the stock..\n", stockname);
23      return 0;
24  }
```

输入:

```
Washer
```

运行结果:

```
Washer is in the stock..
```

程序分析:

程序中 flag 是一个用来标记查询结果的变量,初始化为 0 表示库存中没有要查询的商品。第 7 行定义了一个指针数组 name,其元素分别用来存放表示库存商品名称的 5 个字符串的首地址。

从第 13 行开始的循环结构用来查找由第 11 行输入 stockname 数组中的商品名称是否存在,查找的方法是把 stockname 中的字符串与 name 数组中所有元素(是指针)所指的字符串逐个进行比较,若找到相同的商品名称,则 strcmp 函数的返回值为 0,经取反运算后,使 if 语句的条件为真,并置 flag 为 1,结束循环。若与所有元素所指的字符串比较后,没有找到相同的商品名称,则 strcmp 的返回值为非零。

第 19～22 行根据 flag 的值输出查找的结果。

特别要提醒读者注意的是,在这个程序中,指针数组的名称 name 是指向指针的指针,name+i 指向数组的第 i 个元素,而第 i 个元素的值又是指针,因此 name+i 是指向指针的指针。

6.7 main 函数的参数

C 语言的源程序文件经过编译、连接后生成的可执行文件(扩展名为.exe)可以脱离 C 环境独立运行,即在操作系统环境下,以命令行的形式运行 C 程序。

操作系统命令行的一般形式如下:

命令名 参数 1 参数 2 ⋯ 参数 n

命令名是 main 函数所在的可执行文件名,命令名和各个参数之间用空格分隔。

例如,在操作系统环境下运行一个程序,其功能是把 file2 文件的内容复制到 file1 文件中,命令如下:

```
copy  file1  file2
```

其中,copy 是包含 main 函数的可执行程序。

由于一个 C 程序总是从 main 函数开始执行,因此在操作系统环境下运行一个 C 程序,实际上是由操作系统来调用 main 函数,这与在程序中由某个函数调用另一函数的过程是完全相同的。现在的问题是 main 函数如何知道只对 file1 和 file2 两个文件进行复制,而不对其他的文件进行复制。从命令行的形式可以看出,这个问题其实就是如何把 file1 和 file2 两个命令行参数传递到 main 函数中去。

在此之前的例题程序中,我们一直都认为 main 函数是无参函数,实际上,main 函数可以是有参函数。例如:

```
int main( int argc, char * argv[])
```

两个形参用来接收从操作系统的命令行中传递过来的信息。其中,argc 是一个整型变量,用来接收命令行中字符串的个数,不同的命令所要求具有的参数个数不同。* argv[ ]是指针数组,用来保存命令行中各个字符串的首地址,如图 6-17 所示。图 6-17 中的 argv 是指针数组名,是指向指针的指针,其元素 argv[i]是字符型指针变量,分别指向各个字符串。

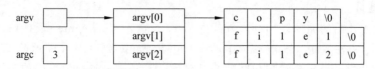

图 6-17 形参与命令行参数

【例 6-22】 编写含有 main 函数的源程序 output.c,编译、连接后生成可执行文件 output.exe,文件名 output 就是可以在操作系统提示符下执行的命令。执行此命令,输出命令行的参数。

```c
#include<stdio.h>
int main(int argc,char * argv[])
{
    int i;
    printf("The program name is : %s\n",argv[0]);
    printf("The command line has %d arguments\n",argc);
    if(argc>1)
    {
        printf("The other arguments are following :\n");
        for(i=1;i <argc;i++)
            printf("Argument %d :%s\n",i,argv[i]);
    }
    return 0;
}
```

在 DOS 环境下执行程序,命令行如下:

C:\> output programming language

程序运行后屏幕上显示:

```
The program name is: output
The command line has 3 arguments
The other arguments are following :
Argument 1: programming
Argument 2: language
```

习 题 6

1. 用指针为 3 个整型变量赋值,并按降序输出。

2. 用指针作函数参数,将 a 数组中的最小元素与 b 数组中最大元素交换,输出交换前后的 a、b 数组。

3. 编写程序,返回指向长度为 n 的一维数组中间元素的指针。若 n 为偶数,返回下标较小的中间元素(如 n=10,则中间元素为 a[4],而不是 a[5])。

4. 用指针作函数参数,找出二维数组主对角线上的最大元素,并计算主对角线元素之和。

5. 用指针作函数参数,不使用库函数,分别计算两个字符串的长度,并将两个字符串连接成一个字符串。

6. 利用指针作函数参数,将从键盘输入的字符串逆序存放,并输出。

7. 利用指针作函数参数,将从键盘输入的一个字符串中的大小写字母分别存为两个字符串,并输出。

8. 利用指针作函数参数,实现两个字符串的交换。

9. 利用指向指针的指针对 n 个字符串按升序排列后输出。

10. 利用指针作函数参数,将从键盘输入的字符串中的所有数字字符合并为一个整数并输出。

11. 有 n 个整数,利用指针使其前面各数顺序向后移 m 个位置,最后 m 个数变成最前面的 m 个数。

12. 利用指针作函数参数,对 n 个学生(每个学生有 4 门课程的学生成绩表)求每个学生的平均成绩,将 n 个学生的成绩按降序输出,再查找指定学生的各科成绩、平均成绩及排名序号。在主调函数输出以上查询结果。

13. 利用指针对 n 个整型数用冒泡法按升序排序,并输出。

14. 利用指针运算,在有 n 个整数的集合中,用二分法查找指定的数字。

第7章

结构体与共用体

前面章节中已经介绍了基本数据类型、数组和指针,但在实际应用中只有这些数据类型是不够的,有时还要定义一种新的数据类型来满足问题求解的需要。C 语言允许用户自定义各种不同的数据类型(如结构体类型和共用体类型)来表示一些比较复杂的数据结构。

7.1 结 构 体

在利用计算机进行数据处理时,数据一般由若干类型不同的数据项组成。例如,对学生信息进行管理,一个学生的基本信息包括学号、姓名、性别、年龄和学院等多个数据项。其中,学号为整型;姓名和院系应为字符数组;性别可为字符型或短整型;年龄应为整型数据。这几项数据对一名学生来说是一个整体,它们可以反映出学生的基本情况。如果用单个变量分别表示这几项,则不能体现出它们之间的内在联系,而这些项又无法保存在一个数组中。C 语言提供了一种构造类型——结构体,利用结构体可以把这些数据保存在一起,也就是把这些基本变量作为一个整体构成一个新的变量,这种变量就是结构体类型的变量。

结构体类型是一种构造类型,它由若干数据项组成,每一个数据项称为结构体的成员。在存储和使用结构体之前,必须对其类型进行定义。

7.1.1 结构体类型的定义

结构体类型定义的一般形式如下:

struct [结构体名]
{
    类型说明符 成员 1;
    类型说明符 成员 2;
    …
    类型说明符 成员 n;
};

其中，struct 是关键字，不能省略。结构体名为合法标识符，可以省略。如果省略结构体名，则称为无名结构体。

结构体由若干成员组成，成员名的命名应符合标识符的命名规则。对每个成员必须进行类型说明，其类型可以是基本数据类型、数组、指针或构造类型。把学生基本信息作为一个整体加以处理，需要定义以下结构体类型：

```
struct stu_info
{
    int no;                              //学号
    char name[20];                       //姓名
    char sex;                            //性别
    int age;                             //年龄
    char dept[30];                       //学院
};
```

上述语句定义了名为 stu_info 的结构体类型，它由 5 个成员组成，成员名与程序中的变量名可以相同，不会造成混淆。注意，括号"}"后面的分号是不可少的。

7.1.2　结构体类型变量定义

结构体类型是一个抽象的模型，定义一个结构体类型只是说明了这个结构体类型中数据项的组成规则，系统不需要为其分配内存单元。当程序中要存储结构体类型的数据时，需要先定义结构体类型的变量，然后在结构体变量中存放数据。定义结构体类型及结构体变量有以下 3 种方法。

（1）先定义结构体类型，再定义结构体变量。例如：

```
struct stu_info
{
    int no;
    char name[20];
    char sex;
    int age;
    char dept[30];
};
struct stu_info stu1;           //用 struct stu_info 定义结构体变量 stu1
```

（2）在定义结构体类型的同时定义结构体变量。例如：

```
struct stu_info
{
    int no;
    char name[20];
    char sex;
    int age;
```

```
    char dept[30];
}stu1;                          //在类型的"}"与";"之间定义结构体变量 stu1
```

（3）在定义无名结构体类型的同时定义结构体变量。例如：

```
struct
{
    int no;
    char name[20];
    char sex;
    int age;
    char dept[30];
}stu1;                          //无名结构体变量必须定义在类型的"}"与";"之间
```

上述 3 种方法都定义了结构体类型的变量 stu1。stu1 具有结构体类型的特征，由 no、name、sex、age 和 dept 5 个成员组成。也就是说，stu1 不是一个简单变量，它的值不是一个简单的整数、实数或字符，而是由多个基本数据组成的复合值。

stu_info 类型的所有成员都是基本数据类型或数组类型。成员也可以是结构体类型，即构成嵌套的结构体。例如：

```
struct date
{
    int year;
    int month;
    int day;
};
struct student
{
    int no;
    char name[20];
    char sex;
    struct date birthday;
    char dept[30];
}stu2;
```

首先定义一个结构体类型 date，其由 month、day、year 3 个成员组成。在定义结构体类型 student 时，其中的成员 birthday 被说明为 date 类型。结构体变量 stu2 中不仅要保存 no、name、sex 和 dept 这些基本成员变量，还要保存属于自己的 birthday 结构体变量。

一个结构体变量在内存中占用一块连续的存储空间，变量中的成员按照定义的先后在存储空间中依次排放。结构体变量所占的字节数是各成员所占字节数之和，可用 sizeof①(struct stu_info)求得结构体变量所占存储空间的大小。stu1 和 stu2 所占字节数

_____

① sizeof 是 C 语言的一个单目运算符，一般形式为 sizeof(操作数)。其作用是以字节形式给出操作数所占存储空间的大小。操作数可以是一个表达式或类型名。

分别如图 7-1 和图 7-2 所示。

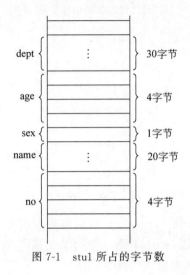

图 7-1　stu1 所占的字节数

图 7-2　stu2 所占的字节数

用"& 结构体变量名"表示结构体变量所占存储空间的首地址。

注意：结构体类型和结构体变量是两个不同的概念，不能混淆。结构体类型是一个模型，类似系统给定的基本类型，例如 int 型、float 型等。只是结构体类型是用户自定义的，而且可以有无数种。在程序中，先定义结构体类型，然后定义变量为该类型。结构体变量占用存储空间，结构体类型只提供分配存储空间的方案，不占用内存空间。对变量能够赋值、存取或运算，对类型则不能进行读写等存储类操作。

视频讲解

7.1.3　结构体变量的引用

在程序中使用结构体变量时，不能把它作为一个整体来使用。在 ANSI C 中除了允许具有相同类型的结构体变量可以相互赋值以外，一般对结构变量的使用，包括赋值、输入、输出和运算等都是通过结构变量的成员来实现的。

结构体变量中成员引用的一般形式如下：

结构体变量名.成员名

其中，"."是成员运算符，是 C 语言中优先级最高的运算符之一。例如，表达式 stu1.no 表示 stu1 变量中的 no 成员。

结构体成员表达式可以像普通变量一样单独使用，可以进行各种运算（由其类型决定可进行的运算），例如：

```
stu1.age=18;      //stu1.age 为 int 类型的变量
stu1.age++;       //由于.运算符的优先级高于++运算符，所以是对 stu1.age 进行自增 1 运算
strcpy(stu1.name, "Wang qiang ");
```

如果成员本身又是一个结构体变量，则必须逐级引用直到成员级为止。例如：

```
stu2.birthday.month
```

注意：不能用 stu2.birthday 表达式访问 stu2 变量中的 birthday 成员，因为 stu2.birthday 本身是一个结构体变量，并未引用到成员级。

7.1.4　结构体变量的赋值

结构体变量的赋值有以下 4 种方法。

（1）结构体变量可在定义时直接进行初始化。初始化数据放在大括号中，并根据成员变量的声明次序排列，同时初值应与对应成员的类型一致。例如：

```
struct stu_info stu1={42120101,"Zhang hua",'M',18, "College of Engineering"};
```

（2）用赋值语句为结构体变量的成员赋值。先定义结构体变量，然后为结构体变量的成员赋值，例如：

```
struct stu_info stu1;
stu1.no=42120101;
strcpy(stu1.name," Zhang hua ");
stu1.sex='M';
stu1.age=18;
strcpy(stu1.dept, " College of Engineering ");
```

另外，相同结构的结构体变量可以相互赋值，而不必逐个成员地多次赋值。例如：

```
struct stu_info stu1={42120101,"Zhang hua",'M',18, "College of Engineering"};
struct stu_info stu2;
stu2=stu1;
```

不允许将一组常量直接赋给结构体变量。例如：

```
struct stu_info stu1;
stu1={42120101,"Zhang hua",'M',18, "College of Engineering"};//错误赋值
```

上述赋值错误，应分别赋给结构体变量的各成员。

（3）通过标准输入函数输入结构体成员的值。例如：

```
struct stu_info stu1;
scanf("%s%d%c%d%s",stu1.name,&stu1.no,&stu1.sex,&stu1.age,stu1.dept);
printf("%d\t%s\t%c\t%d\t%s\n",stu1.no,stu1.name,stu1.sex,stu1.age,stu1.dept);
```

不能对结构体变量进行整体的输入与输出。例如：

```
scanf("%d,%s,%c,%d,%s",&stu1);                              //错误
printf("%d,%s,%c,%d,%s",stu1);                              //错误
```

这些语句都是不被允许的，只能对结构体成员进行输入与输出。

（4）从磁盘文件中读入数据赋给结构体变量的成员。

【例 7-1】 为结构体变量的成员赋值并输出其值。

```c
#include<stdio.h>
int main()
{
    struct stu_score                    //定义结构体类型 stu_score
    {
        int no;
        char name[20];
        char sex;
        float score[2];
    } student1,student2;                //定义 stu 类型的变量 student1、student2
    student1.no=42120105;
    strcpy(student1.name,"王强");
    scanf("%c%f%f",&student1.sex,&student1.score[0],&student1.score[1]);
    student2=student1;                  //把 student 1 整体赋给 student 2
    printf ("no=%d\nname=%s\nsex=%c\n", student2.no, student2.name,
    student2.sex,);
    printf ("score1=%5.1fscore2=%5.1f\n",student2.score[0],student2.score[1]);
    return 0;
}
```

输入：

M 85.5 90

运行结果：

no=42120105
name=王强
sex=M
score1=   85.5   90.0

程序分析：

用赋值语句为 student1.no 和 student1.name 两个成员赋值,调用 scanf 函数输入 student1.sex、student1.score[0]和 student1.score[1]成员的值,然后把 student1 的所有成员值整体赋给 student2,最后分别输出 student2 的各成员值。

视频讲解

7.1.5 结构体数组

一个结构体变量可以存储一个学生的信息,如果有多个学生信息,则需要多个结构体变量。数组元素也可以是结构体类型,因此可以构成结构体数组。结构体数组中的每一个元素都是具有相同结构体类型的结构体变量,每一个元素又包括该元素的若干成员。在实际应用中,经常用结构体数组来表示具有相同数据结构的一个群体。

例如描述一个班级的学生,可以用结构体类型中的各成员变量描述学生的不同属性,再用结构体数组就可以保存一个班级的学生情况，以便使用循环对数组元素进行统一处理，优化算法。

1. 结构体数组的定义

结构体数组的定义方法和结构体变量的定义方法相似，也有 3 种方式。

（1）先定义结构体类型，再定义结构体数组。例如：

```
struct stu_score
{
    int no;
    char name[20];
    char sex;
    float score[3];
};
struct stu_score stu[2];            //用 struct stu_score 定义结构体数组 stu
```

（2）在定义结构体类型的同时定义结构体数组。例如：

```
struct stu_score
{
    int no;
    char name[20];
    char sex;
    float score[3];
} stu[2];                           //定义在类型的"}"与";"之间的结构体数组 stu
```

（3）在定义无名结构体的同时定义结构体数组。例如：

```
struct
{
    int no;
    char name[20];
    char sex;
    float score[3];
} stu[2];                  //无名结构体数组 stu
```

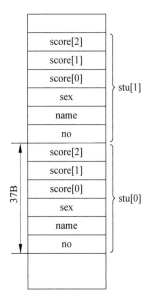

上述 3 种方法均定义了一个由两个元素组成的结构体数组 stu，每个数组元素是一个 struct stu_score 类型的结构体变量。数组各元素在内存中连续存放，数组所占的字节数如图 7-3 所示。

结构体数组元素的成员引用方式如下：

数组名[下标].成员名

例如：

```
stu[0].no、stu[1].score[0]
```

图 7-3　数组 stu 所占的字节数

2. 结构体数组的初始化

在定义结构体数组时可以进行初始化,将每个元素的初值用大括号括起来。例如:

```
struct stu_score stu[2]={{41120101,"Li ming",'M',83.5,78,91.5},{41120102,
"Wang qiang",'M',96,81.5,71.5}};
```

也可以依次给出每个元素的每个成员的初值。例如:

```
struct stu_score stu[2]={41120101,"Li ming",'M',83.5,78,91.5,41120102,
"Wang qiang",'M',96,81.5,71.5};
```

当对全部元素进行初始化赋值时,可省略数组长度。

【例 7-2】 有 5 名学生,每名学生有 3 门成绩,求出每个学生的总分及总分最高的学生,并输出。

```c
#include<stdio.h>
struct stu_score
{
    int no;
    char name[20];
    float score[3];
} stu[5];
int main()
{
    int i,k=0;
    float sum,max;
    for(i=0;i<5;i++)
    {
        scanf("%d%s",&stu[i].no,stu[i].name);
        scanf("%f%f%f",&stu[i].score[0], &stu[i].score[1], &stu[i].score[2]);
    }
    sum=max=stu[0].score[0]+stu[0].score[1]+stu[0].score[2];
                                        //将第 1 个学生的总分赋给 sum、max
    for(i=0;;)
    {
        printf("no=%10d name=%20s sum=%6.1f\n",stu[i].no,stu[i].name,sum);
        i++;
        if(i==5)   break;
        sum=stu[i].score[0]+stu[i].score[1]+stu[i].score[2];
        if(max<sum)
            {k=i; max=sum; }
    }
    printf("number one is :\n");
    printf("no=%10d name=%20s\n",stu[k].no,stu[k].name);
    return 0;
}
```

输入：

```
41120101  wangkai   78 68 94
41120102  zhangyu   68 98 78
41120103  fengqiang 64 71 53
41120104  huanglan  68 84 82
41120105  lifeng    78 98 85
```

运行结果：

```
no=41120101   name=wangkai     sum=240.0
no=41120102   name=zhangyu     sum=244.0
no=41120103   name=fengqiang   sum=188.0
no=41120104   name=huanglan    sum=234.0
no=41120105   name=lifeng      sum=261.0
number one is:
no=41120105   name=lifeng
```

程序分析：

程序中定义了一个外部结构体数组 stu，包含 5 个元素。在 main 函数中，依次从键盘输入数据赋给每个数组元素的每个成员，用 for 语句逐个求出每个学生的总分并存入 sum 中，然后求出总分最高的数组元素的下标，输出每个学生的学号、姓名和总分，以及总分最高学生的学号和姓名。

7.1.6　文件结构体

视频讲解

在 C 语言中，为了处理文件，系统提供了 FILE 结构体类型，在 stdio.h 文件中定义。在 VS 2010 中 FILE 定义为：

```
typedef struct        //为了便于理解,定义部分略有改动
{
    char * _ptr;      //文件读或写的下一个位置,随着操作不断移动
    int   _cnt;       //缓冲区中剩余的字节数
    char * _base;     //文件的起始位置,固定不变
    int   _flag;      //文件标识
    int   _file;      //文件的有效性验证
    int   _bufsiz;    //文件缓冲区大小
    ...
}FILE;                //typedef 关键字为该无名结构体定义了别名:FILE
```

每当打开一个文件时，系统为其在内存中开辟一个 FILE 型结构体变量的存储区域，用来存放该文件的相关信息，包括文件名、文件状态和文件当前位置等，并将文件中的数据加载到文件缓冲区。

文件缓冲区是操作系统为了使 CPU 能够读写保存在外部设备(如硬盘)中的一个文件，而为该文件在内存中开辟的存储区域。当 C 语言程序对数据文件进行读写时，不能

直接对磁盘进行读写,而是借助文件缓冲区。将程序运行的结果存到磁盘文件时,先将结果数据送到文件缓冲区,当装满缓冲区后一次性写入磁盘文件;当从磁盘文件读取数据赋给程序变量时,先从磁盘文件中一次将一批数据送到内存装满缓冲区,然后再从缓冲区逐个将数据送到程序数据区,赋给程序变量。

在程序中要对文件进行操作时,先使用 FILE 类型来定义未初始化的文件指针变量,例如

```
FILE * fp;
```

将 fp 指向打开文件的 FILE 型结构体变量,由 fp可找到此文件的 FILE 结构体变量,按结构变量提供的信息找到该文件的文件缓冲区地址,再实施对文件数据的操作。

例如,用 fp 指针指向一个文本文件,假定该文本文件的内容为字符串"1234567890",下一个读或写的字符是'3',则该文件的结构体变量和文件缓冲区在内存中的情况如图 7-4 所示。fp 指针指向该文件的结构体变量;该结构体变量中的_base 指针指向文件缓冲区的起始地址;_bufsize 是文件缓冲区的大小;_ptr 指针(文件内部位置指针)指向下一个将要读或写的字节;_cnt 保存在文件缓冲区中剩余有效数据的字节数。

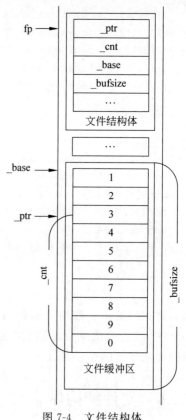

图 7-4　文件结构体

视频讲解

7.1.7　文件数据块读写函数

数据块读写函数是以数据块为单位进行文件读写的。当一次要从文件中存取一组数据(例如,一个数组、一个结构体变量的值)时,可以使用 fread 和 fwrite 函数。fread 和fwrite 函数一般用于读写二进制文件。

读数据块函数调用的一般格式为:

fread(buf,size,count,fp);

写数据块函数调用的一般格式为:

fwrite(buf,size,count,fp);

函数参数说明:

buf 是一个指针,可以是变量地址、数组首地址或指针变量。在 fread 函数中,buf 表示从文件中读取的数据存放的首地址,其指向位置必须可写。在 fwrite 函数中,buf 表示存放要输出到文件中的数据的首地址。

size 为单个数据块的字节数,count 为要读取的数据块的块数,fp 为文件指针。

fread 函数的功能是从 fp 所指向的文件中读取单个数据块长度为 size 的 count 个数据块，并将它存到以 buf 为首地址的存储单元中。

fwrite 函数的功能是将 buf 所指的存储单元中 count 个长度为 size 的数据块写到 fp 所指向的文件中。

如果 fread 和 fwrite 函数调用成功，则函数返回值为 count 的值。

例如，从 in.dat 文件中读取数据块赋给实型数组 f。

```
float f[2];
FILE   * fp;
fp=fopen("int.dat","rb");
read(f,4,2,fp);               //等价于 for(i=0;i<2;i++)  fread(&f[i],4,1,fp);
```

【例 7-3】　建立一个学生成绩文件，其中包含 3 名学生的学号、姓名及三门成绩，再从文件中读取数据并输出到屏幕上。

```
#include <stdio.h>
#include <stdlib.h>
#define SIZE 3
struct student
{
    int num;
    char name[10];
    int score[3];
}stu[SIZE];
void save();
void display();
int main()
{
    int i;
    for(i=0;i<SIZE;i++)
        scanf("%d %s %d %d %d",&stu[i].num,stu[i].name,
        &stu[i].score[0],&stu[i].score[1],&stu[i].score[2]);
    save();
    display();
    return 0;
}
void save()
{
    FILE * fp;
    int i;
    if((fp=fopen("stu_score.dat","wb"))==NULL)
                                //以只写方式打开二进制文件 stu_score.dat
    {
        printf("cannot open file\n");
        exit(0);
```

```
        }
        for(i=0;i<SIZE;i++)
            if(fwrite(&stu[i],sizeof(struct student),1,fp)!=1)
                                        //将结构体数组元素 stu[i]数据写入文件
                printf("file write error\n");
        fclose(fp);
    }
    void display()
    {
        FILE * fp;
        int   i;
        struct student stud[SIZE];
        if((fp=fopen("stu_score.dat","rb"))==NULL)
                                        //以只读方式打开二进制文件 stu_score.dat
        {
            printf("cannot open file\n");
            exit(0);
        }
        for(i=0;i<SIZE;i++)
        {
            fread(&stud[i],sizeof(struct student),1,fp);
            //从文件中读取一个数据块存到结构体数组元素 stu[i]中
            printf("%d %s %d %d %d\n",stud [i].num,stud[i].name,
            stud[i].score[0],stud[i].score[1],stud[i].score[2]);
        }
        fclose(fp);
    }
```

输入：

```
20120101 zhang 70 82 76
20120102 wang 89 92 85
20120103 zhao 86 74 89
```

运行结果：

```
20120101 zhang 70 82 76
20120102 wang 89 92 85
20120103 zhao 86 74 89
```

程序分析：

本程序定义了全局结构体数组 stu，以及函数 main、save 和 display。

在 main 函数中，从键盘输入 3 个学生数据赋给数组 stu，然后调用 save 函数。

在 save 函数中，执行语句"fwrite(&stu[i],sizeof(struct student),1,fp);"，依次将每个数组元素 stu[i]的值写入文件 stu_score.dat 中。每个数组元素相当于一个数据块，其块的大小由 sizeof(struct student)计算而得。

main 函数调用 display 函数。在 display 函数中，执行语句"fread（&stud[i],sizeof（struct student）,1,fp）;"，从文件 stu_score.dat 中读取数据块依次赋给结构体数组元素 stud[i]，然后将数组 stud 中的数据输出到屏幕上。

因为文件以二进制方式打开，数据存入文件 stu_score.dat 时不进行 ASCII 的转换，因此用记事本等文本编辑软件打开 stu_score.dat 文件将无法看到正确的信息。但这不代表输出文件出错，而是文件中的数据不是 ASCII，无法用文本编辑软件查看。

7.1.8 结构体指针变量

视频讲解

用来指向一个结构体变量的指针变量称为结构体指针变量。结构体指针变量中的值是所指向的结构体变量的首地址，通过结构体指针变量可以访问该结构体变量。

1. 结构体指针变量的定义

定义结构体指针变量的一般形式如下：

struct 结构体类型名 ∗ 结构体指针变量名;

例如，在前面的例题中定义了 stu_info 结构体类型，若要定义一个指向 stu_info 类型的指针变量 p，可写为：

    struct stu_info * p;   //指针变量的大小为 4 字节

当然也可在定义 stu_info 结构时同时说明 p 为结构体指针变量。

2. 结构体指针变量的赋值

结构体指针变量必须先赋值后使用。赋值是把结构体变量的首地址赋给指针变量，例如：

    struct stu_info stu, * p=&stu;

则 p 指向了结构体变量 stu，如图 7-5 所示。结构体指针变量只能指向结构体变量而不能指向其成员，例如，不能写成 p＝&stu.no。

3. 结构体指针变量的引用

定义一个结构体指针变量并赋值之后，就可以通过结构体指针变量访问它所指向的结构体变量的成员，访问方式如下：

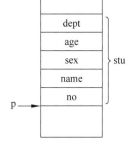

图 7-5　结构体指针 p 指向结构体变量 stu

(∗ 结构体指针变量).成员名

或

结构体指针变量->成员名

例如：

    (* p).no;   或   p->no;

注意：

（1）（＊p）两侧的括号不可少，因为成员运算符.的优先级高于＊。若去掉括号则变成 ＊p.no，等价于＊(p.no)，表达式的意义就完全不同了。

（2）（＊p）.no 或 p->no 均表示 p 所指向的结构体变量的 no 成员。

（3）p->n++表示先用 p 所指向的结构体变量的 no 成员的值作为 p->n++表达式的值，然后再使 no 成员的值增 1 同（p->n）++。

（4）++p->n 表示先使 p 所指向的结构体变量的 no 成员的值增 1，然后将增 1 后的 no 成员的值作为++p->n 表达式的值，同++(p->n)。

【例 7-4】 结构体变量成员的 3 种引用方法。

```c
#include<stdio.h>
struct stu_score
{
    int no;
    char name[20];
    char sex;
    float score[2];
};
int main()
{   struct stu_score stu1, * p=&stu1;
    stu1.no=42120105;
    strcpy(stu1.name,"Wang qiang");
    scanf("%c%f%f",&(*p).sex,&p->score[0],&p->score[1]);
    printf ("no=%d\nname=%s\nsex=%c\n", stu1.no, (*p).name, (*p).sex);
    printf ("score1=%5.1f\nscore2=%5.1f\n", p->score[0], p->score[1]);
    return 0;
}
```

输入：

```
M  85.5  96
```

运行结果：

```
no=42120105
name=Wang qiang
sex=M
score1=  85.5
score2=  96.0
```

程序分析：

本程序中定义了一个外部的结构体类型 stu_score。在 main 函数中，定义了 stu_score 类型的结构变量 stu1 和结构体指针变量 p，将 stu1 的地址赋给 p，因此 p 指向 stu1。然后给 stu1 各成员赋值，在输出各成员值时用 3 种形式引用 stu1 的各个成员。

结构体变量成员的下述 3 种引用方法完全等效：

结构体变量名.成员名⇔(＊结构体指针变量名).成员名⇔结构体指针变量名->成员名

4. 用结构体指针变量指向结构体数组

结构体指针变量可以赋值为一个结构体数组名,这时结构体指针变量的值是整个结构体数组的首地址。结构体指针变量也可以指向结构体数组的一个元素,这时结构体指针变量的值是该数组元素的首地址。

设有以下定义:

```
struct stu_score stu[3], * p=stu;
```

p 为 stu_score 类型的指针变量,将结构体数组 stu 的首地址赋给 p,则 p 指向该结构体数组的 0 号元素。由于表达式 p+1 相对 p 所增加的值为结构体数组的一个元素所占的字节数,所以表达式 p+1 指向 1 号元素,同理,表达式 p+i 指向 i 号元素,如图 7-6 所示。

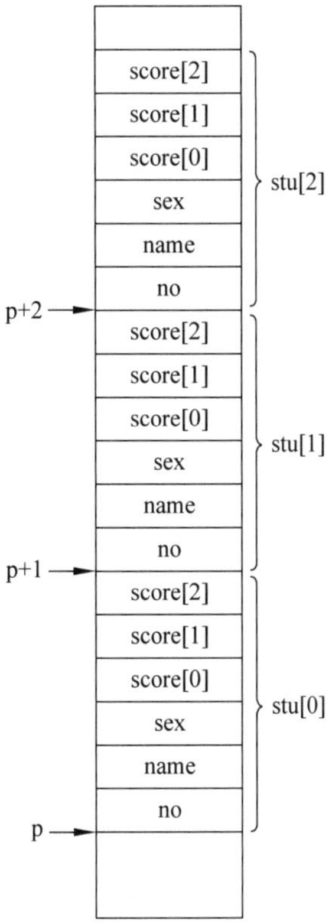

【例 7-5】 用指针变量输出结构体数组。

```c
#include<stdio.h>
struct stu_score
{
    int no;
    char name[20];
    char sex;
    float score[2];
};
int main()
{
    struct stu_score * p,stu[ ]={
    {41120201, "Zhang yu", 'M', 68.5, 80},
    {41120202, "Wu hua", 'F', 88.5, 96},
    {41120203, "Feng kai", 'M', 82, 69}};
    for(p=stu;p < stu+3;p++)
    {
        printf ("no=%-10dname=%-20ssex=%-3c", p->no, p->name, p->sex);
        printf ("score1=%-5.1fscore2=%-5.1f\n", p->score[0], p->score[1]);
    }
    return 0;
}
```

图 7-6　结构体指针 p 指向结构体数组 stu

运行结果:

```
no=41120201   name=Zhang yu        sex=M   score1=68.5 score2=80.0
no=41120202   name=Wu hua          sex=F   score1=88.5 score2=96.0
no=41120203   name=Feng kai        sex=M   score1=82.0 score2=69.0
```

程序分析:

在程序中,定义了外部结构体类型 stu_score。在 main 函数内定义了 stu_score 类型的指针变量 p 和结构体数组 stu,并为数组赋初值。在 for 语句中先将 stu 赋给 p,使 p 指向 stu[0],输出 stu[0]的各成员值。然后 p 自增 1,使 p 指向 stu[1],输出 stu[1]的各成员值。再使 p 自增 1,p 指向 stu[2],输出 stu [2]的各成员值。p 再增 1,若循环条件不满足,循环结束。

注意:一个结构体指针变量虽然可以指向一个结构体变量或一个结构体数组元素,但是不能指向一个结构体成员。即不允许将一个成员的地址赋给结构体指针变量。因此,下面的赋值是错误的:

```
p=&stu[0].no;
```

只能是:

```
p=stu;                          //赋数组首地址
```

或者是:

```
p=&boy[0];                      //赋数组元素首地址
```

(++p)-> no 表示先使 p 自增 1,指向下一个元素,然后得到它所指向的元素的 no 成员值。

(p++)-> no 表示先得到 p->no 的值,然后使 p 自增 1,指向下一个元素。

7.1.9　用结构体数据作函数参数

视频讲解

将结构体数据传递给另一个函数,有以下 3 种方法。

(1)用结构体变量的成员作函数参数。例如,用 stu[0].no、stu[0].name 等结构体成员作函数实参,将实参值传递给形参,用法和普通变量做实参一样,属于"值传递"方式。

(2)用指向结构体变量或数组的指针作函数参数。例如,用 &stu[0]或 stu 等作函数实参,是将结构体变量 stu[0]的地址或结构体数组 stu 的首地址传递给形参,形参必须是同类型的结构体指针变量或结构体数组,属于"地址传递"方式。

(3)用结构体变量作函数参数。例如,用 stu[0]作函数实参,是将整个结构体作为函数参数传递,形参必须是同类型的结构体变量。

用结构体变量作函数参数时,要将全部成员的值进行传送。当成员为数组时,传送的时间和空间开销将会很大,严重地降低了程序的效率。而且,由于采用值传递方式,如果在执行被调用函数期间改变了局部变量(也是结构体变量)的值,该值不能返回主调函数,这往往造成使用上的不便。因此最好的办法就是使用指针,即用指针变量作函数参数进行传送。这样实参传向形参的只是地址,因此减少了时间和空间的开销。

【例 7-6】　分别用结构体变量和结构体指针变量作函数参数,注意二者的区别。

```
#include<stdio.h>
struct stru
{
    int a;
    int b;
```

```
};
int main()
{
    void swap1(struct stru n);
    void swap2(struct stru * p);
    struct stru m1,m2;
    scanf("%d%d",&m1.a,&m1.b);
    scanf("%d%d",&m2.a,&m2.b);
    swap1(m1);
    printf("m1.a=%-5dm1.b=%-5d\n",m1.a,m1.b);
    swap2(&m2);
    printf("m2.a=%-5dm2.b=%-5d\n",m2.a,m2.b);
    return 0;
}
void swap1(struct stru n)
{
    int t;
    t=n.a;  n.a=n.b;  n.b=t;
}
void swap2(struct stru * p)
{
    int t;
    t=p->a;  p->a=p->b;  p->b=t;
}
```

输入：

5 50
10 100

运行结果：

m1.a=5   m1.b=50
m2.a=100 m2.b=10

程序分析：

本程序中定义了 struct stru 类型的结构体变量 m1 和 m2,并从键盘输入数据赋给它
们的两个成员。首先调用 swap1 函数,将实参 m1 的成员值全部传送给形参 n,然后交换
n 的两个成员 n.a 和 n.b 的值,swap1 函数调用结束后,可以观察到输出的主函数变量
m1 的两个成员 m1.a 和 m1.b 的值并没有改变。再调用 swap2 函数,将 m2 的首地址作
为实参传递给形参 p,p 就指向了结构体变量 m2,然后交换 p 所指向的 m2 的两个成员
p->a 和 p->b 的值。swap2 函数调用结束后,输出的主函数变量 m2 的两个成员 m2.a 和
m2.b 的值完成了交换。

7.2　共　用　体

7.2.1　共用体类型的定义

在实际应用中,有时需要将几种不同类型的变量存放到同一段存储空间中。这几个变量在内存中占的字节数不同,存储方式也不同,但都从同一地址开始存放,也就是同址不同名的几个变量互相覆盖,共享这段存储空间。

这种几种不同类型的变量占用同一段内存空间的结构称为共用体(又称联合体)。共用体也是一种构造类型的数据结构,它的类型定义、变量定义及引用方式与结构体相似,但又有本质的区别:结构体变量的各成员占用连续的不同存储空间,一个结构体变量所占的总长度是各成员长度之和。而共用体变量的各成员占用同一个存储区域,一个共用体变量的长度等于各成员中最长成员的长度。

共用体类型定义的一般格式如下:

union　[共用体名]

{

　　类型说明符 成员1;

　　类型说明符 成员2;

　　　　⋮

　　类型说明符 成员n;

};

其中,union 是关键字,共用体名和成员名由用户指定,但要符合标识符的规定。共用体由若干个成员组成,对每个成员必须做类型说明,其类型可以是一个基本数据类型,也可以是一个构造类型。例如:

```
union data
{    short a;
     char c;
     float x;
};
```

以上程序定义了一个名为 data 的共用体类型,它有 3 个成员,即短整型成员 a、字符型成员 c 和实型成员 x。

7.2.2　共用体变量的定义

共用体变量的定义和结构变量的定义相似,首先,必须构造一个共用体数据类型,再定义具有这种类型的变量。

共用体变量的定义方式和结构体变量的定义方式相同,也有3种形式。

(1) 先定义共用体类型,再定义该类型的共用体变量,例如:

```
union data
{    short a;
     char c;
     float x;
};
union data d,s[4],*p;              //用 union data 定义共用体变量、数组与指针
```

(2) 在定义共用体类型的同时定义该类型的共用体变量,例如:

```
union data
{    short a;
     char c;
     float x;
}d,s[4],*p;                        //定义在共用体类型的"}"与";"之间的共用体数据
```

(3) 在定义无名共用体时定义共用体变量,例如:

```
union
{    short a;
     char c;
     float x;
}d,s[4],*p;                        //无名共用体数据必须定义在类型的"}"与";"之间
```

上述3种方法都定义了 data 类型的共用体变量 d、共用体数组 s 和共用体指针变量 p。

共用体变量 d 包括成员 a、c、x,这3个成员所占的存储空间字节数不同,但都从同一起始地址开始存储,共用同一段存储空间。变量 d.x 所占的存储空间为所有成员中最长的成员的长度,即4字节,如图7-7所示。

共用体数组 s 有4个元素,每个元素是一个 union data 类型的变量,为每个元素分配4字节的存储空间,如图7-8所示。

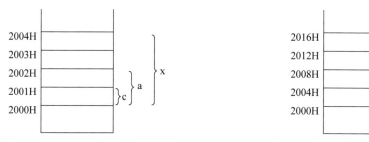

图 7-7　共用体变量 d 所占的字节数　　　图 7-8　共用体数组 s 所占的字节数

7.2.3　共用体变量的引用和赋值

共用体变量的引用和结构体变量的引用一样,不能对一个共用体变量作为整体来引

用,只能引用其中的成员。

引用共用体变量中成员的一般形式如下:

共用体变量名.成员名;

例如,定义 data 类型的变量 d 后,可对其成员 d.a、d.c 和 d.x 进行相应类型的运算。另外,也可以通过共用体指针变量引用共用体变量的成员,例如:

```
union data * p,d;
p=&d;
p->a=10;
```

说明:

(1) 定义共用体变量时,若需要对共用体变量初始化,只能对它的第一个成员赋初始值,不能对其所有成员赋初始值,例如:

```
union data d={100};                      //正确
union data d={100, 'a ',56.78};          //不正确
```

(2) 对于共用体变量的赋值,不允许只用共用体变量名做赋值或其他操作,并且每次只能赋予一个成员值,例如:

```
union { int i; char ch; float f; }d;d=1;     //不正确
union { int i; char ch; float f; }d;d.i=1;   //正确
```

(3) 虽然共用体数据可以在同一内存空间中存放多个不同类型的成员,但在某一时刻只能存放其中的一个成员,起作用的是最后存放的成员数据,如引用其他成员,则数据无意义,例如:

对 data 类型的共用体变量 d,有以下语句:

```
d.a=100;  scanf("%c",&d.c);  d.x=90.5;
```

则只有 d.x 是有效的,d.a 与 d.c 的数据目前是无意义的,因后面的赋值语句将前面共用体数据覆盖了。

(4) 共用体变量的地址及各成员的地址相同,即 &d、&d.a、&d.c 和 &d.x 均是同一地址。

(5) 共用体与结构体可以相互嵌套使用。

(6) 不能用共用体变量作为函数参数,也不能使函数带回共用体变量,但可用指向共用体变量的指针做函数的参数。

【例 7-7】 共用体变量的成员值有效性分析。

```
#include<stdio.h>
union data
{
    short i;
    char str[3];
}a;
int main()
```

```
{
    a.str[0]='x',a.str[1]='y',a.str[2]='z';
    a.i=24897;
    printf("i=%hd\n",a.i);
    printf("str[0]=%c\nstr[1]=%c\nstr[2]=%c\n",a.str[0],a.str[1],a.str[2]);
    return 0;
}
```

运行结果：

```
i=24897
str[0]=A
str[1]=a
str[2]=z
```

程序分析：

共用体变量 a 共占用 3 字节的存储空间,执行"a.str[0]='x',a.str[1]='y',a.str[2]='z';"语句后,a 所对应的存储区域中的数据如图 7-9(a)所示。因为 a 的成员 i 与成员 str 所占用的内存单元是重叠的,a.i 占用前 2 字节,所以执行"a.i=24897;"后,将刚才 a 中的前 2 字节中的数据覆盖了,a 所对应的存储区域中的数据如图 7-9(b)所示。执行第一个 printf 函数调用语句,将 a 前 2 字节中的数据按十进制整数输出,接着执行第二个 printf 函数调用语句,将 a 的每字节中的数据按字符形式输出。

a.str[0]	a.str[1]	a.str[2]		a.i=24897		
01111000	01111001	01111010		01000001	01100001	01111010
(a)				(b)		

图 7-9　例 7-7 图示

注意：在图 7-9 中,连续的存储单元按照从左到右地址增加的方式排列。在图 7-9(b)中,整数 24897 按照小端存储模式进行存储。

小端存储模式：较高的有效字节存放在较高地址的存储器中,较低的有效字节存放在较低地址的存储器中。

大端存储模式：较高的有效字节存放在较低地址的存储器中,较低的有效字节存放在较高地址的存储器中。

因此,图 7-9(b)中的 01000001 是 24897 的二进制等值数的低 8 位,01100001 则是高 8 位。

7.3　用 typedef 定义类型

视频讲解

前面章节中已经介绍了 C 语言的各种数据类型,例如基本数据类型、数组、指针以及用户自定义类型,并在程序中用这些数据类型定义变量。C 语言还允许用户用 typedef 声明新的类型名来代替已有的数据类型名,即别名,然后用别名声明变量。

其一般形式如下:

typedef 原类型名 新类型名

其中,原类型名必须是系统提供的数据类型或用户已定义的数据类型,新类型名一般用大写表示,以便于区别。

例如,int 是整型变量的类型说明符,其完整写法为 integer。为了增加程序的可读性,可将整型说明符用 typedef 定义为:

typedef int INTEGER;

在此给已有的类型 int 起了个别名 INTEGER,这样以后就可以用 INTEGER 来代替int 作整型变量的类型说明,例如:

```
INTEGER x,y;
```

等价于

```
int x,y;
```

用 typedef 定义数组、指针、结构体等类型将给用户带来很大的方便,不仅可以使程序书写更加简单,而且可以使意义更为明确,因而增强了程序可读性。

(1) 为数组类型命名。例如:

```
typedef int SCORE[100];
SCORE a,b;
```

在此声明了一个含有 100 个元素的整型数组类型 SCORE,并用 SCORE 定义了两个整型数组 a 和 b,等价于"int a[100],b[100];"。

(2) 为指针类型命名。例如:

```
typedef char * STRPOINT;
STRPOINT p,s[5];
```

在此声明了 STRPOINT 为字符指针类型,并用 STRPOINT 定义了字符指针变量 p和指针数组 s,等价于"char * p, * s[5];"。

(3) 为结构体和共用体类型命名。例如:

```
typedef struct list
{
    int data;
    struct list * next;
}SLIST;
SLIST h,s[5], * p;
```

将一个结构体类型 struct list 命名为 SLIST,用 SLIST 定义了结构体变量 h、结构体数组 s 以及指向该结构体类型的指针变量 p。

注意：利用 typedef 声明只是对已存在的类型增加了一个类型名,而没有定义新的类型。

7.4　动　态　链　表

本书第 4 章介绍过,数组是具有相同类型数据的集合,元素的个数是定义时规定好的,在整个程序中固定不变,需要预先为数组分配连续的内存空间。但在实际应用中,有时数据的个数无法预先确定,所需的内存空间取决于程序执行时实际输入的数据个数。显然,对于这种情况,数组无法解决。为了解决上述问题,C 语言提供了一些内存管理函数,可以按需要动态地分配内存空间。所谓动态内存分配就是指在程序执行的过程中根据程序的需要即时分配,且分配的大小就是程序要求的大小,也可以把不再使用的空间回收待用,从而有效地利用内存资源。

7.4.1　动态存储分配

在程序运行过程中无法为动态获取的内存空间命名,因此必须事先定义好指针来指向新获取的动态内存空间。动态内存的使用及回收都由指针完成。C 语言中提供了以下函数来实现动态存储分配和释放,这些函数包含在 stdlib.h 或 malloc.h 中。

1. 分配内存空间函数 malloc

其调用形式如下：

(类型说明符 *)malloc(size);

malloc 函数用于在内存中动态获取一个大小为 size 字节的连续存储空间,将返回一个定义类型的指针。若分配成功,返回所分配的空间的起始地址;否则,返回空指针（NULL）。例如：

```
char * p;
p=(char * )malloc(20);
```

表示申请 20 字节的内存空间,并强制转换成字符数组类型,将函数返回的所分配的存储空间的首地址赋给字符指针变量 p。

2. 释放内存空间函数 free

其调用形式如下：

free(p);

free 函数用于释放由 p 指针所指向的存储空间,即系统回收,使这段空间又可以被再次分配。p 是一个任意类型的指针变量,它指向被释放区域的首地址。被释放区域应是由 malloc 所分配的区域,不能是任意的地址。

视频讲解

7.4.2 动态链表概述

动态链表(简称链表)是一种动态地进行存储分配的数据物理存储结构,所占的内存空间可以不连续,链表中的元素个数可以根据需要增加或减少。

链表的一个元素称为一个结点,结点中包含以下两部分内容。

(1) 数据域。数据域用来存储数据本身,其类型根据需要存放的数据类型而定。

(2) 指针域。指针域用来存储上一个结点或下一个结点的地址,是一个指针类型,此指针类型应该是所指向的链表结点的结构体类型。

链表动态分配存储空间,也就是说在需要的时候才开辟一个结点的存储空间。如果每个结点只有一个指针域,用来存储下一个结点的地址,这种链表称为单链表。如果每个结点有两个指向其他结点的指针域,则称为双链表。本节主要讨论对单链表的操作。

在 C 语言中,可用结构体类型来实现单链表。例如:

```
typedef struct node
{
    int data;                //数据域
    struct node * next;      //指针域
}LISTNODE;
```

这里定义了一个单链表的结点结构。其中,data 是数据域,用来存储一个整数;结构体指针变量 next 是指针域,用来存储其直接后继的地址。

通常,把单链表的起始结点称为表头结点或头结点。每个单链表都有一个头指针,存放表头结点的起始地址,即指向表的头结点。头结点的数据域的值可以为空或根据情况来设置(如存放表中结点数),其指针域指向第一个结点。从第一个结点开始,单链表中各个结点的数据域中存储数据,如有后继结点,则将其指针域指向该结点的直接后继。最后一个结点称为"表尾",表尾结点的指针不指向任何地址,因此置为空(NULL),如图 7-10所示。空链表只由一个表头结点组成,如图 7-11 所示。链表的头指针是链表中所有操作的起点,因此头指针的值不能轻易更改。

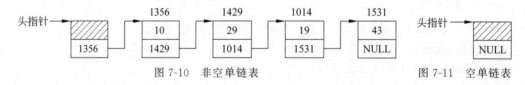

图 7-10 非空单链表　　　　　　　　　　　　　　图 7-11 空单链表

7.4.3 单链表的基本操作

视频讲解

单链表的基本操作包括建立链表、输出链表、查找结点、删除结点和插入结点等。

1. 建立链表

建立链表是指从无到有地建立起一个链表,即向空链表中依次插入若干结点。在此以前面定义的 LISTNODE 类型为结点类型来建立链表,算法如下。

(1) 定义头指针变量 head、指向结点的指针变量 p 和指向待插入结点的指针变量 q。生成头结点,并使 head 和 p 指向头结点,如图 7-12 (a)所示。

```
LISTNODE * head, * p1, * p;
head=p=(LISTNODE * )malloc(sizeof(LISTNODE));
                         //该节点为表头结点,头指针 head 始终指向表头结点
```

(2) 生成新结点(即待插入结点),使 q 指向该结点,并为该结点的数据域赋值,如图 7-12(b)所示。

```
q=(LISTNODE & * )malloc(sizeof(LISTNODE));
scanf("%d",q->data);
```

(3) 把待插入结点链接到 p 所指向的结点,然后使 p 指向新插入的结点,如图 7-12(c)所示。

```
p->next=q;
p=q;
```

(4) 重复步骤(2)和(3),直到插入所有结点。

(5) 将尾结点的指针域置为空(NULL),如图 7-12(d)所示。

```
p->next=NULL;
```

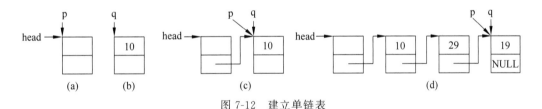

图 7-12　建立单链表

2. 输出链表

输出链表指顺序访问链表中各结点的数据域,即从第一个结点开始,依次输出各结点数据域的值并向后移指针变量,直到尾结点为止。若待输出链表的头指针为 head,则输出链表的算法步骤如下。

视频讲解

(1) 定义指向结点的指针变量 p,并使 p 指向第一个结点,如图 7-13(a)所示。

```
LISTNODE * p;
p=head->next;
```

说明:head 指向头结点,头结点的指针域存放第一个结点的地址。head->next 表示 head 指向的头结点的指针域。

(2) 如果 p 等于 NULL,即已经指向表尾,如图 7-13(b)所示,转到步骤(5),否则输出 p 所指向的结点数据域的值。

```
printf("%d",p->data);
```

（3）使 p 指向下一个结点，如图 7-13(c)所示。

```
p=p->next;
```

（4）重复步骤（2）和（3）。

（5）输出完毕。

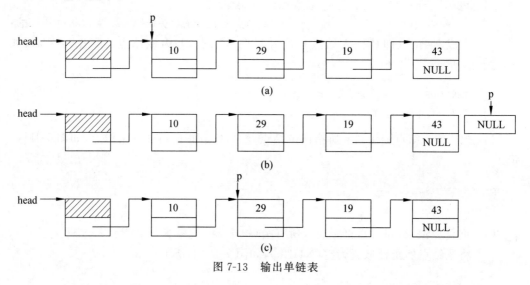

图 7-13 输出单链表

【例 7-8】 建立一个带头结点的单链表，并将表中的结点按连接顺序依次输出。

```
#include<stdio.h>
#include<stdlib.h>
typedef struct node
{
    int data;
    struct node * next;
}LISTNODE;                      //表结点的结构体类型
LISTNODE * creatlist(int * s);
void outlist(LISTNODE * head);
int main()
{
    int a[5]={11,15,18,21,29};
    LISTNODE * h;               //定义指针变量 h,用于指向链表头结点
    h=creatlist(a);
                                //creatlist 函数建立链表,链表结点数据域的值为数组 a 元素的值
    outlist(h);                 //调用 outlist 函数,依次输出链表中结点数据域的值
    return 0;
}
LISTNODE * creatlist(int * s)   //建立链表函数 creatlist
{
    LISTNODE * head, * p, * q;
```

```
        int i=0;
        head=p=(LISTNODE *)malloc(sizeof(LISTNODE));    //生成头结点,使 head 和 p 指向它
        while(i<5)
        {
            q=(LISTNODE *)malloc(sizeof(LISTNODE));
                                                //生成待插入结点,使 q 指向它
            q->data=s[i];                       //为待插入结点的数据域赋值
            p->next=q;                          //将待插入结点链接到 p 所指向结点的后面
            p=q;                                //p 指向新插入结点
            i++;
        }
        p->next=NULL;                           //使尾结点的指针域置为空
        return head;
    }
    void outlist(LISTNODE * head)               //输出链表函数 outlist
    {
        LISTNODE * p;
        p=head->next;                           //p 指向第一个结点
        printf("\nhead");
        while(p!=NULL)
        {
            printf("->%d",p->data);             //输出 p 指向结点数据域的值
            p=p->next;                          //p 指向下一个结点
        }
        printf("->end\n");
    }
```

运行结果:

```
head->11->15->18->21->29->end
```

3. 查找结点

查找结点有两种情况:一是查找表中的第 i 个结点;二是查找表的数据域中值为给定值的结点。这两种情况的算法基本相似。

视频讲解

第二种情况的基本思想是,从第一个结点开始,比较该结点数据域值是否等于给定值。如果二者相等,则查找成功;如果二者不等,后移一个结点继续比较。如果移到表尾,表明要查找的结点不存在,则查找失败。指针变量 head 指向要查找的链表,给定值为 key,查找结点的算法如下。

(1)定义指向结点的指针变量 p,并使 p 指向第一个结点,如图 7-14(a)所示。

```
LISTNODE * p;
p=head->next;
```

(2)如果 p 等于 NULL,即指向表尾(图 7-14(b)),则查找失败,转到步骤(5),否则判断 p 所指向的结点数据域值(p->data)是否等于给定值 key。如果二者相等(图 7-14(c)),则

查找成功,转到步骤(5);否则继续查找,执行下一步。

(3) 使 p 指向下一个结点。

```
p=p->next;
```

(4) 重复步骤(2)和(3)。

(5) 查找结束。

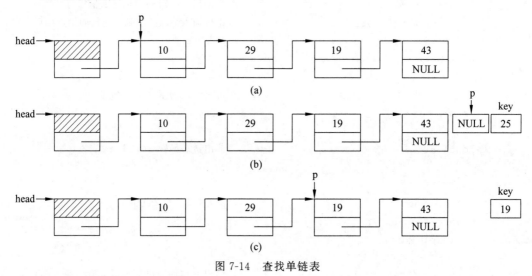

图 7-14 查找单链表

【例 7-9】 编写函数 find,其功能是在带头结点的单向链表中查找数据域值为 key 的结点,若查找成功,返回该结点在链表中所处的序号;若查找失败,返回 0。

```c
#include<stdio.h>
#include<stdlib.h>
typedef struct node
{
    int data;
    struct node * next;
}LISTNODE;
LISTNODE * creatlist(int * s);            //该函数定义见例 7-8
void outlist(LISTNODE * head);            //该函数定义见例 7-8
int find(LISTNODE * head,int key);
int main()
{
    int a[5]={11,15,18,21,29};
    int key,i;
    LISTNODE * h;
    h=creatlist(a);                       //建立链表
    outlist(h);                           //输出链表
    printf("input a data:");
    scanf("%d",&key);                     //输入要查找的值,存入 key 中
```

```
        i=find(h, key);                          //调用函数 find,将返回值赋给 i
        if(i==0)
            printf("Not found!\n");               //如果 i 为 0,查找失败
        else
            printf("The number is: %d \n",i);    //如果 i 不为 0,查找成功,输出结点序号
        return 0;
}
int find(LISTNODE * head,int key)                //查找结点函数 find
{
    LISTNODE * p;
    int i=0;
    p=head->next;                                //使 p 指向第一个结点
    while(p!=NULL)
    {
        i++;                                     //i 的值为 p 所指向结点的序号
        if(p->data==key)                         //判断结点数据域的值是否等于给定值
            return i;                            //查找成功,函数调用结束,返回查找结点的序号
        else
            p=p->next;                           //不相等,使 p 指向下一个结点,继续查找
    }
    return 0;                                    //查找失败,函数调用结束,返回值为 0
}
```

运行结果:

```
head->11->15->18->21->29->end
input a data:18
The number is: 3
```

4. 删除结点

删除结点是将一个结点从链表中分离出来,需要将被删结点的前驱结点的指针指向
被删结点的后续结点上,如图 7-15 所示。

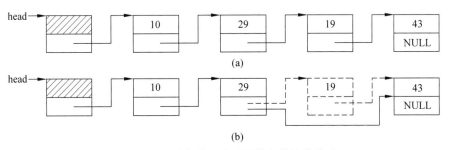

图 7-15　解除与前驱和后继结点的链接关系

删除结点有两种情况:一是删除表中的第 i 个结点;二是删除表中数据域中值为给定
值的结点。这两种情况的算法相似。

第二种情况的基本思想是,从第一个结点开始,比较该结点数据域值是否等于给定值。如果二者不等,后移一个结点继续比较,如果移到表尾,则表明要删除的结点不存在。如果二者相等,将该结点的直接后继结点链接到其前驱结点的后面,即把该结点从链表上删除,并释放该结点所占的存储空间。指针变量 head 指向要删除结点的链表,给定值为 key,删除结点的算法如下。

(1) 定义指针变量 p 和 s,使 s 指向表的第一个结点,使 p 指向 s 的前驱结点,如图 7-16(a)所示。

```
LISTNODE * p, * s;
s=head->next;
p=head;
```

(2) 如果 s 等于 NULL,表示已到表尾,转到步骤(3),否则比较 s 结点数据域值是否等于给定值。如果二者相等,转到步骤(3);否则继续比较,使 s 指向下一个结点,p 指向其前驱结点,如图 7-16 (b)所示。

```
p=s;
s=s->next;
```

重复此步骤。

(3) 如果 s 等于 NULL,则表示已到表尾,如图 7-16(c)所示,表明要删除的结点不存在;否则使 p 结点指向 s 结点的直接后继结点,即将 s 结点从表中删除,然后释放 s 结点所占的存储空间,如图 7-16(d)所示。

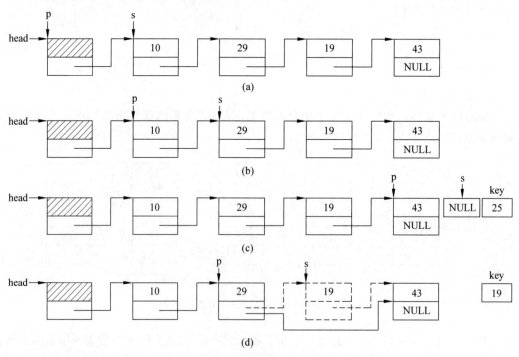

图 7-16   删除结点

```
p->next=s->next;
free(s);
```

【例 7-10】 编写函数 delnode,其功能是删除表的数据域中值为 key 的结点。

```c
#include<stdio.h>
#include<stdlib.h>
typedef struct node
{
    int data;
    struct node * next;
}LISTNODE;
LISTNODE * creatlist(int * s);
void outlist(LISTNODE * head);
void delnode(LISTNODE * head,int key);
int main()
{
    int a[5]={11,15,18,21,29};
    int key;
    LISTNODE * h;
    h=creatlist(a);
    outlist(h);
    printf("input a data: ");
    scanf("%d",&key);
    delnode(h,key);                //调用函数 delnode,删除数据域值为 key 的结点
    outlist(h);
    return 0;
}
void delnode(LISTNODE * head,int key)
{
    LISTNODE * p, * s;
    s=head->next;                  //s 指向第一个结点
    p=head;                        //p 指向 s 所指向结点的前驱结点
    while(s!=NULL)
    {                              //未到表尾
        if(s->data!=key)
        {                          //不相等,继续比较
            p=s;                   //p 指向 s 所指向的结点
            s=s->next;             //s 指向下一个结点
        }
        else
            break;
    }
    if(s!=NULL)
    {
```

```
        p->next=s->next;                        //删除 s 所指向的结点
        free(s);                                //释放 s 所指向结点所占的存储空间
    }
    else
        printf("the node is not exist!\n");     //要删除的结点不存在
}
```

输入：

18

运行结果：

```
head->11->15->18->21->29->end
input a data: 18
head->11->15->21->29->end
```

输入：

6

运行结果：

```
head->11->15->18->21->29->end
input a data: 6
the node is not exist!
head->11->15->18->21->29->end
```

视频讲解

5. 插入结点

插入结点指将一个结点插入链表中某结点 k 之前或之后，如图 7-17 所示。如果在 k 结点之前插入，则插入后 k 结点的前驱结点指向新插入结点，新插入结点指向 k 结点。如果在 k 结点之后插入，则插入后 k 结点指向新插入结点，新插入结点指向 k 结点的直接后继结点。

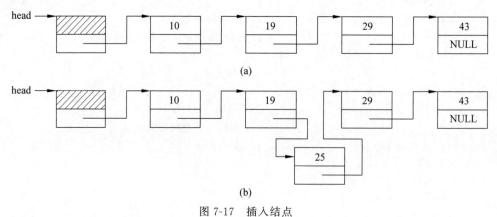

图 7-17　插入结点

插入结点有两种情况：一是在表中的第 i 个结点前(后)插入；二是在一个有序表中插

入一个新结点,插入后仍有序。这两种情况的算法相似。

假设表中的结点按数据域值升序排列,第二种情况的基本思想是,从第一个结点开始,比较该结点数据域值是否小于新结点数据域值。如果小于并且未到表尾,后移一个结点继续比较,否则将新结点插入该结点之前。如果移到表尾,则将新结点链接到尾结点后面。指针变量 head 指向链表,要插入的值为 key,插入结点的算法步骤如下。

(1)定义指针变量 p、q 和 s,生成一个新结点,使 s 指向它,并将 key 存入该结点的数据域。

```
s=(LISTNODE *)malloc(sizeof(LISTNODE));
s->data=key;
```

(2)使 q 指向第一个结点,p 指向其前驱结点,如图 7-18(a)所示。

```
p=head;
q=head->next;
```

(3)如果 q==NULL(表尾)或者 q->data>=key,转到步骤(4),否则使 p 指向 q,q 指向下一个结点,如图 7-18(b)所示。

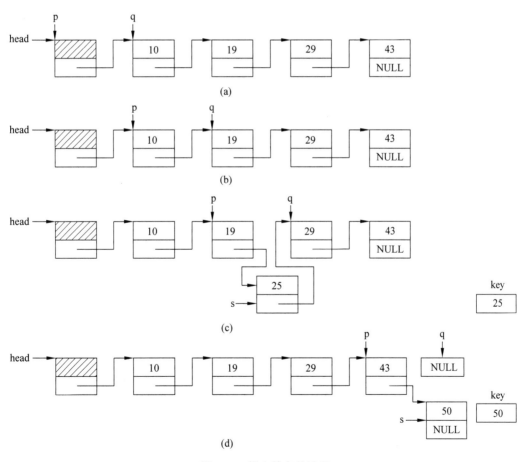

图 7-18　插入结点的过程

```
p=q;
q=q->next;
```

重复此步骤。

（4）将 s 指向的新结点插入 q 结点之前，使 s 指向 q，p 指向 s，如图 7-18(c)所示。

```
s->next=q;
p->next=s;
```

注意：如果 q==NULL，则表明到表尾了，p 指向尾结点，此时，将 s 结点链接到尾结点的后面，s 结点将成为尾结点，如图 7-18(d)所示。

【例 7-11】　编写一个函数 insert，其功能是将 key 的值放入一个新结点中并插入链表，使插入后各结点数据域中的数据仍保持原来的递增顺序。

```c
#include<stdio.h>
#include<stdlib.h>
typedef struct node
{
    int data;
    struct node * next;
}LISTNODE;
LISTNODE * creatlist(int * s);
void outlist(LISTNODE * head);
void insert(LISTNODE * head,int key);
int main()
{
    int a[5]={11,15,18,21,29};
    int key;
    LISTNODE * h;
    h=creatlist(a);
    outlist(h);
    printf("input a data:");
    scanf("%d",&key);
    insert(h,key);
    outlist(h);
    return 0;
}
void insert(LISTNODE * head,int key)
{
    LISTNODE * p, * q, * s;
    s=(LISTNODE *)malloc(sizeof(LISTNODE));    //生成插入结点,使 s 指向它
    s->data=key;                                //将 key 赋给待插入结点的数据域
    p=head;                                      //p 指向头结点
    q=head->next;                                //q 指向第一个结点
    while(q!=NULL&&key>q->data)
    {                                            //未到表尾或 key>q->data,则后移一个结点继续比较
        p=q;
        q=q->next;                               //使 q 指向下一个结点
    }
```

```
        s->next=q;                          //使 s 结点指向 q 结点
        p->next=s;                          //使 q 的前驱结点 p 指向 s 结点
}
```

输入：

25

运行结果：

```
head->11->15->18->21->29->end
input a data:25
head->11->15->18->21->25->29->end
```

输入：

8

运行结果：

```
head->11->15->18->21->29->end
input a data:8
head->8->11->15->18->21->25->29->end
```

输入：

36

运行结果：

```
head->11->15->18->21->29->end
input a data:36
head->11->15->18->21->25->29->36->end
```

习　题　7

1. 用结构体变量表示平面上的一个点（横坐标和纵坐标），输入两个点，求两点之间的距离。

2. 用结构体变量表示日期（年、月、日），任意输入两个日期，求它们之间相差的天数。

3. 用结构体变量表示复数（实部和虚部），输入两个复数，求两复数之积。

4. 设计一个通讯录的结构体类型（包括姓名、性别、单位、手机号），编写函数 input 用于向通讯录中输入数据，函数 output 用于输出通讯录中的数据，函数 find 用于查找某人的信息。在主函数中定义结构体数组，调用 input 输入数据，调用 output 输出数据，再调用 find 按姓名查找通讯录中的信息。

5. 有 3 个学生，每个学生的数据包括学号（no）、姓名（name）、三门课程成绩（score[3]）和总分。要求编写一个程序，输入学生数据，计算每个学生的总分，并按总分从高到低的顺序输出每个学生的信息(包括学号、姓名和三门课程成绩)。

6. 统计单链表中结点的个数,其中 first 为指向第一个结点的指针(链表不带头结点)。

7. 已知 head 指向一个带头结点的单向链表,链表中的每个结点包含数据域(data)和指针域(next),数据域为整型。编写程序,求出链表中所有结点数据域的和,并作为函数值返回。

8. 编程建立一个带有头结点的单向链表,链表结点中的数据通过键盘输入,当输入的数据为−1 时,表示输入结束(链表头结点的 data 域不放数据)。

9. 已知 head 指向一个带头结点的单向链表,链表中每个结点包含字符型数据域(data)和指针域(next)。编写程序,实现在第 n 个结点前插入值为 key 的结点。

10. 将一个无表头结点的单链表按逆序排列,即将链头当链尾,链尾当链头。

11. 有 3 个学生数据,每个学生包括学号(no)、姓名(name)、C 语言成绩(score)。请编写函数 input,功能是:输入一个要存储的文件名(不用输入扩展名),再从键盘输入这 3 个学生的数据,将学生的数据存储于该文件中;编写函数 search,功能是:从键盘输入一个学生学号,从文件中查询该学生信息,如存在则将其输出,否则显示"没有此学生!"。

第8章

位 运 算

程序中的所有数在计算机内存中都是以二进制的形式存储的。位运算就是直接对整型操作数在内存中的二进制位进行操作。

位运算是 C 语言的一个重要特色。计算机在检测和控制的领域中要用到位运算,下面介绍位运算的相关知识。

8.1 位运算符及其运算

位运算符允许对整型操作数中指定的位进行操作。如果左、右参数都是字符串,则位运算符将对字符的 ASCII 码值进行操作。

8.1.1 位运算符

位运算符用来对二进制位进行操作,C 语言中提供了如表 8-1 所示的 6 种位运算符。

表 8-1　C 语言中的位运算符

运　算　符	含　　义	优　先　级	要求运算对象的个数	结　合　方　向
&	按位与	8	2(双目运算符)	自左至右
|	按位或	10	2(双目运算符)	自左至右
^	按位异或	9	2(双目运算符)	自左至右
~	取反	2	1(单目运算符)	自右至左
<<	左移	5	2(双目运算符)	自左至右
>>	右移	5	2(双目运算符)	自左至右

表 8-1 中的运算符只能用于整型操作数,即只能用于带符号数或无符号数的 char、short、int 与 long 类型。下面对各运算符分别介绍。

1. "按位与"运算符

"按位与"运算符 & 是双目运算符,其功能是将参与运算的两个二进制数对应位(简称二进制位)相与,运算规则是 0&0＝0、0&1＝0、1&0＝0、1&1＝1。

当对应的两个二进制位均为 1 时,结果位才为 1,否则为 0。参与运算的数以补码形式出现。

例如,6&5(即 6 与 5 按位相与)可写算式如下:

$$
\begin{array}{r}
00000110 \\
(\&)\quad 00000101 \\
\hline
00000100
\end{array}
$$

"按位与"有一些特殊的用途。

(1) 清零。如果想将一个存储单元清零,只要找一个二进制数(屏蔽字),并且其中各位符合下列条件:原来数中为 1 的二进制位,屏蔽字中相应位为 0,然后将二者进行与运算,就可达到清零的目的。

例如,有一个 8 位存储单元内容为 01001101(十进制数 77),找一个屏蔽字,使存储单元内容为 0,则屏蔽字满足条件:在原数为 1 的位置上,屏蔽字对应的位值均为 0,即此屏蔽字为 x0xx00x0(x 既可为 0,也可为 1)。如选用 10110010(十进制数 178),将两个数进行与运算,就可以达到使该存储单元内容为 0。

$$
\begin{array}{r}
01001101 \\
(\&)\quad 10110010 \\
\hline
00000000
\end{array}
$$

(2) 保留某些位。如果想将一个存储单元中的某些位保留下来,只要找一个屏蔽字,并且其中各位符合下列条件:原来数中要求保留下来的二进制位,屏蔽字中相应位为 1,其余的二进制位为 0,然后将二者进行与运算,就可达到保留某些位的目的。

例如,把某 16 位二进制数 b 的高 8 位清 0,保留低 8 位,可做 b&255 运算(255 的二进制数为 0000000011111111)。

2. "按位或"运算符

"按位或"运算符 | 是双目运算符,其功能是将参与运算的两数各对应的二进制位相或,运算规则是 0|0＝0、0|1＝1、1|0＝1、1|1＝1。

当对应的两个二进制位有一个为 1 时,结果位就为 1。参与运算的两个数均以补码形式出现。

例如,6|5 可写算式如下:

$$
\begin{array}{r}
00000110 \\
(|)\quad 00000101 \\
\hline
00000111
\end{array}
$$

或运算常用来对一个数据中的某些位置 1(即定值为 1),其余位保持不变。方法如下:只要找到一个屏蔽字,使原来数中要求值为 1 的二进制位,屏蔽字中相应位为 1,其余的二进制位为 0,然后将二者进行或运算,就可达到此目的。例如,a 是一个 16 位二进制数,经过表达式 a|0000000011111111,则低 8 位全置为 1,高 8 位保持不变。

3. "按位异或"运算符

"按位异或"运算符 ^ 是双目运算符,其功能是将参与运算的两数各对应的二进制位相"异或",运算规则是 0^0＝0、0^1＝1、1^0＝1、1^1＝0。

当参加运算的两个二进制位相同时,结果为 0,否则为 1。参与运算的数仍以补码形式出现。

例如,6^5 可写算式如下:

$$
\begin{array}{r}
00000110 \\
(\char94)\ \ 00000101 \\
\hline
00000011
\end{array}
$$

"按位异或"运算有以下特点。

(1) 一个数据同自身进行异或运算后,结果为 0。例如,要使变量 a 清零,可进行 a^=a 运算。

(2) 将一个数据同另一个数据进行两次异或运算,此数据的值不变,即(a^b)^b=a。

"按位异或"运算经常应用于将数据中的某些位取反,即 1 变 0、0 变 1。例如,要使数 a 中的第 4 位(即 bit4)取反,可进行 a＝a^0x10(也可写成 a^＝0x10)运算。

4. "取反"运算符

"取反"运算符~为单目运算符,具有右结合性。其功能是对参与运算的数的各二进制位按位求反,其运算规则是~0＝1、~1＝0。

例如,~9 的运算为~(0000000000001001),结果为 1111111111110110。

5. "左移"运算符

"左移"运算符<<是双目运算符,其功能是把<<左边的运算数的各二进制位全部左移若干位,由<<右边的数指定移动的位数,高位左移后溢出舍弃,低位补 0。

例如,a<<4 的功能是把 a 的各二进制位向左移动 4 位。如果 a＝00000110(6 的二进制数),左移 4 位后为 01100000(96 的二进制数),即

$$00000110 \xrightarrow{\text{左移 4 位}} 0000\ \vdots\ 01100000$$

此 4 位舍弃 ↰

6. "右移"运算符

"右移"运算符>>是双目运算符,其功能是把>>左边的运算数的各二进制位全部右移若干位,由>>右边的数指定移动的位数。应该说明的是,对于有符号数,在右移时,符号位将一起移动。当为正数时,最高位补 0。当为负数时,符号位为 1,最高位补 0 还是补 1 取决于编译系统的规定,如果右移后编译系统在最高位补 0,则该编译系统按照逻辑右移的原则右移;如果最高位补 1,则按照算术右移的原则右移。Turbo C 和很多系统规定为补 1,即编译系统按算术右移原则执行。

例如,设 a=15、b=−15,则 a>>2、b>>2 分别表示为:

$$00001111(15\ \text{的二进制}) \xrightarrow{\text{右移两位}} 00000011\ \vdots\ 11$$

此两位舍弃

$$11110001(-15\ \text{的二进制}) \xrightarrow{\text{右移两位}} 11111100\ \vdots\ 01$$

此两位舍弃

即 a>>2 表示把 00001111(15 的二进制补码)右移为 00000011(3 的二进制补码);
b>>2 表示把 11110001(-15 的二进制补码)右移为 11111100(-4 的二进制补码)。其中
当 b=-15 时,执行 b>>2,编译系统按算术右移的原则,即在最高位补 1。

8.1.2 位运算应用举例

【例 8-1】 从键盘上输入一个正整数 a,判断此数是奇数还是偶数。

分析 如 int 型变量 a 的二进制位中的最后一位为 1,则 a 为奇数;如最后一位为 0,则
a 为偶数。故判断 int 型变量 a 是奇数还是偶数,可采用位运算符 &,即"按位与"。如果
a&1=0,则 a 为偶数;如果 a&1=1,则 a 为奇数。

程序如下:

```
#include<stdio.h>
int main()
{
    int a;
    while(1)
    {
        printf("please input a number:\n ");
        scanf("%d",&a);
        if (a>0)  break;
    }
    if  ((a&0x01)==1)
        printf("%d is a odd number\n",a);
    else
        printf("%d is a even number\n",a);
    return 0;
}
```

输入:

15

运行结果:

15 is a odd number

输入:

20

运行结果:

20 is a even number

【例 8-2】 从键盘上输入一个正整数 a,如果此数为偶数,则将此数转换为大于此偶
数的最小奇数 b 并输出。

分析 如果某一正整数为偶数,则其二进制位的最后一位必为0,那么大于此偶数的最小奇数应该就是其他位不变,最后位变为1。判断偶数可用例8-1的方法,变为奇数可采用"按位或"运算来实现。

程序如下:

```
#include<stdio.h>
int main()
{
    int a,b;
    while(1)
    {
        printf("please input a number:\n ");
        scanf("%d",&a);
        if (a>0)  break;
    }
    b=a;
    if  ((a&0x01)==0)
    {
        b=a|0x01;
        printf("a=%d,b=%d\n",a,b) ;
    }
    else
        printf("a%d is not a even number\n",a);
    return 0;
}
```

输入:

18

运行结果:

a=18,b=19

输入:

17

运行结果:

a=17 is not a even number

【例 8-3】 从键盘上输入两个整型数 a、b,求满足条件的数 c:将 a 的低字节作为 c 的高字节,将 b 的高字节作为 c 的低字节。

分析

第一步:运用"按位与"运算求出 a 的低字节,其中屏蔽字为 0000000011111111(255 的二进制),经过运算 a&0x00ff,即可把 a 的低字节保留。

第二步：用屏蔽字1111111100000000（65280的二进制）与b相与，即b&0xff00，求出b的高字节。

第三步：把a的低字节左移8位作为c的高字节，把b的高字节右移8位作为c的低字节。

相应的C程序代码如下：

```c
#include<stdio.h>
int main()
{
    int a,b,c;
    printf("Please input a and b\n");
    scanf("%d%d",&a,&b);
    c=(a&0x00ff) <<8|(b&0xff00)>>8;
    printf("c=%d\n",c);
    return 0;
}
```

输入：

```
5   6
```

运行结果：

```
c=12800
```

【例8-4】 从键盘上输入两个整数，不借助第三个变量，交换两个变量的值。

分析 根据异或的运算性质可知，一个数异或其本身恒等于0，一个数异或0恒等于其本身，即a^a＝0，a^0＝a。对任意两个正整数a和b，有b＝a^(a^b)，a＝b^(a^b)，则可将a^b的值作为中间变量临时存在a中，即可实现变量交换。

相应的C程序代码如下：

```c
#include<stdio.h>
int main()
{
    int a,b;
    printf("Please input a and b\n");
    scanf("%d%d",&a,&b);
    if ( a==b)
    {
        printf("a equals b!\n");
        return 1;
    }
    printf("Before swap: a=%d,b=%d\n",a,b);
    a=a^b;
    b=b^a;
    a=a^b;
```

```
        printf("After swap: a=%d,b=%d\n",a,b);
        return 0;
}
```

输入：

9   3

运行结果：

```
Before swap: a=9,b=3
After swap: a=3,b=9
```

8.2　位段及其应用

在程序设计过程中，经常需要设置一些标识信息（如"真"或"假"等），这些信息往往仅占一位或几位二进制位。如果用一个变量来表示一个标识信息，将浪费存储空间。因此，把程序中的多个标识组合在一个位段结构中，将每个标识作为该位段结构中的一个成员（即位段）。

8.2.1　位段

所谓位段（bit-field），就是以位为单位而不是字节为单位的成员。例如，int、char、long、short 等都是以字节为单位的。含有位段的结构体（联合体）称为位段结构。

位段结构的定义和位段变量的说明与结构体的定义相似，其形式如下：

struct 位段结构名
{
　　位段列表
};

位段列表的形式如下：

类型符 [位段名]:位段长度

其中，类型符只能为 int、unsigned int、signed int 3 种类型（int 型能否表示负数视编译器而定，如 VC 中 int 默认是 signed int，能够表示负数）。位段名是可选参数，即可以省略。位段长度表示该位段所占的二进制位数。

采用位段结构既能够节省空间，又方便操作。例如"unsigned vers:5"定义的是占 5位空间的变量 vers。而 int vers 定义的则是占 4 字节的变量。

位段结构可以用类似下面的代码定义：

```
struct packed_data
{
```

```
    unsigned a:2;                  //位段 a,占 2 位
    unsigned:6;                    //无名位段,占 6 位,但不能访问
    unsigned b:1;                  //位段 b,占 1 位
    unsigned:0;                    //无名位段,占 0 位,表下一位段从下一字边界开始
    unsigned c:3;                  //位段 c,占 3 位
    short  i;                      //成员 i,从下一字边界开始
}data;
```

在存储单元中,位段的空间分配因应用环境而异。在 TC 或 VC 中,一般是由右到左进行分配的,如图 8-1 所示(在 VC 中 short 占 2 字节)。

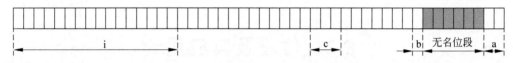

图 8-1　结构体 packed_data 的空间分布

对位段的引用和结构体成员中的数据引用一样,但应注意,位段的最大取值范围不要超出二进制位数定的范围,否则超出部分会被丢弃。例如:

```
data.a=2;
data.b=1;
data.c=6;
```

但如果写成"data.a＝12;",就会超出范围。因为 data.a 只占两位,最大值为 3(二进制数 11)。在这种情况下,自动取赋予数的低位。12 的二进制数形式为 1100(占 4 位),而 data.a 只有两位,则取 1100 的低两位(00),故 data.a 得到的值为 0。

关于位段的定义和引用,有以下几点说明。

(1) 位段的类型只能是 int、unsigned int、signed int 这 3 种类型,不能是 char 型或者浮点型。

(2) 位段占的二进制位数不能超过该基本类型所能表示的最大位数,例如在 TC 中 int 占 2 字节,那么最多只能是 16 位(VC 中 int 占 4 字节,那么最多只能是 32 位)。

(3) 如果一个位段存储单元能够存储位段结构中的所有成员,那么位段结构中的所有成员只能放在一个位段存储单元中,不能放在两个位段存储单元中;如果一个位段存储单元不能容纳位段结构中的所有成员,那么剩余的位段从下一个位段存储单元开始存放(在 VC 中位段存储单元的大小是 4 字节)。

(4) 无名位段不能被访问,但是会占据空间。例如在位段结构体 packed_data 中,第一个无名位段占据 6 位,即在 a 后面的 6 位空间都不能用。

(5) 不能对位段进行取地址操作。

(6) 若位段占的二进制位数为 0,则这个位段必须是无名位段,下一个位段从下一个存储单元(这里的位段存储单元经测试在 VC 环境下是 4 字节)开始存放。例如,在位段结构体 packed_data 中,本来 b、c 应该连续存放在一个存储单元中,由于用了长度为 0 的位段,因此将 b 与 a 存储在同一个存储单元中(a 与 b 之间有 6 位不能用),c 在下一个存

储单元存放。

(7) 若位段出现在表达式中，则会自动进行整型升级，自动转换为 int 型或者 unsigned int 型。

(8) 对位段赋值时，不能超过位段所能表示的最大范围(即位段的长度不能大于存储单元的长度)，也不能定义位段数组。

(9) 位段以"%d" "%o" "%x"格式输出。

8.2.2　位段应用举例

【例 8-5】 图 8-2 是 TCP 的首部结构，根据图的描述定义相应的协议结构体。

<table>
<tr><td colspan="8">31　　　　　　　　16</td><td>15　　　　　　　　0</td></tr>
<tr><td colspan="8">16位目的端口号</td><td>16位源端口号</td></tr>
<tr><td colspan="9">32位序列号</td></tr>
<tr><td colspan="9">32位确认号</td></tr>
<tr><td>4位首部长度</td><td>保留(6位)</td><td>URG</td><td>ACK</td><td>PSH</td><td>RST</td><td>SYT</td><td>FIN</td><td>16位窗口大小</td></tr>
<tr><td colspan="8">16位校验和</td><td>16位紧急指针</td></tr>
</table>

图 8-2　TCP 首部结构

其协议结构可定义如下：

```
struct TCPHEADER
{
    short SrcPort;                       //16 位源端口号
    short DstPort;                       //16 位目的端口号
    int SerialNo;                        //32 位序列号
    int AckNo;                           //32 位确认号
    short WindowSize;                    //16 位窗口大小
    unsigned char FIN : 1;
    unsigned char SYT : 1;
    unsigned char RST : 1;
    unsigned char PSH : 1;
    unsigned char ACK : 1;
    unsigned char URG : 1;
    unsigned char Reserved1 : 4;         //保留 6 位中的 4 位
    unsigned char Reserved2 : 2;         //保留 6 位中的 2 位
    unsigned char HaderLen : 4;          //4 位首部长度
    short UrgentPointer;                 //16 位紧急指针
    short TcpChkSum;                     //16 位 TCP 校验和
};
```

【例 8-6】 Fat32 文件系统用 32 位二进制存储时间日期,其格式如图 8-3 所示。其中,7 位存储年,取值范围为 0~119,含义是相对于 1980 年的偏移年份;4 位用于月,取值范围为 1~12;5 位用于日,取值范围为 1~31;5 位用于时,取值范围为 0~23;6 位用于分,取值范围为 0~59;5 位用于秒,取值范围为 0~29,以 2 秒为间隔。

图 8-3   Fat32 文件系统的时间日期格式

利用位段,可以定义相同形式的 C 结构体:

```
struct   field_datetime
{
    unsigned int seconds:5;
    unsigned int minutes:6;
    unsigned int hours:5;
    unsigned int day:5;
    unsigned int month:4;
    unsigned int year:7;
};
```

使用位运算符可以达到同样的效果,甚至可能使程序更快一些。然而,使程序更易读通常比节省几微秒时间更重要。

习 题 8

1. 编写一个函数,对一个 16 位的二进制数取出它的偶数位(即从左起第 2,4,6,…,16 位)。

2. 编写程序,判断一整数的第 9 位(最低位为 0)是 0 还是 1。如果此位为 0,则返回整数 0;如果此位为 1,则返回整数 1。

3. 编写程序,用来实现左、右循环移位。其中用到的函数名为 move,调用方法为 move(value,n)。其中,value 为要循环移位的位数,n 为移位的位数。例如,n<0 表示左移,n>0 表示右移,n=3 表示要右移 3 位,n=-4 表示要左移 4 位。

4. 编写程序,检查自己所用的计算机系统的 C(或 VC++)编译在执行右移时是按照逻辑右移的原则,还是按照算术右移的原则进行操作。编写一个函数实现逻辑右移。

5. 定义一个位段,使之满足以下要求:a 有 2 位,b 有 2 位,c 有 2 位,d 有 4 位。

第二部分

C++ 基础

第9章

C++ 初步知识

9.1 从 C 到 C++

C 语言是面向过程的结构化程序设计语言,遵从自顶向下的设计原则,在开发系统软件以及需要对硬件进行操作的场合,用 C 语言明显优于其他高级语言。但是由于 C 程序可重用性和可扩充性差,随着软件规模的增大,用 C 语言开发大型软件渐渐显得有些吃力。

为了克服 C 语言本身存在的这些不足,并保持 C 语言简洁、高效的特点,1980 年贝尔实验室的 Bjarne Stroustroup 博士及其同事对 C 语言进行了改进和扩充,并把 Simula 67 中类的概念引入 C 中,1983 年由 Rick Maseitti 提议正式将改进后的语言命名为 C++。C++ 是"C Plus Plus"的简称,从语法上看,C 语言是 C++ 的一部分,C 语言代码几乎不用修改就能够以 C++ 的方式编译运行。

C++ 语言既保留了 C 语言的有效性、灵活性、便于移植等全部精华和特点,又添加了面向对象编程的支持,具有继承、抽象、多态和封装等特性,以及强大的编程功能,可方便地构造出模拟现实问题的实体和操作,编写出的程序具有结构清晰、易于扩充等优良特性,适合于各种应用软件、系统软件的程序设计。用 C++ 编写的程序可读性好,生成的代码质量高,运行效率仅比汇编语言慢 10%～20%。

9.2 简单的 C++ 程序

下面是一个 C++ 代码,功能是求任意两个数的较小者。

【例 9-1】 求任意两个数的较小者。

```
1   #include<iostream>
2   using namespace std;
3   int main()
4   {
5       int x,y,min;
```

```
6        cout<<"请输入两个整数:"<<endl;
7        cin>>x>>y;
8        if(x<y)
9            min=x;
10       else
11           min=y;
12       cout<<"较小者是: "<<min<<endl;
13       system("pause");
14       return 0;
15 }
```

输入:

10 16

运行结果:

较小者是:10

程序分析:

(1) C++ 的基本输入输出头文件是 <iostream>。

(2) std 是命名空间,"using namespace std;"语句告诉编译器使用 std 命名空间。命名空间是 C++ 中的一个新概念。

(3) C++ 程序的主函数也是 main 函数,程序从这里开始执行。

(4) 语句"cout<<"请输入两个整数:"<<endl;"会在屏幕上输出提示信息"请输入两个整数:",然后回车换行。

(5) 语句"cin>>x>>y;"从键盘输入两个数分别赋给变量 x 和 y。

(6) 语句"cout<<"最小者是:"<<min<<endl;"会在屏幕上输出字符串"最小者是:"和 min 的值,然后回车换行。

(7) 语句"system("pause");"会使输出窗口暂停,并显示"按任意键继续…"。

(8) C++ 程序的编译、连接和运行与 C 程序的编译、连接和运行完全相同。

9.3 C++ 的命名空间

命名空间是由 ANSI C++ 引入的可以由用户命名的作用域,用来处理程序中常见的同名冲突。

C 语言中定义了 3 个层次的作用域,即文件(编译单元)、函数和复合语句。C++ 又引入了类作用域,类是出现在文件内的。在不同的作用域中可以定义相同名字的变量、函数,互不干扰,系统能够区别它们,而在同一个作用域中不能有两个或多个同名的实体。为了解决同一个作用域中命名冲突问题,C++ 引入了命名空间。所谓命名空间就是一个可以由用户自己定义的作用域,在不同的命名空间中可以定义相同名字的变量、类和函数等。

C++ 库的所有标识符都是在一个名为 std 的命名空间中定义的,或者说标准头文件(iostream)中的函数、类和类模板等是在命名空间 std 中定义的。所以在 C++ 程序的一开始,就用 using namespace 对 std 进行全局声明,写法如下:

```
using namespace std;
```

这样就把 std 命名空间的成员都引入当前的命名空间中,以便可以直接使用其中的函数和类。

9.4　C++ 头文件

C++ 是在 C 语言的基础上发展而来的,C 语言的头文件在 C++ 中依然被支持。C++ 头文件有两个标准,一是 C 标准,一是 C++ 标准。在 C++ 程序中头文件有下面三种写法。

(1) C 标准头文件,加 .h,写法如下:

```
#include <string.h>
```

(2) C++ 标准新增头文件,不加 .h,如 iostream ,但需要声明命名空间 std,写法如下:

```
#include <iostream>
using namespace std;
```

(3) 标准 C++ 把 C 的库改进成 C++ 的库,头文件不加.h,但是在库名字前加 c,表示来自 C 语言,并声明命名空间 std,写法如下:

```
#include <cstdio>
using namespace std;
```

9.5　C++ 基本输入输出

在 C 语言中,通常会使用 scanf 和 printf 函数来对数据进行输入输出操作。在 C++语言中,C 语言的输入输出库函数仍然可以使用,但是 C++ 又增加了一套新的、更容易使用的输入输出库。

C++ 中的输入与输出可以看作一连串的数据流,输入即从文件或键盘中输入程序中的一串数据流,而输出则从程序中输出一连串的数据流到屏幕或文件中。

在编写 C++ 程序时,如果需要使用输入输出,可以包含头文件 iostream,它包含了用于输入输出的对象,例如常见的 cin 表示标准输入、cout 表示标准输出。

使用 cout 进行输出时需要在其后紧跟运算符"<<",使用 cin 进行输入时需要在其后

紧跟运算符"＞＞",这两个运算符可以自行分析所处理的数据类型,因此无须像使用 scanf 和 printf 那样给出格式控制字符串。

例 9-1 中的第 7 行代码"cin＞＞x＞＞y;"表示从标准输入(键盘)设备中输入两个 int 型的数据并存入变量 x 和 y 中。如果用户输入的不是 int 型数据,则会被强制转换为 int 型数据。

第 12 行代码"cout＜＜"较小者是:"＜＜min＜＜endl;"将在标准输出(屏幕)设备中输出字符串"较小者是:"和整型变量 min 的值。endl 表示换行,与 C 语言里的\n 作用相同。当然这段代码中也可以用\n 来替代 endl,例如:

```
cout<<"Please input an int number:\n";
```

习 题 9

1. C++语言头文件的标准和写法是怎样的?
2. 为什么需要命名空间? 命名空间的作用和定义是什么?

第10章

类 和 对 象

类和对象是 C++ 的重要特性,它们使得 C++ 成为面向对象的编程语言,可以用来开发大中型项目。对象是对客观事物的抽象,类是对对象的抽象。与结构体类型一样,类只是一种复杂数据类型的声明,不占用内存空间。而对象是类这种数据类型的一个变量,或者说是通过类这种数据类型创建出来的一份实实在在的数据,所以占用内存空间。

10.1 类 的 定 义

类是一种复杂的数据类型,是将不同类型的数据和与这些数据相关的运算封装在一起的集合体。它是用户自定义的类型,如果程序中要用到类,必须提前说明,或者使用已存在的类。

类的定义格式如下:

```
class  类名
{   private :
        数据成员;
        成员函数;
    public :
        数据成员;
        成员函数;
    protected:
        数据成员;
        成员函数;
};
```

例如:

```
class Rectangle                          //定义一个矩形类
{   public:
        double length;                   //矩形的长度
        double width;                    //矩形的宽度
```

```
     double getarea(){  return  length * width;  }        //计算矩形面积
};
```

class 是 C++ 中新增的关键字,专门用来定义类。Rectangle 是类的名称,要符合标识符的命名规则,类名的首字母一般大写,以与其他的标识符区分开。大括号"{ }"内部是类所包含的数据成员和成员函数,统称为类的成员。在类定义的最后有一个分号";",它是类定义的一部分,表示类定义结束,不能省略。

上面的代码创建了一个 Rectangle 类,它包含了 2 个数据成员和 1 个成员函数。类只是一个模板,编译后不占用内存空间,所以在定义类时不能对数据成员进行初始化,只有在创建对象以后才会为对象的数据成员分配内存。

10.2 对象的定义

类是创建对象的模板,一个类可以创建多个对象,每个对象都是类类型的一个变量,创建对象的过程也称类的实例化。每个对象都是类的一个具体实例,拥有类的数据成员和成员函数。也可以将类的数据成员称为类的属性,将类的成员函数称为类的方法。

定义对象的方法:先声明类类型,然后再定义对象。有了 Rectangle 类后,就可以通过它来定义对象,例如:

```
Rectangle  rect;                                    //定义对象
```

其中,Rectangle 是类名,rect 是对象名。

创建对象以后,可以使用成员运算符"."来访问对象的数据成员和成员函数,这和通过结构体变量来访问它的成员类似。

【例 10-1】 类和对象定义。

```
#include <iostream>
using namespace std;
class Rectangle
{  public:
     double length;
     double width;
     double  getarea(){  return  length * width;  }
};
int main()
{
    Rectangle  rect;                                //创建对象
    rect.length =10.0;
    rect.width =15.0;
    cout<<"长为"<<rect.length<<" 宽为"<<rect.width<<" 的矩形面积为"<<rect.
getarea()<<endl;
    system("pause");
```

```
    return 0;
}
```

运行结果：

长为 10 宽为 15 的矩形面积为 150

rect 是一个对象，占用内存空间，可以对它的数据成员赋值，也可以读取它的数据成员。

上面代码中创建的对象 rect，可以使用 & 获取它的地址，例如：

```
Rectangle   rect;
Rectangle   * pRect = &rect;
```

其中，pRect 是一个指针，它指向 Rectangle 类型的数据，也就是通过 Rectangle 创建出来的对象 rect。

有了对象指针后，可以通过运算符"->"来访问对象的数据成员和成员函数，这和通过结构体指针来访问它的成员类似。

```
pRect -> length = 10;
pRect -> width = 15;
pRect -> getarea ();
```

类的数据成员和普通变量一样，也有数据类型和名称，占用固定长度的内存。但是，在定义类的时候不能对数据成员赋值，因为类只是一种数据类型，或者说是一种模板，本身不占用内存空间，而变量的值则需要内存来存储。

类的成员函数也和普通函数一样，都有返回值和参数列表，它与一般函数的区别是：成员函数是一个类的成员，出现在类体中，它的作用范围由类来决定；而普通函数是独立的，作用范围是全局的。

成员函数与数据成员的定义不分先后。成员函数的定义可以放在类内，如例 10-1 中对成员函数 getarea 的定义放在类 Rectangle 内部。

```
class Rectangle
{   public:
        double length;
        double width;
        double  getarea(){   return  length * width;  }
};
```

成员函数也可以先在类中声明，然后在类体外定义。

在类体外定义成员函数的格式：

```
<类型>   <类名 >:: <函数名>(<参数表>)
{
    ⋮                                              //函数体
}
```

例如,对类 Rectangle 的定义也可以写成:

```
{   public:
        double length;
        double width;
        double  getarea();                                  //成员函数声明
};
double  Rectangle::getarea(){   return  length * width;  } //成员函数定义
```

10.3　成员访问权限

C++ 通过 private、public、protected 这 3 个关键字来控制数据成员和成员函数的访问权限,它们分别表示公有的、受保护的、私有的,被称为成员访问限定符。

用关键字 private 限定的成员称为私有成员,对私有成员限定在该类的内部使用,即只允许该类中的成员函数使用私有的成员数据,私有的成员函数只能被该类内的成员函数调用。类就相当于私有成员的作用域。

用关键字 public 限定的成员称为公有成员,公有成员的数据或函数不受类的限制,可以在类内或类外自由使用。

用关键字 protected 所限定的成员称为保护成员,只允许在类内及该类的派生类中使用保护的数据或函数,即保护成员的作用域是该类及该类的派生类。

每个限制词在类体中可使用多次。一旦使用了限制词,则该限制词一直有效,直到下一个限制词开始为止。如果未加说明,类中成员默认的访问权限是 private,即私有的。

在类的内部(定义类的代码内部),无论成员被声明为 public、protected 还是 private,都可以互相访问,没有访问权限的限制。在类的外部(定义类的代码之外),只能通过对象访问成员,并且通过对象只能访问 public 属性的成员,不能访问 private、protected 属性的成员。

例 10-1 中,数据成员和成员函数都被设置成公有的,都可以在类的外部通过对象访问,所以下面这 3 条语句是正确的。

```
rect.length =10.0;
rect.width =15.0;
rect.getarea();
```

下面通过一个例子来说明成员的私有访问权限。

【例 10-2】　私有访问权限。

```
# include <iostream>
using namespace std;
class Rectangle
{   private:
```

```
        double length;
        double width;
    public:
        void setlength(double x) ;                      //成员函数声明
        void setwidth(double y) ;                       //成员函数声明
        double getlength() ;                            //成员函数声明
        double getwidth();                              //成员函数声明
        double  getarea( );                             //成员函数声明
};
void Rectangle::setlength(double x) {   length =x;  }    //成员函数定义
void Rectangle::setwidth(double y) {   width=y;  }       //成员函数定义
double Rectangle::getlength(){  return length;  } ;      //成员函数定义
double Rectangle::getwidth() {  return width;  };        //成员函数定义
double Rectangle::getarea( ){  return  length * width;  }  //成员函数定义
int main()
{
    Rectangle   rect;
    rect.setlength(10.0);
    rect.setwidth(15.0);
    cout<<"长度为"<<rect.getlength( )<<"  宽度为"<<rect.getwidth( );
    cout<<"  的矩形面积为"<<rect.getarea( )<<endl;
    system("pause");
    return 0;
}
```

运行结果：

长度为 10　宽度为 15　的矩形面积为 150

因为数据成员 length、width 是私有的，不能通过对象直接访问，所以必须借助两个 public 属性的成员函数 setlength、setwidth 来给它们赋值，借助两个 public 属性的成员函数 getlength、getwidth 来得到它们的值。下面的代码是错误的：

```
rect.length=10.0;       //length 是私有数据成员,不能在类外部通过对象访问
rect.width=15.0;        //width 是私有数据成员,不能在类外部通过对象访问
```

10.4 成员函数重载

C++ 中的函数可以重载，类中的成员函数也可以重载。函数重载指有多个功能类似的同名函数，但是这些同名函数的形参必须在类型或数目上不同。重载函数常用来实现功能类似而所处理的数据类型不同的问题，重载函数的返回值类型可以不同。下面的例子中，同名函数 out 用于输出不同类型的数据。

【例 10-3】 成员函数重载。

```cpp
#include <iostream>
using namespace std;
class OutData
{
  public:
        void out(int i) {   cout <<"整数为: " <<i <<endl;   }
        void out(double f) {   cout <<"浮点数为: " <<f <<endl;   }
        void out (char c[]) {   cout <<"字符串为: " <<c <<endl;   }
};
int main( )
{
    OutData pd;
    char c[] ="Hello C++";
    pd. out (5);             //输出整数
    pd. out (500.263);   //输出浮点数
    pd. out (c);             //输出字符串
    return 0;
}
```

运行结果:

```
整数为: 5
浮点数为: 500.263
字符串为: Hello C++
```

10.5 构造函数和析构函数

构造函数和析构函数是两种特殊的成员函数。构造函数是在创建对象时系统自动调用,使用给定的值来进行对象初始化。析构函数的功能正好相反,是在系统释放对象前系统自动调用,对对象做一些善后工作。

1. 构造函数

构造函数可以带参数,可以重载,没有返回值。构造函数是类的成员函数,系统约定构造函数名必须与类名相同。构造函数提供了初始化对象的一种简单的方法,有了构造函数,可以在创建对象的同时为数据成员赋值。

【例 10-4】 构造函数。

```cpp
#include <iostream>
using namespace std;
class Rectangle
{   private:
```

```
        double length;
        double width;
    public:
        Rectangle(double cd, double wd){ length =cd;  width=wd;  }   //构造函数
        void  setvalue(double x, double y){ length =x;  width=y;  }   //普通函数
        void  show() { cout<<"长为"<<length <<" 宽为"<<width;  }
        double  getarea(){  return  length * width;  }
};
int main()
{
    Rectangle   rect(5,15);              //创建对象时,系统自动调用构造函数给数据成员赋值
    rect.show();
    cout<<"矩形面积为:"<<rect.getarea()<<endl;
    rect.setvalue (10,20);              //调用 setvalue 函数重新给数据成员赋值
    rect.show();
    cout<<"矩形面积为:"<<rect.getarea()<<endl;
    system("pause");
    return 0;
}
```

运行结果：

```
长为 5 宽为 15 矩形面积为:75
长为 10 宽为 20 矩形面积为:200
```

例 10-4 在 Rectangle 类中定义了一个构造函数 Rectangle(double cd，double wd)，它的作用是为两个 private 属性的数据成员赋值。要想调用该构造函数，就需要在创建对象的同时传递实参。

构造函数必须是 public 属性的，否则创建对象时无法调用。构造函数没有返回值，函数名前面不能出现返回值类型，即使是 void 也不允许，函数体中不能有 return 语句。

和普通成员函数一样，构造函数是允许重载的。一个类可以有多个重载的构造函数，创建对象时根据传递的实参来判断调用哪一个构造函数。构造函数的调用是强制性的，一旦在类中定义了构造函数，那么创建对象时就一定要调用，不调用是错误的。如果有多个重载的构造函数，创建对象时提供的实参必须和其中的一个构造函数匹配，反过来说，创建对象时只能有一个构造函数会被调用。

本例中，如果将"Rectangle rect(5,15);"写作"Rectangle rect;"就是错误的。因为类中只有一个有两个参数的构造函数，而用"Rectangle rect;"创建对象时没有相应的构造函数被调用。

更改例 10-4 的代码，再添加一个构造函数。

【例 10-5】 构造函数重载。

```
#include <iostream>
```

```
using namespace std;
class Rectangle
{   private:
        double length;
        double width;
    public:
        Rectangle( ){ length =0;   width =0;   }                        //无参构造函数
        Rectangle(double cd, double wd){ length =cd;   width=wd;   }   //有参构造函数
        void setvalue(double x, double y){ length =x;   width=y;   }
        void show( ) { cout<<"长为"<<length <<" 宽为"<<width<<endl;   }

};
int main()
{   Rectangle   rect;     //创建对象 rect 时,系统自动调用无参构造函数给数据成员赋值
    rect.show( );
    Rectangle   rect1(5,15);
                          //创建对象 rect1 时,系统自动调用有参构造函数给数据成员赋值
    rect1.show( );
    rect.setvalue (10,20);      //调用 setvalue 函数重新给对象 rect 的数据成员赋值
    rect.show( );
    system("pause");
    return 0;
}
```

运行结果:

```
长为 0 宽为 0
长为 5 宽为 15
长为 10 宽为 20
```

构造函数 Rectangle(double cd，double wd)为各个数据成员赋值,构造函数 Rectangle 将各个数据成员的值设置为 0,它们是重载关系。

如果用户自己没有定义构造函数,那么编译器会自动生成一个默认的构造函数,只是这个构造函数的函数体是空的,没有形参,也不执行任何操作。例如例 10-1 中的 Rectangle 类,默认生成的构造函数如下:

```
Rectangle (){   }
```

一个类必须有构造函数,要么由用户自己定义,要么由编译器自动生成。一旦用户自己定义了构造函数,不管有几个,也不管形参如何,编译器都不再自动生成。在例 10-4 中,Rectangle 类已经定义了一个构造函数 Rectangle(double cd，double wd),也就是用户自己定义的,编译器不会再额外添加构造函数 Rectangle,所以像"Rectangle rect;"这样定义对象就是错误的。

2. 析构函数

创建对象时系统会自动调用构造函数进行初始化工作,同样,销毁对象时系统也会自

动调用一个函数来进行清理工作,例如释放分配的内存、关闭打开的文件等,这个函数就是析构函数。

析构函数的作用与构造函数正好相反,是在对象的生命期结束时,释放系统为对象所分配的空间,即要撤销一个对象。析构函数没有返回值,是在销毁对象时自动执行。构造函数的名字和类名相同,而析构函数的名字是在类名前面加一个符号"~"。

析构函数没有参数,不能被重载,因此一个类只能有一个析构函数。如果用户没有定义,编译器会自动生成一个默认的析构函数。

【例 10-6】 析构函数。

```
#include <iostream>
using namespace std;
class A
{
        float x,y;
    public:
        A(float a,float b){ x=a; y=b; cout<<"调用有参构造函数\n"; }
        A(){   x=0;   y=0;   cout<<"调用无参构造函数\n" ;}
        ~A(){   cout<<"调用析构函数\n"; }
        void Print(void){   cout<<x<<'\t'<<y<<endl;   }
};
void main(void)
{   A   a1;
    a1.Print();
    A   a2(3.0,30.0);
    a2.Print();
    cout<<"退出主函数\n";
}
```

运行结果:

```
调用无参构造函数
0       0
调用有参构造函数
3       30
退出主函数
调用析构函数
调用析构函数
```

说明:程序从 main 函数开始执行,创建对象 a1 时自动调用无参构造函数,创建对象 a2 时自动调用有参构造函数。main 函数执行结束时,要销毁这两个对象,系统自动为每个对象调用析构函数并释放它们所占的内存空间。

习 题 10

1. 简述类与对象的定义及其关系。
2. 什么是构造函数？它有哪些特点？
3. 什么是析构函数？它有哪些特点？
4. 下面程序的输出结果是什么？

```cpp
#include <iostream>
using namespace std;
class  A
{
    float  x,y;
public:
    float    m,n;
    void Setxy( float a, float b  ) {   x=a;    y=b;    }
    void  Print(void) {   cout<<x<<'\t'<<y<<endl;   }
};
void main(void)
{   A  a1,a2;
    a1.Setxy(2.0 , 5.0);
    a1.Print();
    a2=a1;
    a2.Print();
    a1.m=10;    a1.n=20;
    cout<<a1.m<<'\t'<<a1.n<<endl;
}
```

5. 下面程序的输出结果是什么？

```cpp
#include <iostream>
using namespace std;
class A
{   float x,y; public:
    A(float a,float b)
    {   x=a;y=b;
        cout<<"调用非默认的构造函数\n";
    }
    A()
    {   x=0;   y=0;
        cout<<"调用默认的构造函数\n" ;
    }
    ~A() {   cout<<"调用析构函数\n";}
```

```
        void Print(void) {    cout<<x<<'\t'<<y<<endl;   }
};
void main(void)
{   A  a1;
    A  a2(3.0,30.0);
    cout<<"退出主函数\n";
}
```

第11章

继承和派生

继承是面向对象程序设计中最重要的机制。这种机制提供了一种无限重复利用程序资源的途径。通过 C++ 语言中的继承机制，可以扩充和完善旧的程序设计以适应新的需求，这样不仅可以节省程序开发的时间和资源，并且可以为未来程序增添新的资源。

11.1　类继承和派生的概念

继承可以理解为一个类从另一个类获取数据成员和成员函数的过程，例如类 B 继承于类 A，那么 B 就拥有 A 的数据成员和成员函数。被继承的类称为父类或基类，继承的类称为子类或派生类。

派生类除了拥有基类的成员，还可以定义自己的新成员，以增强类的功能。

继承主要应用如下情况：

（1）当创建的新类与现有的类相似，只是多出若干数据成员或成员函数时，可以使用继承，这样不但会减少代码量，而且新类会拥有基类的所有功能。

（2）当需要创建多个类，它们拥有很多相似的数据成员或成员函数时，也可以使用继承。可以将这些类的共同成员提取出来，定义为基类，然后从基类继承，既可以节省代码，也方便后续修改成员。

下面定义一个基类 Rectangle，然后由此派生出 Box 类。

【例 11-1】 继承与派生。

```cpp
#include <iostream>
using namespace std;
class Rectangle          //定义一个矩形类 Rectangle
{                        //省略访问权限限定符,默认是 private
    double length;   //矩形长
    double width;    //矩形宽
public:
    void setlength();
    void setwidth();
    double getarea();
```

```
};
void  Rectangle::setlength(){ cout<<"请输入长度: ";  cin>>length;  }
void  Rectangle::setwidth(){ cout<<"请输入宽度: ";  cin>>width;  }
double Rectangle::getarea(){  return  length * width;  }
class Box: public  Rectangle          //定义一个基于矩形类 Rectangle 的立方体类 Box
{
        double height;                //立方体的高
    public:
        void setheight();
        double getvolume();
};
void Box::setheight(){  cout<<"请输入高度: "; cin>>height; }
double Box::getvolume(){  return  getarea() * height;  }
int main()
{
    Box   box;
    box.setlength();
    box.setwidth();
    box.setheight();
    cout<<"立方体体积为:"<<box.getvolume()<<endl;
    system("pause");
    return 0;
}
```

输入:

4

5

6

运行结果:

立方体体积为:120

说明:

(1) Rectangle 是基类,Box 是派生类,是公有继承。

(2) Rectangle 类中定义两个私有数据成员 length 和 width,在派生类 Box 中不能被访问。

(3) Rectangle 类中定义 3 个公有成员函数 setlength、setwidth 和 getarea,被派生类 Box 继承。这些被继承过来的成员就像 Box 类自己的成员一样,在 Box 类内或通过 Box 类的对象 box 都可以访问。如:

```
double Box::getvolume(){ return  getarea() * height;  }
                //在 Box 类的成员函数中可以调用 Rectangle 类的成员函数 getarea
box.setlength();     //通过 Box 类的对象 box 调用 Rectangle 类的成员函数 setlength
```

（4）Box 类还新增了自己的数据成员 height 和成员函数 setheigth、getvolume。

（5）"class Box：public Rectangle"是定义派生类的语句,其中 Box 是新声明的派生类,Rectangle 是已经存在的基类,public 用来表示继承方式是公有继承。

11.2 类继承方式

继承的一般语法为：

class 派生类名：继承方式 1　基类名,继承方式 2　基类名 2,…,继承方式 n　基类名 n
{
　　派生类新增加的成员
};

"基类名"是已有类的名称,"派生类名"是从已有类产生的新类的名称。一个派生类可以有多个基类,称为多继承,这种情况下派生类就同时具有多个基类的特性。一个派生类如果只有一个基类,则称为单继承。

继承方式限定了基类成员在派生类中的访问权限,包括 public(公有的)、private(私有的)和 protected(受保护的)。此项是可选项,如果不写,默认为 private。

不同的继承方式会影响基类成员在派生类中的访问权限。

（1）public 继承方式。

基类中所有 public 成员在派生类中为 public 属性；

基类中所有 protected 成员在派生类中为 protected 属性；

基类中所有 private 成员在派生类中不能使用。

（2）protected 继承方式。

基类中的所有 public 成员在派生类中为 protected 属性；

基类中的所有 protected 成员在派生类中为 protected 属性；

基类中的所有 private 成员在派生类中不能使用。

（3）private 继承方式。

基类中的所有 public 成员在派生类中均为 private 属性；

基类中的所有 protected 成员在派生类中均为 private 属性；

基类中的所有 private 成员在派生类中不能使用。

通过上面的分析可以看出：

（1）不论继承方式如何,基类中的 private 成员在派生类中始终不能使用(不能在派生类的成员函数中访问或调用)。

（2）如果希望基类的成员能够被派生类继承并且毫无障碍地使用,那么这些成员只能声明为 public 或 protected；只有那些不希望在派生类中使用的成员才声明为 private。

（3）如果希望基类的成员既不向外暴露(不能通过对象访问),还能在派生类中使用,那么只能声明为 protected。

例 11-1 中基类的两个数据成员访问权限是 private 的,在派生类中不能被访问。例 11-2 中将其访问权限改为 protected 的,在派生类中被继承并可以被访问。

【例 11-2】 继承与派生。

```
#include <iostream>
using namespace std;
class Rectangle                      //定义一个矩形类 Rectangle
{   protected:                       //数据成员访问权限为 protected
        double length;               //矩形长
        double width;                //矩形宽
    public:
        void setlength();
        void setwidth();
        double getarea();
};
void  Rectangle::setlength(){ cout<<"请输入长度: ";  cin>>length;  }
void  Rectangle::setwidth(){ cout<<"请输入宽度: ";  cin>>width;  }
double Rectangle::getarea(){  return  length * width;  }
class Box: public  Rectangle        //定义一个基于矩形类 Rectangle 的立方体类 Box
{
        double height;              //立方体的高
    public:
        void setheight();
        double getvolume();
};
void Box::setheight(){  cout<<"请输入高度: "; cin>>height; }
double Box::getvolume(){  return  length * width * height;  }
int main()
{
    Box  box;
    box.setlength();
    box.setwidth();
    box.setheight();
    cout<<"立方体体积为:"<<box.getvolume()<<endl;
    system("pause");
    return 0;
}
```

输入:

5

6

8

运行结果:

立方体体积为:240

说明：Rectangle 类中定义两个保护数据成员 length 和 width,在派生类 Box 中被继承,访问权限仍为 protected ,只能在 Box 类内被访问。例如,

```
double Box::getvolume( ){   return   length * width * height;   }
```

基类的成员函数可以被继承,可以通过派生类的对象访问,但这指的仅是普通的成员函数,类的构造函数不能被继承。在设计派生类时,对继承过来的数据成员的初始化工作也要由派生类的构造函数完成,但是大部分基类都有 private 属性的数据成员,它们在派生类中无法访问,更不能使用派生类的构造函数来初始化,而是通过在派生类的构造函数中调用基类的构造函数来实现。

【例 11-3】 在派生类的构造函数中调用基类的构造函数。

```
#include <iostream>
using namespace std;
class Rectangle
{   private:
        double length;
        double width;
    public:
        Rectangle(double cd, double wd);
        void setvalue(double x, double y);
        double getarea( );
};
Rectangle::Rectangle(double cd, double wd){ length =cd;   width=wd;   }
void   Rectangle::setvalue(double x, double y){ length =x;   width=y;   }
double Rectangle::getarea( ){   return   length * width;   }
class Box: public   Rectangle
{
        double height;
    public:
        Box(double cd, double wd ,double gd);
        void setheigth(double z);
        double getvolume( );
};
Box::Box(double cd, double wd ,double gd): Rectangle(cd,wd){ height =gd;   }
void Box::setheigth(double z){   height =z; }
double Box::getvolume( ){ return   getarea() * height;   }
int main()
{
    Box   box(5,15,4);
    cout<<"立方体体积为:"<<box. getvolume( )<<endl;
    box.setvalue(10,20);
    box.setheigth(3);
```

```
cout<<"立方体体积为:"<<box.getvolume( )<<endl;
system("pause");
return 0;
}
```

运行结果：

```
立方体体积为:300
立方体体积为:600
```

说明：

（1）下面行代码是派生类 Box 构造函数的定义。

```
Box::Box(double cd, double wd ,double gd): Rectangle(cd,wd){ height =gd;  }
```

Rectangle(cd,wd)是调用基类的构造函数，并将 cd 和 wd 作为实参传递给形参，从而为数据成员 length 和 width 赋值。派生类构造函数总是先调用基类构造函数然后再执行函数体中的代码。

（2）下面行代码是创建派生类 Box 的对象 box,并调用构造函数初始化对象。

```
Box  box(5,15,4);
```

调用构造函数时,先执行基类构造函数 Rectangle(5,15),为 length 赋值 5,为 width 赋值 15,然后再执行派生类构造函数的函数体,为 height 赋值 4。

习　题　11

1. 采用公有继承方式,基类中的成员在派生类中的访问权限如何？
2. 采用私有继承方式,基类中的成员在派生类中的访问权限如何？
3. 采用保护继承方式,基类中的成员在派生类中的访问权限如何？

第三部分

MFC编程入门

第12章

Windows 编程

前面章节介绍的内容都是用 C、C++ 语言编写基于控制台的应用程序,是字符界面的。Microsoft Windows 是广泛应用的基于图形化用户界面的操作系统,在 Windows 平台上运行的应用程序也称为窗口应用程序。窗口是应用程序与用户进行交互的界面,一般包括标题栏、菜单栏、工具栏、状态栏和工作区等,如图 12-1 所示。对话框是一种特殊的窗口,由标题栏和一些控件构成,控件可以是文本框、按钮、列表框和组合框等,如图 12-2 所示。

图 12-1   窗口

图 12-2   对话框

在 VC++ 集成开发环境下,基于 Windows 编程有两种途径:一种是使用 Windows

API（Application Program Interface，应用程序接口）函数，另一种是基于 Windows MFC（Microsoft Foundation Classes，微软的基础类库）。基于 Windows API 编程十分麻烦，因为需要了解和掌握 API 函数的功能和使用。为了简化 Windows 编程，微软又基于 Windows API 编制了 MFC 类库。MFC 利用 C++ 语言，对 Windows API 函数进行了封装，使编程得以简化，同时还在 VC++ 中集成了应用程序向导（App Wizard）和类向导（Class Wizard）等工具来支持 MFC，进一步简化 Windows 程序编写。

12.1　基于 API 的 Windows 编程

早期的 Windows 应用程序开发是使用 C/C++ 通过调用 Windows API 所提供的结构和函数进行的。对于有些特殊的功能，有时还要借助相应的软件开发工具（Software Development Kit，SDK）来实现。这种编程方式由于其运行效率高，因而至今在某些特殊场合中仍旧使用，但它编程烦琐、手工代码量比较大。下面来看一个简单的 Windows 应用程序。

【例 12-1】　一个简单的 Windows 应用程序。

```
#include <windows.h>
int WINAPI WinMain (HINSTANCE hInstance, HINSTANCE hPrevInstance,
                            LPSTR lpCmdLine, int nCmdShow)
{
    MessageBox (NULL, TEXT("我的第一个 Windows 程序!"), TEXT("Hello"), 0) ;
}
```

在 VS 2010 中运行上述程序步骤如下：

（1）选择"文件（File）"→"新建（New）"→"项目（Project）"菜单命令，弹出"新建项目（New Project）"对话框，如图 12-3 所示。在对话框中，选择"Visual C++"→"Win32"→"Win32 项目（Win32 Application）"。

（2）在"名称（Name）"框中输入项目名称 ex12_1。在"位置（Location）"框中输入解决方案路径，或单击浏览按钮选择一个已有的文件夹。在"解决方案名称（Solution name）"框中输入解决方案名称，默认与项目名称相同。

（3）单击"确定"按钮，弹出"Win32 应用程序向导"对话框，单击"下一步"按钮，显示"应用程序设置"界面，选中"空项目（An empty project）"，单击"完成"按钮，项目创建完成。

（4）选择"视图（View）"→"解决方案资源管理器（Solution Explorer）"菜单命令，显示"解决方案资源管理器"视图。右击"源文件"选项，在弹出的快捷菜单中选择"添加"→"新建项"，弹出"添加新项"对话框，单击"C++ 文件（C++ Source File）"按钮，在下面的"名称"框中输入 hello，单击"添加"按钮。

（5）在代码编辑窗口中输入上面的代码，按 F5 键运行程序，结果如图 12-4 所示。

图 12-3　新建项目界面

图 12-4　例 12-1 运行结果

从上面的程序代码中可以看出以下几点。

- C/C++ 控制台应用程序以 main 函数作为程序运行的初始入口点,但在 Windows 应用程序中,main 函数被 WinMain 函数取代。WinMain 函数的原型如下:

```
int WINAPI WinMain (HINSTANCE hInstance,        //当前实例句柄
                    HINSTANCE hPrevInstance,    //前一实例句柄
                    LPSTR lpCmdLine,            //指向命令行参数的指针
                    int nCmdShow )              //窗口的显示状态
```

- 每一个 C++ Windows 应用程序都需要 Windows.h 头文件,它包含了其他的一些 Windows 头文件。这些头文件定义了 Windows 的所有数据类型、函数调用、数据结构和符号常量。
- 程序结果的输出不显示在屏幕上,而是通过对话框或窗口来显示。
- MessageBox 是一个 Win32 API 函数,用来弹出一个消息对话框。该函数第一个参数用来指定父窗口句柄,即对话框所在的窗口句柄,第二个、第三个参数分别用来指定显示的消息内容和对话框窗口的标题,最后一个参数用来指定在对话框中显示的按钮。

下面再看一个比较完整的 Windows 应用程序 ex12_2。

【例 12-2】　一个完整的 Windows 应用程序。

```
#include <windows.h>
LRESULT CALLBACK WndProc (HWND hwnd, UINT message, WPARAM wParam, LPARAM
lParam);                                        //窗口过程函数
int WINAPI WinMain (HINSTANCE hInstance, HINSTANCE hPrevInstance,
                    LPSTR lpCmdLine, int nCmdShow)    //主函数
{   HWND   hwnd ;                                //窗口句柄
    MSG    msg ;                                 //消息
    WNDCLASS    wndclass ;                       //窗口类
    wndclass.style        =CS_HREDRAW | CS_VREDRAW ;
    wndclass.lpfnWndProc  =WndProc ;
    wndclass.cbClsExtra   =0 ;
    wndclass.cbWndExtra   =0 ;
    wndclass.hInstance    =hInstance ;
    wndclass.hIcon        =LoadIcon (NULL, IDI_APPLICATION) ;
    wndclass.hCursor      =LoadCursor (NULL, IDC_ARROW) ;
    wndclass.hbrBackground =(HBRUSH) GetStockObject (WHITE_BRUSH) ;
    wndclass.lpszMenuName  =NULL ;
    wndclass.lpszClassName ="HelloWin";          //窗口类名
    if (!RegisterClass (&wndclass))              //注册窗口
    {
        MessageBox (NULL, "窗口注册失败!", "HelloWin", 0) ;
        return 0 ;
    }
    //下面是调用 CreateWindow 函数创建窗口
    hwnd =CreateWindow ("HelloWin",              //窗口类名
                        "窗口",                   //窗口标题
                        WS_OVERLAPPEDWINDOW,      //窗口样式
                        CW_USEDEFAULT,            //窗口最初的 x 位置
                        CW_USEDEFAULT,            //窗口最初的 y 位置
                        CW_USEDEFAULT,            //窗口最初的 x 大小
                        CW_USEDEFAULT,            //窗口最初的 y 大小
                        NULL,                     //父窗口句柄
                        NULL,                     //窗口菜单句柄
                        hInstance,                //应用程序实例句柄
                        NULL) ;                   //创建窗口的参数

    ShowWindow (hwnd, nCmdShow) ;                 //显示窗口
    UpdateWindow (hwnd) ;                         //更新窗口,包括窗口的客户区(工作区)

    //下面是进入消息循环:当从应用程序消息队列中检取的消息是 WM_QUIT 时,则退出循环
    while (GetMessage (&msg, NULL, 0, 0))
    {
        TranslateMessage (&msg) ;                 //转换某些键盘消息
        DispatchMessage (&msg) ;                  //将消息发送给窗口过程,这里是 WndProc
    }
    return msg.wParam ;
}
```

```
LRESULT CALLBACK WndProc (HWND hwnd, UINT message, WPARAM wParam, LPARAM
lParam)
{
    switch (message)
    {
        case WM_CREATE:
            return 0;
        case WM_LBUTTONDOWN:
            MessageBox (NULL, "我的第 2 个 Windows 程序!", "你好", 0);
            return 0;
        case WM_DESTROY:
            PostQuitMessage (0);
            return 0;
    }
    return DefWindowProc (hwnd, message, wParam, lParam);   //执行默认的消息处理
}
```

在 VS 2010 中创建和运行上述程序的步骤与例 12-1 相同。程序运行后,在窗口工作区中单击任意位置,就会弹出一个对话框,结果如图 12-5 所示。

本例程序中定义两个函数,即 WinMain 函数和窗口过程函数 WndProc。

图 12-5　程序运行界面

1. WinMain 函数

主函数 WinMain 的功能及执行过程如下。

(1) 初始化 WNDCLASS 类,设置应用程序图标、鼠标指针、菜单和背景颜色等。

(2) 调用 API 函数 RegisterClass 注册应用程序的窗口类。

(3) 调用 API 函数 CreateWindow 创建已注册窗口类的窗口。

(4) 调用 API 函数 ShowWindow 显示窗口,调用 API 函数 UpdateWindow 更新窗口。

(5) 进入消息循环。

Windows 应用程序接收各种不同的消息,包括键盘消息、鼠标以及窗口产生的各种消息。Windows 系统首先将消息放入消息队列中,应用程序的消息循环就是从应用程序的消息队列中检取消息,并将消息发送相应的窗口过程函数 WndProc 作进一步处理。API 函数 GetMessage 负责从应用程序的消息队列中检取消息,DispatchMessage 负责将消息发送窗口过程函数。

2. WndProc 函数

窗口过程函数 WndProc 的主要功能如下。

(1) 接收和处理各种不同的消息。

(2) 如果接收到 WM_QUIT 消息,则调用 PostQuitMessage,向系统请求退出。

(3) 如果接收到单击消息 WM_LBUTTONDOWN,则调用 MessageBox,弹出一个

对话框。

　　消息是 Windows 发出的一个通知,告诉应用程序某个事情发生了。例如,单击鼠标、改变窗口尺寸、按下键盘上的某个键都会使 Windows 发送一个消息给应用程序。Windows 应用程序是通过系统发送的消息来处理用户输入的。许多 Windows 消息都经过了严格的定义,并且适用于所有的应用程序。例如,当用户按下左键时,系统会发送 WM_LBUTTONDOWN 消息;当用户按下字符键时,系统会发送 WM_CHAR 消息;当用户进行菜单选择或工具按钮单击等操作时,系统会发送 WM_COMMAND 消息给相应的窗口。

12.2　基于 MFC 的 Windows 编程

　　MFC 是微软基础类库的简称,主要封装了大部分的 Windows API 函数,并且包含一个应用程序框架,程序开发人员可以使用这一框架创建 Windows 应用程序。MFC 按照 C++ 类的层次形式组织,几个高层类提供一般的功能,而低层类实现更具体的行为。每个低层类都是从高层类中派生而来的,因此继承了高层类的行为。MFC 类的基本层次结构如图 12-6 所示,箭头的方向是从派生类指向基类。

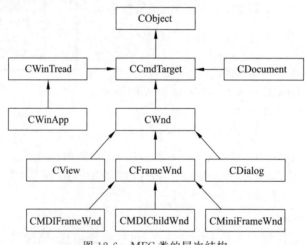

图 12-6　MFC 类的层次结构

　　CObject 类是 MFC 提供的绝大多数类的基类,其他的类都是从这一根类派生而来的。该类完成动态空间的分配与回收,支持一般诊断、出错信息处理和文档序列化等。

　　CCmdTarget 类主要负责将系统事件(消息)和窗口事件(消息)发送给响应这些事件的对象,完成消息发送、等待和派遣(调度)等工作,实现应用程序的对象之间协调运行。

　　CWinApp 类是应用程序的主线程类,它从 CWinThread 类派生而来。

　　CWinThread 类用来完成对线程的控制,包括线程的创建、运行、终止和挂起等。

　　CDocument 类是文档类,包含了应用程序在运行期间所用到的数据。

　　CWnd 类是一个通用的窗口类,用来提供 Windows 中的所有通用特性、对话框和控件。

CFrameWnd 类是从 CWnd 继承来的，并实现了标准的框架应用程序。

CDialog 类用来控制对话框窗口。

CView 类用于让用户通过窗口来访问文档。

CMDIFrameWnd 类和 CMDIChildWnd 类分别用来显示和管理多文档应用程序的主框架窗口和文档子窗口。CMiniFrameWnd 类是一种简化的框架窗口，它没有最大化和最小化窗口按钮，也没有窗口系统菜单，一般很少使用。

12.2.1　MFC 应用程序框架类型

VC++ 中的 MFC 应用程序向导能为用户快速、高效、自动地生成一些具有常用的标准程序结构和编程风格的应用程序，因此也被称为应用程序框架结构。MFC 应用程序向导能够创建最常用、最基本的三种应用程序类型：单文档应用程序、多文档应用程序和基于对话框的应用程序。

单文档应用程序一次只能打开一个文档框架窗口，只能进行一份文档或图片的操作，不能同时在一个程序打开多个文档文件。单文档应用程序运行时是一个单窗口界面，例如记事本，一次只能编辑一个文本文件，不能同时编辑多个。

多文档应用程序在运行时可以同时打开多个文档框架窗口，这些窗口称为子窗口（Child Window）。可以用多个子窗口显示不同的信息，可以同时操作多个文件，例如 Microsoft Word 应用程序，可以同时打开多个 Word 文档。

与文档应用程序相比较，基于对话框的应用程序一般没有菜单、工具栏及状态栏，也不能处理文档。对话框是与用户进行交互的界面，它可以向用户显示信息，也可以让用户输入数据，例如"打开"对话框、"另存为"对话框等。

12.2.2　单文档应用程序创建

下面以使用 MFC 应用程序向导生成一个单文档应用程序为例，说明单文档应用程序的创建、编译和运行过程。

【例 12-3】　创建单文档应用程序。

（1）选择"文件（File）"→"新建（New）"→"项目（Project）"菜单命令，弹出"新建项目（New Project）"对话框。在对话框中，选择"Visual C++"→"MFC"→"MFC 应用程序（MFC Application）"。

（2）在"名称"框中输入应用程序项目名称 SDI，在"位置"框中输入"D:\"，在"解决方案名称"框中输入解决方案名称 ex12_3。

（3）单击"确定"按钮，弹出"MFC 应用程序向导（MFC Application Wizard）"对话框，单击"下一步"按钮，显示"应用程序类型（Application Type）"界面。

"应用程序类型"有三种：单个文档（Single document）、多个文档（Multiple documents）、基于对话框（Dialog based）。选择"单个文档"类型。

(4) 单击"下一步"按钮,弹出"复合文档支持(Compound Document Support)"对话框,使用默认值"无(None)"。

(5) 单击"下一步"按钮,弹出"文档模板属性(Document Template Properties)"对话框,使用默认设置。

(6) 单击"下一步"按钮,弹出"数据库支持(Database Support)"对话框,选择默认值None。

(7) 单击"下一步"按钮,弹出"用户界面功能(User Interface Features)"对话框,使用默认设置。

(8) 单击"下一步"按钮,弹出"高级特性"对话框,使用默认设置。

(9) 单击"下一步"按钮,弹出"生成的类"对话框。在"生成的类"列表框内,列出了将要生成的 4 个类:视图类(CSDIView)、应用类(CSDIApp)、文档类(CSDIDoc)和主框架窗口类(CMainFrame),使用默认设置,单击"完成"按钮。类名中"SDI"是项目名称。

至此,应用程序向导生成了单文档应用程序框架,并在解决方案资源管理器(Solution Explorer)中自动打开了解决方案。

(10) 编译并运行。

到目前为止,虽然没有编写任何程序代码,但 MFC 应用程序向导已根据用户的选项自动生成了基本的应用程序框架。选择"生成(Build)"→"生成 SDI(Build SDI)"菜单命令编译程序,再选择"调试(Debug)"→"开始执行(不调试)(Start Without Debugging)"菜单命令运行程序,也可以直接单击"调试"→"开始执行(不调试)",这时会弹出对话框询问是否希望生成,选择"是",VS 2010 将自动编译、连接、运行程序,运行结果页面如图 12-7 所示。

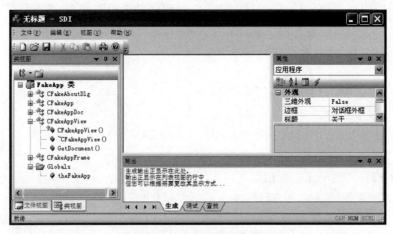

图 12-7　单文档应用程序界面

单文档应用程序 SDI 窗口界面有标题栏、菜单栏、工具栏、状态栏和工作区等界面元素。

12.2.3　项目文件和项目配置

定位到创建时指定的解决方案路径"D:\"下,可以看到一个以解决方案名命名的文件夹 ex12_3,此文件夹中包含几个文件和一个以项目名命名的子文件夹 SDI。如果已经以 Debug 方式进行编译、连接,则在解决方案文件夹和项目文件夹下各有一个名为 Debug 的文件夹。

将所有文件分为 6 部分:解决方案相关文件、项目相关文件、应用程序头文件和源文件、资源文件、预编译头文件和编译、连接生成文件。

1. 解决方案相关文件

解决方案相关文件包括解决方案文件夹 ex12_3 下的文件 ex12_3.sdf、ex12_3.sln、ex12_3.suo。ex12_3.sln 和 ex12_3.suo 文件为 MFC 自动生成的解决方案文件,它包含当前解决方案中的工程信息,存储解决方案的设置。

2. 项目相关文件

项目相关文件包括项目文件夹 SDI 下的文件 SDI.vcxproj 和 SDI.vcxproj.filter。SDI.vcxproj 文件是 MFC 生成的项目文件,它包含当前项目的设置和工程所包含的文件等信息。SDI.vcxproj.filters 文件存放项目的虚拟目录信息,也就是在解决方案浏览器中的目录结构信息。

3. 应用程序头文件和源文件

在项目文件夹 SDI 下,应用程序向导自动生成一些头文件和源文件,这些文件是项目的主体部分,用于实现主框架类、文档类和视图类等。每个类的定义放在头文件中,成员函数的实现放在相应的源文件中。主要包括以下文件。

(1) SDI.h 和 SDI.cpp:主要包含由 CWinApp 类派生的应用程序类 CSDIApp 的定义和实现。

(2) MainFrm.h 和 MainFrm.cpp:主要包含由 CFrameWnd 类派生出的主框架类 CMainFrame 的定义和实现,用于创建主框架、菜单栏、工具栏和状态栏等。

(3) SDIDoc.h 和 SDIDoc.cpp:主要包含由 CDocument 类派生出的文档类 CSDIDoc 的定义和实现,包含一些用来初始化文档、串行化(保存和装入)文档和调试的成员函数。

(4) SDIView.h 和 SDIView.cpp:主要包含由 CView 类派生出的视图类 CSDIView 的定义和实现,用来显示和打印文档数据,包含了一些绘图和用于调试的成员函数。

以上文件是单文档应用程序框架的主要文件,它们构成单文档应用程序的 4 个主要类。

(5) ClassView.h 和 ClassView.cpp:CClassView 类的定义和实现,用于实现应用程序界面左侧面板上的 Class View(类视图)。

(6) FileView.h 和 FileView.cpp:CFileView 类的定义和实现,用于实现应用程序界面左侧面板上的 File View(文件视图)。

(7) OutputWnd.h 和 OutputWnd.cpp:COutputWnd 类的定义和实现,用于实现应用程序界面下侧面板 Output(输出)。

(8) PropertiesWnd.h 和 PropertiesWnd.cpp:CPropertiesWnd 类的定义和实现,用于实现应用程序界面右侧面板 Properties(属性窗口)。

(9) ViewTree.h 和 ViewTree.cpp:CViewTree 类的定义和实现,用于实现出现在 ClassView 和 FileView 中的树视图。

在解决方案资源管理器中可以看到头文件和源文件,如图 12-8 所示,双击头文件或源文件,即显示文件内容,并可以对其进行编辑。在类视图中可以看到有哪些类,如图 12-9 所示。

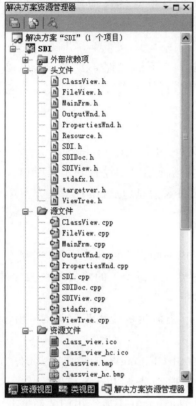

图 12-8　解决方案资源管理器

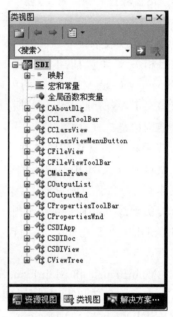

图 12-9　类视图

4. 资源文件

一般使用 MFC 生成窗口程序都会有对话框、图标、菜单等资源,应用程序向导会生成资源相关文件:res 目录、SDI.rc 文件和 Resource.h 文件。

(1) res 目录:项目文件夹下的 res 目录中含有应用程序默认图标、工具栏使用图标等图标文件。

(2) SDI.rc:包含默认菜单、工具栏、字符串表和加速键表等,指定了默认的 About 对话框和应用程序默认图标文件等。

(3) Resource.h:含有各种资源的 ID 定义。

5. 预编译头文件

将常用的 MFC 头文件都放到了 stdafx.h 文件中,然后由 stdafx.cpp 包含 stdafx.h 文件,编译器对 stdafx.cpp 只编译一次,生成编译后的预编译头 SDI.pch,大大提高了编译效率。

6. 编译、连接生成文件

如果是以 Debug 方式编译,则会在解决方案文件夹 ex12_3 和项目文件夹 SDI 下都生成 Debug 子文件夹。SDI 文件夹下的 Debug 文件夹包含编译、连接时产生的中间文件，ex12_3 文件夹下的 Debug 文件夹主要包含应用程序的可执行文件 SDI.exe。

12.2.4 主框架窗口和文档窗口

文档应用程序中的窗口可分为两类：一类是应用程序主窗口，另一类是文档窗口。其中应用程序主窗口是应用程序开始运行时出现的窗口界面，又称为主框架窗口。

1. 主框架窗口

每个文档应用程序只能有一个主框架窗口，它包含标题栏、菜单栏、工具栏和状态栏。主框架窗口的标题栏上通常显示应用程序的名称和当前活动的文档名。

当用 MFC 应用程序向导创建单文档或多文档应用程序时，默认的主框架窗口类为 CMainFrame，其对应的头文件和源文件名分别是 MainFrm.h 和 MainFrm.cpp。

2. 文档窗口

对于单文档应用程序而言，文档窗口和主框架窗口是一致的，即主框架窗口就是文档窗口；而对于多文档应用程序，文档窗口是主框架窗口的子窗口。

文档窗口一般有标题栏和可见边框，它的客户区（除了标题栏、边框外的区域）是由相应的视图类（默认从 CView 类派生）构成的，而 CView 类又是由窗口类 CWnd 派生的，因此可以说视图是文档窗口内的子窗口。文档窗口时刻跟踪当前处于活动状态的视图的变化，并将用户或系统产生的命令消息传递给当前活动视图。主框架窗口负责管理各个用户交互对象（包括菜单、工具栏和状态栏等）并根据用户操作相应地创建或更新文档窗口及其视图。

习　题　12

1. 基于 Windows 编程有哪两种途径？
2. 基于 Windows API 的 Windows 的优缺点是什么？
3. MFC 应用程序向导提供了哪几种类型的应用程序框架？
4. 解决方案文件的扩展名是什么？项目文件的扩展名是什么？
5. 用 MFC 应用程序向导分别创建一个多文档应用程序、一个单文档应用程序和一个对话框应用程序，比较它们的异同。
6. 单文档应用程序主要有哪 4 个类？

第 **13** 章

对话框和控件

对话框是一种特殊类型的窗口,Windows 应用程序中大多都有对话框界面,如 Word 中的"打开"对话框、"另存为"对话框。对话框也可以作为应用程序的主窗口界面,例如计算器。

对话框是一种容器,其上面可以放置各种控件,用于捕捉和处理用户的输入信息或数据。控件是一种具有独立功能、能进行交互的小部件。

13.1 对 话 框

13.1.1 基于对话框应用程序创建

以设计一个计算器程序为例,说明创建基于对话框应用程序框架的步骤和方法。

【例 13-1】 创建基于对话框的应用程序。

(1) 选择"文件(File)"→"新建(New)"→"项目(Project)"菜单命令,弹出"新建项目(New Project)"对话框。在对话框中,选择 Visual C++→MFC→"MFC 应用程序(MFC Application)"。

(2) 在"名称(Name)"框中输入项目名称 DIG,在"位置(Location)"框中输入"D:\",在"解决方案名称(Solution name)"框中输入 ex13_1。

(3) 单击"确定"按钮,弹出"MFC 应用程序向导"对话框,单击"下一步"按钮,显示"应用程序类型"界面,选择"基于对话框"选项,其他使用默认设置,单击"完成"按钮。

此时,在解决方案资源浏览器中可以看到此项目的文件要比单文档应用程序少很多。在类视图(Class View)中主要有 3 个类:CAboutDlg、CDIGApp 和 CDIGDlg。CAboutDlg 是应用程序的"关于"对话框类,CDIGApp 是应用程序类,CDIGDlg 是对话框类。对话框是此应用程序运行后显示的主界面。

说明:如果在 VS 2010 中找不到解决方案资源浏览器(Solution Explorer)或类视图(Class View)等视图,可以在"视图(View)"菜单项下找到对应视图选项,单击即可。

在资源视图（Resource View）中可以看到项目 DIG 的资源树。单击 DIG 前的加号"+"，再单击 DIG.rc 前的加号"+"，展开 DIG.rc，其下有 4 个子项：Dialog（对话框）、Icon（图标）、String Table（字符串表）和 Version（版本）。单击 Dialog 项前的加号"+"展开对话框项，下面有两个对话框 ID，分别为 IDD_ABOUTBOX 和 IDD_DIG_DIALOG。前者是"关于"对话框资源，是向导自动创建的，后者是应用程序的对话框资源。ID 是资源的唯一标识。双击 IDD_DIG_DIALOG，显示其对应的对话框模板，如图 13-1 所示。

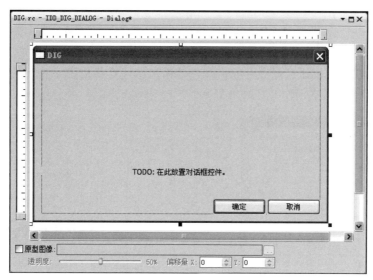

图 13-1　对话框模板

13.1.2　设置对话框属性

在对话框模板的空白处右击，从弹出的快捷菜单中选择"属性"选项，显示如图 13-2 所示的对话框属性窗口。

对话框常用的属性如下。

（1）ID：唯一的对话框资源标识，可以修改。此处为 IDD_DIG_DIALOG，不修改。

（2）Caption：对话框标题。此处默认为项目名称 DIG，将其修改为"计算器"。

（3）Maximize：是否使用最大化按钮。默认值 False 为不使用。

（4）Minimize：是否使用最小化按钮。默认值 False 为不使用。

（5）Font(Size)：字体类型和字体大小。

图 13-2　对话框属性窗口

13.2 控　　件

一旦对话框资源被打开或被创建,就可以在对话框模板中添加和布局控件。

13.2.1　控件的添加和布局

在添加控件之前,需要显示"工具箱(Toolbox)"。如果没有显示,选择"视图(View)"→"工具箱(Toolbox)"菜单命令即可显示出来。工具箱如图 13-3 所示。

利用工具箱中的按钮可以顺利完成控件的添加。计算器程序界面上有三个静态文本框、三个编辑框和四个按钮,如图 13-4 所示。

图 13-3　工具箱　　　　　　　　　图 13-4　计算器程序界面

1. 添加三个静态文本框控件

生成的对话框模板中自动添加了一个标题为"TODO:Place dialog controls here."的静态文本框和两个按钮,将它们删除。方法是单击要删除的控件,其周围会出现虚线框,然后按 Delete 键即可。

(1)单击工具箱中的 Static Text 按钮,在对话框左上角按住鼠标左键不放,拖动鼠标至满意位置,释放鼠标左键。第一个静态文本框控件添加到对话框中。

(2)右击该静态文本框,在弹出的快捷菜单中选择"属性(Properties)"菜单命令,显示属性面板,在面板上修改 Caption 属性值为"操作数 1"。

(3)用同样的方法,在对话框模板中第一个静态文本框下面添加两个静态文本框控件,将其 Caption 属性值分别修改为"操作数 2"和"运算结果"。

（4）按住 Shift 键不放，依次单击刚才添加的三个静态文本框，依次选择"格式"→"使大小相同"→"两者"菜单命令、"格式"→"对齐"→"左对齐"菜单命令、"格式"→"均匀隔开"→"纵向"菜单命令，使它们大小相同、左对齐、间距相同。

2. 添加三个编辑框控件

（1）单击工具箱中的 Edit Control 按钮，在第一个静态文本框的右侧按住鼠标左键不放，拖动鼠标至满意位置，释放鼠标左键，即添加一个编辑框。

（2）右击该编辑框，在弹出的快捷菜单中选择"属性"菜单命令，显示属性面板，修改其 ID 为 IDC_NUM1。

（3）用同样的方法，在第二个静态文本框和第三个静态文本框的右侧各添加一个编辑框，并将其 ID 分别修改为 IDC_NUM2 和 IDC_RUS。

（4）同时选中三个编辑框，使它们大小相同、左对齐、间距相同。

3. 添加四个按钮

单击 Button 按钮，在对话框下方添加四个按钮，Caption 属性值分别为"＋""－""＊""/"，ID 分别为 IDC_ADD、IDC_MIN、IDC_MUL、IDC_DIV。

13.2.2 添加控件变量

在对话框中放置好控件后，控件上显示的内容及对控件的一些操作，可以通过定义与控件相关联的成员变量（也称控件变量）来实现。控件变量有两种类别：Control（控件类别）和 Value（值类别）。

Control 类别的变量是这个控件所属类的一个实例（对象），可以通过这个变量来对该控件进行设置。而 Value 类别的变量只是用来传递数据，不能对控件进行其他操作。

当为一个控件定义一个关联的值变量后，可使用 UpdateData 函数使数据在控件和控件变量之间进行传递。

UpdateData 函数只有一个参数，参数值为 TRUE 或 FALSE。当调用 UpdateData（FALSE）时，数据由控件变量向控件传输，即将控件变量的值在控件中显示出来；当调用 UpdateData（TRUE）或 UpdateData 时，数据从控件向控件变量复制，即将当前控件上显示的值存储到控件变量中。因此，在需要获取当前控件的值之前，一定要调用 UpdateData（TRUE）或 UpdateData 函数。

13.2.1 节中在对话框上添加了三个编辑框控件，为每个编辑框关联一个控件变量，其方法如下。

（1）选择"项目"→"类向导"菜单命令，弹出"MFC 类向导"对话框。

（2）单击"成员变量"选项卡，单击"控件 ID"列下的 IDC_NUM1，再单击右侧的"添加变量"按钮，弹出"添加成员变量"对话框，如图 13-5 所示。

（3）在"成员变量名称"框中输入 m_num1，"类别"选择 Value，"变量类型"选择 int，"最小值"设为 0，

图 13-5 "添加成员变量"对话框

"最大值"设为 1000,单击"确定"按钮。

（4）用同样的方法,为 IDC_NUM2、IDC_RUS 编辑框分别添加控件变量 m_num2、m_rus,其他选项同控件变量 m_num1。

注意,控件变量名一般以 m_ 打头,以标识它是一个成员变量。

13.3　消息和消息映射

Windows 应用程序是消息驱动的,消息处理是所有 Windows 应用程序的核心部分。

消息是用于描述某个事件所发生的信息,而事件则是用户操作应用程序产生的动作或 Windows 系统自身所产生的动作。每个消息都对应某个特定的事件,事件和消息密切相关,事件产生消息,消息对应事件。例如,单击事件产生 WM_LBUTTONDOWN 消息,释放鼠标左键事件产生 WM_LBUTTONUP 消息,按下键盘上的字母键事件产生 WM_CHAR 消息。

触发一个事件时,就会产生相应的消息,对这个消息就要有一个响应。响应是由函数来实现的,该函数就称为消息处理函数,它通常是某一个类的成员函数。开发框架应用程序时,编写消息处理函数是程序员的主要任务。

消息映射是把消息与它的消息处理函数关联起来。MFC 消息映射机制的具体实现方法是:在每个能接收和处理消息的类中,定义一个消息和消息处理函数的对照表,即消息映射表。在消息映射表中,消息与对应的消息处理函数指针是成对出现的。当有消息需要处理时,程序在映射表中找到该消息的处理函数并调用执行。

可以使用类向导(ClassWizard)建立消息映射,然后从类向导中直接跳到类的源文件的消息处理函数处,编写函数代码。

13.4　添加对话框代码

13.2.1 节在对话框中添加了 4 个按钮,分别实现两个数相加、相减、相乘和相除的功能。下面介绍按钮的单击消息及其消息处理函数的映射,并编写消息处理函数代码。步骤如下。

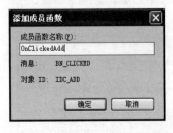

图 13-6　"添加成员函数"对话框

（1）选择"项目"→"类向导"菜单命令,弹出"MFC 类向导"对话框。

（2）单击"命令"选项卡,单击"对象 ID"列下的 IDC_ADD,然后单击"消息"列下的 BN_CLICKED,再单击"添加处理程序"按钮,弹出"添加成员函数"对话框,如图 13-6 所示。

（3）默认的消息处理函数名为 OnClickedAdd,单击"确定"按钮,完成消息和消息处理函数的映射。

（4）在"MFC类向导"对话框中单击右侧的"编辑代码"按钮，关闭该对话框并显示代码编辑窗口，光标停留在消息处理函数 OnClickedAdd 中。

（5）在消息处理函数的函数体中添加如下代码（见图 13-7）：

```
UpdateData(TRUE);        //将各编辑框中显示的数据保存到相应的控件变量中
m_rus =m_num1 +m_ num2; //将两个控件变量值的和赋值给控件变量 m_rus
UpdateData(FALSE);       //将控件变量的值传递给相应的控件并显示,这样第三个编辑框中
                         //会显示 m_rus 的值(即和)
```

（6）用同样的方法，编写其他按钮的单击消息处理函数。

（7）按 F5 键编译并运行程序，显示一个对话框，可以进行四则运算。

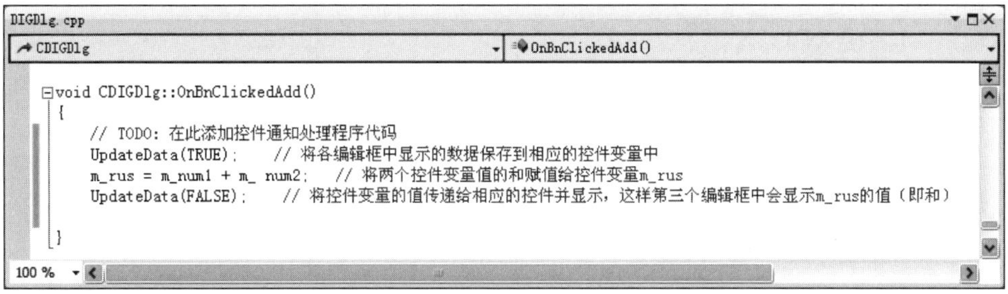

图 13-7　消息处理函数代码

13.5　对话框调用

在基于 MFC 的 Windows 应用程序中，使用对话框通常有两种情形：一是直接创建一个基于对话框的应用程序，如上面介绍的计算器程序；二是在一个文档应用程序中进行调用，如 Word 中的"另存为"对话框。下面介绍第二种对话框使用情况的一般操作过程。

13.5.1　创建单文档应用程序

（1）选择"文件（File）"→"新建（New）"→"项目（Project）"菜单命令，弹出"新建项目（New Project）"对话框。在对话框中，选择 Visual C++ →MFC →"MFC 应用程序（MFC Application）"。

（2）在"名称（Name）"框中输入 SIG。在"位置（Location）"框中输入"D:\"，在"解决方案名称（Solution name）"框输入 ex13_2。

（3）单击"确定"按钮，弹出"MFC 应用程序向导（MFC Application Wizard）"对话框，单击对话框中的"下一步"按钮，显示"应用程序类型（Application Type）"界面，选择"单个文档类型"，单击"完成"按钮。

13.5.2 添加对话框

在新创建的单文档应用程序中添加一个对话框,步骤如下。

在"资源视图"中,单击加号"+"展开资源树,右击 Dialog 结点,在弹出的快捷菜单中选择"插入 Dialog",即生成一个新的对话框,其默认 ID 为"IDD_DIALOG1"。双击对话框 ID,显示对话框模板。

可以参照 13.2~13.4 节,在对话框中添加控件、修改控件属性、编写事件代码。本例没有对对话框进行任何操作。

13.5.3 创建对话框类

13.1.1 节中创建基于对话框的应用程序时,向导程序自动创建了对话框模板,并自动生成对话框类 CDlGDlg。如果是编程人员新添加的对话框模板,需要按下面方法生成一个对话框类。

(1) 在对话框模板的空白区域内右击,在弹出的快捷菜单中选择"添加类"命令,弹出"MFC 添加类向导"对话框,如图 13-8 所示。

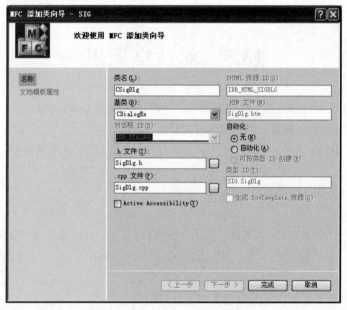

图 13-8 "MFC 添加类向导"对话框

(2) 在"类名"文本框中输入 CSigDlg,单击"完成"按钮,一个基于该对话框模板的对话框类 CSigDlg 就创建好了。

可以在类视图中看到新生成的对话框类 CSigDlg,并且在解决方案资源管理器中有相应的头文件 SigDlg.h 和源文件 SigDlg.cpp 生成。

13.5.4　在程序中调用对话框

程序运行时,要在单文档应用程序的客户区单击,弹出上面添加的对话框。实现此操作的具体步骤如下。

(1) 按 Ctrl+Shift+X 快捷键,弹出"MFC 类向导"对话框,如图 13-9 所示。

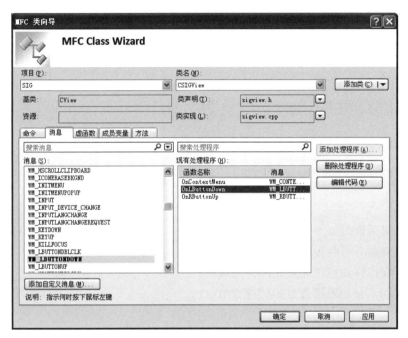

图 13-9　"MFC 类向导"对话框

(2) 选择类名为 CSIGView。因为要在应用程序窗口的客户区单击,且客户区是由 CSIGView 类实现的,所以此处选择 CSIGView 类。

(3) 单击"消息"选项卡,在"消息"列下选择 WM_LBUTTONDOWN,单击右侧的 "添加处理程序"按钮,在"现有处理程序"列下面添加一个消息处理函数 OnLButtonDown。这样,就建立了 WM_LBUTTONDOWN 消息和 OnLButtonDown 消息处理函数之间的映射关系。

(4) 单击右侧的"编辑代码"按钮,切换到代码编辑窗口,显示 CSIGView 类的源文件 SIGView.cpp,并且光标停留在 OnLButtonDown 消息处理函数上,在函数体中输入如下代码,如图 13-10 所示。

```
CSigDlg dlg;          //定义 CSigDlg 类的对象 dlg
dlg.DoModal();        //调用 dlg 对象的 DoModal 函数
```

代码中,DoModal 是 CDialog 基类成员函数,用来将对话框显示出来。

(5) 在 SIGView.cpp 源文件的前面添加包含 CSIGView 类的头文件 SIGView.h 的语句:

图 13-10　OnLButtonDown 消息处理函数代码

```
#include "SIGView.h"
```

（6）按 F5 键编译并运行，显示一个应用程序窗口，在其客户区中单击，就会弹出一个对话框。

习　题　13

1. 基于对话框编程一般需要几个步骤？
2. 控件变量有哪两种类别？它们有何不同？
3. 如何在控件和控件变量之间传递数据？
4. 消息和消息处理函数是如何进行映射的？

第14章

菜单和工具栏

14.1　菜　　单

菜单是一系列命令的列表,通过选中其中的菜单项(命令)来执行相应操作,可以实现特定的功能。除一些简单的基于对话框的应用程序外,所有的 Windows 应用程序都提供了各自的菜单。

在常见的菜单系统中,应用程序窗口最上面的一层水平排列的菜单称为顶层菜单,每一个顶层菜单项可以是一个简单的菜单命令,也可以是下拉菜单。下拉菜单中的每一个菜单项也可以是菜单命令或下拉菜单,这样一级一级下去可以构造出复杂的菜单系统。图 14-1 是一个菜单样例。

图 14-1　菜单

14.1.1　编辑菜单

菜单可以在资源视图中创建和编辑。下面先来创建一个 MFC 单文档应用程序,然后对自动生成的应用程序菜单进行编辑。

【例 14-1】 菜单项的添加与编辑。

（1）按照 13.5.1 节中的步骤创建一个名为 EX14_1 的单文档应用程序。

（2）在"资源视图"中，依次单击 EX14_1、EX14_1.rc、Menu 前的加号"＋"，展开资源树。在 Menu 结点下面可以看到 ID 为 IDR_MAINFRAME 的菜单，双击它显示菜单编辑器，如图 14-2 所示。

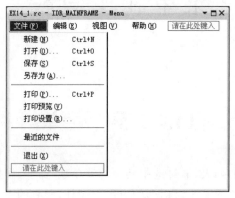

图 14-2　菜单编辑器

（3）右击"帮助"菜单项，在弹出的快捷菜单中选择"新插入"命令，在"帮助"菜单项前添加了一个空的菜单项，在其中输入菜单项名"操作(&C)"，即快捷键为 C。

（4）在"操作"菜单项的下拉菜单中，单击第一个菜单项，输入"显示信息框(&S)"，然后按 Alt＋Enter 快捷键，显示"属性"窗口，将其 ID 改为 ID_SHOW。

添加"操作"菜单项后的效果如图 14-3 所示。当按住 Alt 键不放，再按快捷键 C 时，"操作"菜单项就会被选中。在"操作"菜单打开时，按快捷键 S，"显示信息框"菜单项会被选中。

图 14-3　"操作"菜单项

14.1.2　菜单命令的消息映射

菜单项、工具栏按钮以及快捷键等用户交互对象都能产生 WM_COMMAND 命令消息。命令消息能够被文档类、应用程序类、窗口类以及视图类等多种对象接收、处理。上述"显示信息框"菜单项的命令映射过程如下。

（1）右击"显示信息框"菜单项，在弹出的快捷菜单中选择"添加事件处理程序"命令，弹出"事件处理程序向导"对话框，如图 14-4 所示。

（2）"消息类型"选择 COMMAND，在"类列表"中选择 CMainFrame，默认的函数处

图 14-4 "事件处理程序向导"对话框

理程序名称为 OnShow。该函数是对菜单项 ID_SHOW("显示信息框"菜单项的 ID)的映射,也就是说,当应用程序运行后,选择"操作"→"显示信息框"菜单命令时,函数 OnShow 被调用。

(3) 单击"添加编辑"按钮,切换到代码编辑窗口,显示 CMainFrame 类的源文件 MainFrame.cpp,并且光标停留在 OnShow 消息处理函数上,在该函数体中输入如下代码:

```
MessageBox(TEXT("菜单操作演示!"));
```

(4) 按 F5 键编译并运行。在应用程序的顶层菜单上,选择"操作"→"显示信息框"菜单命令,弹出一个消息对话框,如图 14-5 所示。

图 14-5 程序运行界面

14.2 工 具 栏

工具栏一般位于主框架窗口的上部,菜单栏的下方由一些带图像的按钮组成。当用户用鼠标单击工具栏上某个按钮时,程序会执行相应的操作。

工具栏按钮在菜单栏都有对应的菜单项,即单击工具栏按钮与单击菜单项的效果相同。但工具栏按钮是显式地排列出来,操作方便,而且按钮上的图片描述功能更直观,所以工具栏作为用户操作界面比菜单更加便捷。

14.2.1　编辑工具栏

对工具栏的编辑，仍在上面创建的单文档应用程序中进行操作。具体步骤如下。

（1）在"资源视图"中，依次单击 EX14_1、EX14_1.rc、Toolbar 前的加号"＋"，展开资源树。在 Toolbar 结点下面可以看到 ID 为 IDR_MAINFRAME_256 的工具栏，双击它即可显示工具栏编辑器，如图 14-6 所示。

图像编辑器　　　　　　　　　　　　　　　　颜色窗口

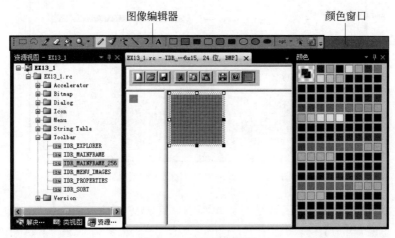

图 14-6　工具栏编辑器

（2）单击工具栏最右边待编辑的按钮，使用图像编辑器和颜色窗口对其进行编辑，在上面画一个图案。

编辑按钮时，会自动在最右侧增加 1 个空白按钮，从而实现了按钮的添加操作。如果想要删除某个按钮，按下鼠标左键并将其拖出工具栏的范围即可。

从图 14-6 中可以看到，第 3 个按钮和第 4 个按钮之间有一些间隙，在运行程序后会出现一个竖的分隔线，所以如果想要在两个按钮之间添加分隔线，用鼠标左键拖住右边的按钮往右稍微移动一些即可。

14.2.2　工具栏按钮和菜单项相结合

工具栏按钮和菜单项相结合是指当选择工具栏按钮或菜单命令时，操作结果是一样的。实现的具体方法是在工具栏按钮的属性对话框中将按钮的 ID 设置为相关联的菜单项 ID。

要使工具栏上刚编辑的按钮与菜单中"显示信息框"菜单项具有相同的功能，具体操作方法是：右击工具栏"新编辑"按钮，在弹出的快捷菜单中选择"属性"命令，显示"属性"窗口，选择 ID 值为 ID_SHOW。

如果工具栏按钮对应的菜单项已经添加了消息处理函数，那么就不必再添加了，因为它的 ID 与菜单项相同，所以会调用同样的消息处理函数，这样单击工具栏按钮与单击相应菜单项执行相同的功能。

14.3 综 合 应 用

【例 14-2】 编写一个基于单文档应用程序，单击菜单命令或工具栏按钮，弹出计算器对话框界面，能实现简单的计算功能。

具体操作步骤如下。

1. 创建单文档应用程序

(1) 选择"文件(File)"→"新建(New)"→"项目(Project)"菜单命令，弹出"新建项目(New Project)"对话框。在对话框中，选择 Visual C++→MFC→"MFC 应用程序"。

(2) "项目名称"为 Cal，路径为"D:\"，解决方案名称为 ex14_2。

(3) 单击"确定"按钮，弹出对话框，再单击"下一步"按钮，显示"应用程序类型(Application Type)"界面。选择"单个文档类型"，单击"完成"按钮。

2. 添加对话框

(1) 在"资源视图"中，单击加号"+"展开资源树。右击"Dialog"结点，在弹出的快捷菜单中选择"插入 Dialog"，ID 修改为 IDD_CAL，Caption 属性修改为"计算器"。双击 IDD_CAL，中间区域显示对话框模板。

(2) 删除对话框上自带的两个按钮，然后添加 1 个编辑框和 17 个按钮(见图 14-7)，参照表 14-1 修改控件的属性值。

图 14-7 控件及控件布局

表 14-1 控件及控件属性

控件类型	ID	Caption	其他属性设置
编辑框	IDC_EDIT1		Number 值为 True，Align Text 值为 Right，Read Only 值为 True
按钮	IDC_BUTTON1	1	
按钮	IDC_BUTTON2	2	
按钮	IDC_BUTTON3	3	
按钮	IDC_BUTTON4	4	
按钮	IDC_BUTTON5	5	
按钮	IDC_BUTTON6	6	
按钮	IDC_BUTTON7	7	
按钮	IDC_BUTTON8	8	
按钮	IDC_BUTTON9	9	
按钮	IDC_BUTTON10	0	

控件类型	ID	Caption	其他属性设置
按钮	IDC_BUTTON11	C	
按钮	IDC_BUTTON12	<-	
按钮	IDC_BUTTON13	+	
按钮	IDC_BUTTON14	-	
按钮	IDC_BUTTON15	*	
按钮	IDC_BUTTON16	/	
按钮	IDC_BUTTON17	=	

3. 创建对话框类

（1）在对话框模板的空白区域内右击,在弹出的快捷菜单中选择"添加类"命令,弹出"MFC 添加类向导"对话框。

（2）在"类名"文本框中输入 CCalDlg,单击"完成"按钮,一个基于该对话框模板的对话框类 CCalDlg 就创建好了。在解决方案资源管理器中有相应的头文件 CalDlg.h 和源文件 CalDlg.cpp 生成。

（3）为编辑框关联一个 int 类型的 Value 类别的控件变量 m_result,最小值为 0,最大值为 30000,用于显示计算结果。

4. 添加对话框代码

（1）为 CCalDlg 类添加如下数据成员。

```
int number1;          //用于存储第 1 个数值
int number2;          //用于存储第 2 个数值
int NumberState;      //用于表示将数值赋给 number1 还是 number2
int OperationState;   //用于表示要进行的具体操作
```

具体操作步骤如下。

在类视图中,右击 CCalDlg,在弹出的快捷菜单中选择"添加"→"添加变量"命令,弹出"添加成员变量向导"对话框,如图 14-8 所示。"变量类型"选择 int,"变量名"为 number1,单击"完成"按钮。

用同样的方法,添加成员变量 number2、NumberState、OperationState。

（2）为 CCalDlg 类添加如下成员函数。

```
void  cal(void);          //用于实现对操作数的运算
```

具体操作步骤如下。

在类视图中,右击 CCalDlg,在弹出的快捷菜单中选择"添加"→"添加函数"命令,弹出"添加成员函数向导"对话框,如图 14-9 所示。"返回类型"选择 void,"参数类型"为空白,"函数名"为 cal,其他使用默认值,单击"完成"按钮。

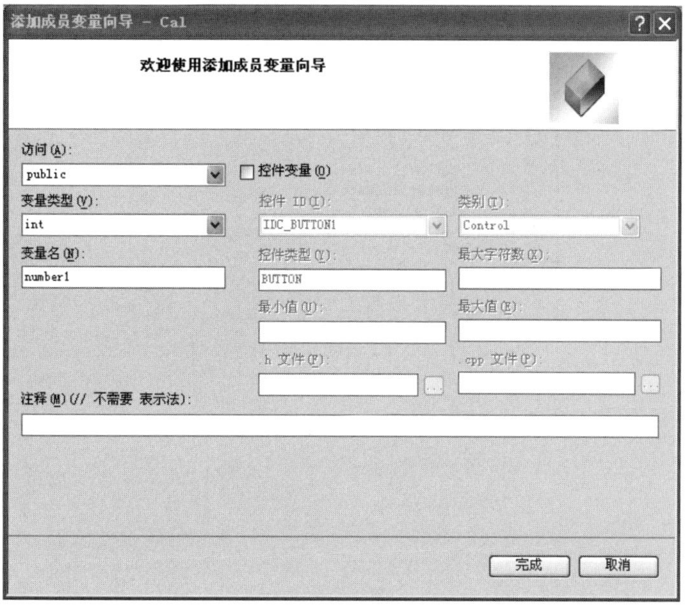

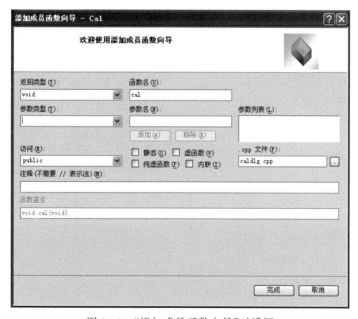

图 14-8 "添加成员变量向导"对话框

图 14-9 "添加成员函数向导"对话框

（3）在 CCalDlg 类的构造函数中添加如下语句（见图 14-10）。

```
NumberState =1;
```

（4）编写数字按钮消息处理函数代码。

在计算器对话框中，双击按钮"1"，自动创建单击消息处理函数 OnBnClickedButton1，在

图 14-10　CCalDlg 类构造函数

函数体中添加如下代码(见图 14-11)。

```
if(NumberState==1)
{
    m_result=m_result * 10+1;
    number1=m_result;
    UpdateData(FALSE);              //更新编辑框中的值
}
else
{
    m_result=m_result * 10+1;
    number2=m_result;
    UpdateData(FALSE);
}
```

图 14-11　按钮"1"的消息处理函数

　　用同样的方法,分别创建各数字按钮的信息处理函数,在函数体中输入类似按钮"1"的代码,只需要将语句"m_result＝m_result * 10＋1;"中的 1 换成按钮上显示的数字即可。

（5）按钮"C"的消息处理函数代码。

```
number1=number2=m_result=0;
UpdateData(FALSE);
NumberState=1;
```

（6）按钮"<-"的消息处理函数代码。

```
m_result=(int)m_result/10;
if(NumberState==1)
    number1=m_result;
else
    number2=m_result;
UpdateData(FALSE);
```

（7）按钮"＋"的消息处理函数代码。

```
OperationState=1;
UpdateData(FALSE);
m_result=0;
NumberState=2;
```

按钮"－""＊""/"的消息处理函数代码与按钮"＋"类似，只需将语句"OperationState=1;"分别换成"OperationState=2;"或"OperationState=3;"或"OperationState=4;"即可。

（8）按钮"="的消息处理函数代码。

```
cal();
```

（9）在源文件 CalDlg.cpp 中找到定义成员函数 cal 的位置，在其函数体中添加如下代码，功能是实现加、减、乘、除运算。

```
switch(OperationState)
{
    case 1:
        m_result=number1+number2;
        UpdateData(FALSE);          //结果显示在编辑框中
        number1=m_result;           //将此次的运算结果作为下一次运算的第一个操作数
        NumberState=2;              //将下次输入的数作为第二个操作数
        break;
    case 2:
        m_result=number1-number2;
        UpdateData(FALSE);
        number1=m_result;
        NumberState=2;
        break;
    case 3:
        m_result=number1 * number2;
```

```
        UpdateData(FALSE);
        number1=m_result;
        NumberState=2;
        break;
    case 4:
        m_result=(int)number1/number2;
        UpdateData(FALSE);            //更新编辑框中的结果
        number1=m_result;
        NumberState=2;
        break;
    }
    OperationState=0;
```

5. 添加菜单项

(1) 在"资源视图"中,双击 Menu 结点下的 IDR_MAINFRAME 菜单,显示菜单编辑器,在"帮助"菜单项的左侧插入一个新菜单项,菜单项名称为"操作(&C)"。

(2) 单击"操作"菜单项的下拉菜单中第一个菜单项,输入"计算器(&S)",ID 为 ID_CAL。

(3) 右击"计算器"菜单项,在弹出的快捷菜单中选择"添加事件处理程序"命令,弹出"事件处理程序向导"对话框,"消息类型"选择 COMMAND,在"类列表"列中选择 CMainFrame,默认的消息处理函数名为 OnCal。

(4) 在 OnCal 函数体中添加如下代码:

```
CCalDlg  dlg;
dlg.DoModal();
```

(5) 在 MainFrm.cpp 文件的前面添加 CCalDlg 类的头文件:

```
#include "CalDlg.h"
```

6. 添加工具按钮

(1) 在"资源视图"中,展开资源树,双击 Toolbar 结点下的 IDR_MAINFRAME_256 工具栏,显示工具栏编辑器。

(2) 在工具栏最右边待编辑按钮上画一个图案。

(3) 在其"属性"窗口中选择 ID 值为 ID_CAL。

7. 编译运行并测试

按 F5 键编译并运行程序,显示单文档应用程序窗口,单击"操作"→"计算器"菜单命令或单击工具栏上相应按钮,弹出"计算器"对话框,如图 14-12 所示。

菜单命令和工具栏上的按钮是构成文档应用程序框架的最基本命令系统,也是文档应用程序

图 14-12　程序运行界面

框架的界面。

习　题　14

1. 如何在已有的菜单中添加一个菜单项和一个弹出菜单？
2. 快捷键的作用是什么？
3. 如何将一个工具按钮和某菜单项命令相结合？

C 语言关键字

由 ANSI 标准定义的 C 语言关键字共 32 个,根据关键字的作用,可以将关键字分为数据类型关键字和流程控制关键字两大类。另外,C99 新增 5 个关键字。

1. 数据类型关键字

(1) 基本数据类型关键字(5 个):

| void | char | int | float | double |

(2) 类型修饰关键字(4 个):

| short | long | signed | unsigned |

(3) 复杂类型关键字(5 个):

| struct | union | enum | typedef | sizeof |

(4) 存储级别关键字(6 个)

| auto | static | register | extern | const | volatile |

2. 流程控制关键字

(1) 跳转结构关键字(4 个):

| return | continue | break | goto |

(2) 分支结构关键字(5 个):

| if | else | switch | case | default |

(3) 循环结构关键字(3 个):

| for | do | while |

3. C99 新增 5 个关键字

| inline | restrict | _bool | _Complex | _Imaginary |

运算符和结合性

优先级	运算符	含　义	使　用　形　式	结合方向	说　　明
1	[]	数组下标	数组名[常量表达式]	自左至右	
	()	圆括号	（表达式）/函数名（形参表）		
	.	成员选择（对象）	对象.成员名		
	->	成员选择（指针）	对象指针->成员名		
2	-	负号运算符	- 表达式	自右至左	单目运算符
	(类型)	强制类型转换	（数据类型）表达式		
	++	自增运算符	++变量名/变量名++		单目运算符
	--	自减运算符	-- 变量名/变量名--		单目运算符
	*	取值运算符	* 指针变量		单目运算符
	&	取地址运算符	& 变量名		单目运算符
	!	逻辑非运算符	!表达式		单目运算符
	~	按位取反运算符	~表达式		单目运算符
	sizeof	长度运算符	sizeof(表达式)		
3	/	除	表达式/表达式	自左至右	双目运算符
	*	乘	表达式 * 表达式		双目运算符
	%	余数（取模）	整型表达式%整型表达式		双目运算符
4	+	加	表达式+表达式	自左至右	双目运算符
	-	减	表达式-表达式		双目运算符
5	<<	左移	变量<<表达式	自左至右	双目运算符
	>>	右移	变量>>表达式		双目运算符
6	>	大于	表达式>表达式	自左至右	双目运算符
	>=	大于或等于	表达式>=表达式		双目运算符
	<	小于	表达式<表达式		双目运算符
	<=	小于或等于	表达式<=表达式		双目运算符

优先级	运算符	含 义	使 用 形 式	结合方向	说 明
7	==	等于	表达式==表达式	自左至右	双目运算符
	!=	不等于	表达式!=表达式		双目运算符
8	&	按位与	表达式 & 表达式	自左至右	双目运算符
9	^	按位异或	表达式^表达式	自左至右	双目运算符
10	|	按位或	表达式| 表达式	自左至右	双目运算符
11	&&	逻辑与	表达式 && 表达式	自左至右	双目运算符
12	‖	逻辑或	表达式 ‖ 表达式	自左至右	双目运算符
13	?:	条件运算符	表达式 1? 表达式 2: 表达式 3	自右至左	三目运算符
14	=	赋值运算符	变量=表达式	自右至左	
	/=	除后赋值	变量/=表达式		
	* =	乘后赋值	变量 * =表达式		
	%=	取模后赋值	变量%=表达式		
	+=	加后赋值	变量+=表达式		
	-=	减后赋值	变量-=表达式		
	<<=	左移后赋值	变量<<=表达式		
	>>=	右移后赋值	变量>>=表达式		
	&=	按位与后赋值	变量 &=表达式		
	^=	按位异或后赋值	变量^=表达式		
	|=	按位或后赋值	变量|=表达式		
15	,	逗号运算符	表达式,表达式,…	自左至右	从左向右顺序运算

附录C

C 库 函 数

每一种 C 编译系统都会提供许多库函数,供编程人员使用,但不同编译系统所提供的库函数的函数名和数量以及函数功能不尽相同。ANSI C 标准提出了一批建议提供的标准库函数,它包括了目前多数 C 编译系统所提供的库函数,但也有一些是某些 C 编译系统未曾实现的。考虑到通用性,本书列出常用的、ANSI C 标准建议提供的部分库函数。

1. 数学函数

使用数学函数时,应该在该源文件中使用以下命令行:

```
# include <math.h>
```

或

```
# include "math.h"
```

函数名	函数原型说明	功　　能	返　回　值	说　　　明
abs	int abs (int x);	求整数 x 的绝对值	计算结果	
acos	double acos (double x);	计算 $\cos^{-1}(x)$ 的值	计算结果	x 应在 $-1 \sim 1$
asin	double asin (double x);	计算 $\sin^{-1}(x)$ 的值	计算结果	x 应在 $-1 \sim 1$
atan	double atan (double x);	计算 $\tan^{-1}(x)$ 的值	计算结果	
atan2	double atan2 (double x, double y);	计算 $\tan2^{-1}(x)$ 的值	计算结果	
cos	double cos (double x);	计算 $\cos(x)$ 的值	计算结果	x 的单位为弧度
cosh	double cosh (double x);	计算 x 的双曲余弦 $\cosh(x)$ 的值	计算结果	
exp	double exp (double x);	求 e^x 的值	计算结果	
fabs	double fabs (double x);	求 x 的绝对值	计算结果	
floor	double floor (double x);	求不大于 x 的最大整数	该整数的双精度实数	
fmod	double fmod (double x, double y);	求整除 x/y 的余数	返回余数的双精度数	

函数名	函数原型说明	功 能	返 回 值	说 明
frexp	double frexp (double val,int * eptr);	把双精度数 val 分解为数字部分(尾数)x 和以 2 为底的指数 n,即 val=x×2^n,n 存放在 eptr 指向的变量中	返回数字部分 x,0.5≤x<1	
log	double log (double x);	求 $\log_e x$,即 lnx	计算结果	
log10	double log10 (double x);	求 $\log_{10} x$	计算结果	
modf	double modf (double val, double * iptr);	把双精度数 val 分解为整数部分和小数部分,把整数部分存到 iptr 指向的单元	val 的小数部分	
pow	double pow (double x, double y);	计算 x^y 的值	计算结果	
rand	Int rand(void);	产生 -90~32767 的随机整数	随机整数	
sin	double sin(double x);	计算 sinx 的值	计算结果	x 的单位为弧度
sinh	double sinh(double x);	计算 x 的双曲正弦函数 sinh(x)的值	计算结果	
sqrt	double sqrt(double x);	计算 $\sqrt{x}$	计算结果	x 应大于或等于 0
tan	double tan(double x);	计算 tan(double x)的值	计算结果	x 的单位为弧度
tanh	double tanh(double x);	计算 x 的双曲正切函数 tanh(x)的值	计算结果	

2. 字符函数和字符串函数

ANSI C 标准要求在使用字符串函数时要包含头文件 string.h,在使用字符函数时要包含头文件 ctype.h。有的 C 编译不遵循 ANSI C 标准的规定,而用其他名称的头文件,请用户使用时查询有关手册。

函数名	函 数 原 型	功 能	返 回 值	包含文件
isalnum	int isalnum (int ch)	检查 ch 是否为字母(alpha)或数字(numeric)	是字母或数字返回 1;否则返回 0	ctype.h
isalpha	int isalpha(int ch);	检查 ch 是否为字母	是,返回 1;不是,返回 0	ctype.h
iscntrl	int iscntrl(int ch);	检查 ch 是否为控制字符(其 ASCII 码在 0 和 0x1F 之间)	是,返回 1;不是,返回 0	ctype.h
isdigit	int isdigit(int ch);	检查 ch 是否为数字(0~9)	是,返回 1;不是,返回 0	ctype.h
isgraph	int isgraph(int ch);	检查 ch 是否为可打印字符(其 ASCII 码在 0x21 和 0x7E 之间),不包括空格	是,返回 1;不是,返回 0	ctype.h

函数名	函数原型	功　能	返　回　值	包含文件
islower	Int islower(int ch);	检查 ch 是否为小写字母（a～z）	是,返回 1;不是,返回 0	ctype.h
isprint	Int isprint(int ch);	检查 ch 是否为可打印字符（包括空格）,其 ASCII 码在 0x20 和 0x7E 之间	是,返回 1;不是,返回 0	ctype.h
ispunct	Int ispunct(int ch);	检查 ch 是否为标点字符(不包括空格),即除字母、数字和空格以外的所有可打印字符	是,返回 1;不是,返回 0	ctype.h
isspace	Int isspace(int ch);	检查 ch 是否为空格、跳格符（制表符）或换行符	是,返回 1;不是,返回 0	ctype.h
isupper	Int isupper(int ch);	检查 ch 是否为大写字母（A～Z）	是,返回 1;不是,返回 0	ctype.h
isxdigit	int isxdigit(int ch);	检查 ch 是否为一个十六进制数字字符（即 0～9,或 A～F,或 a～f）	是,返回 1;不是,返回 0	ctype.h
strcat	char * strcat(char * str1,char * str2);	把字符串 str2 接到 str1 后面,str1 最后面的'\0'被取消	str1	string.h
strchr	char * strchr(char * str1,char * str2);	找出 str 指向的字符串中第一次出现字符 ch 的位置	返回指向该位置的指针;如找不到,则返回空指针	string.h
strcmp	int strcmp(char * str1,char * str2);	比较两个字符串 str1、str2	str1<str2,返回负数;str1=str2,返回 0;str1>str2,返回正数	string.h
strcpy	char * strcpy(char * str1,char * str2);	把 str2 指向的字符串复制到 str1 中	返回 str1	string.h
strlen	unsigned int strlen (char * str);	统计字符串 str 中字符的个数(不包括终止符'\0')	返回字符个数	string.h
strstr	char * strstr(char * str1,char * str2);	找出 str2 字符串在 str1 字符串中第一次出现的位置（不包括 str2 的串结束符）	返回该位置的指针;如找不到,返回空指针	string.h
tolower	int tolower (int ch);	将 ch 字符转换成小写字母	返回 ch 代表的字符对应的小写字母	ctype.h
toupper	int toupper(int ch);	将 ch 字符转换成大写字母	返回 ch 代表的字符对应的大写字母	ctype.h

3. 输入输出函数

凡用以下输入输出函数,应该使用#<stdio.h>把 stdio.h 头文件包含到源程序文件中。

函数名	函数原型	功　能	返　回　值	说　明
clearerr	void clearerr (FILE * fp);	使 fp 所指文件的错误标志和文件结束标志置 0	无	

函数名	函数原型	功　　能	返　回　值	说　　明
close	int close(int fp);	关闭文件	关闭成功返回 0;不成功,返回-1	非 ANSI 标准函数
creat	int creat(char * filename,int mode);	以 mode 所指定的方式建立文件	成功则返回正数;否则返回-1	非 ANSI 标准函数
eof	int eof(int fd);	检查文件是否结束	遇文件结束,返回 1;否则返回 0	非 ANSI 标准函数
fclose	int fclose(FILE * fp);	关闭 fp 所指的文件,释放文件缓冲区	有错返回非 0;否则返回 0	
feof	int feof(FILE * fp);	检查文件是否结束	遇文件结束符返回非 0 值;否则返回 0	
fgetc	int fgetc(FILE * fp);	从 fp 所指向的文件中取得下一个字符	返回所得到的字符,若读入出错,返回 EOF	
fgets	char * fgets(char * buf,int n, FILE * fp);	从 fp 指向的文件读取一个长度为(n-1)的字符串,存入起始地址为 buf 的空间	返回地址 buf,若遇文件结束或出错,返回 NULL	
fopen	FILE * fopen(char * filename,char * mode);	以 mode 指定的方式打开名为 filename 的文件	成功,返回一个文件指针(文件信息区的起始地址);否则返回 0	
fprintf	int fprintf(FILE * fp, char * format,args,…);	把 args 的值以 format 指定的格式输出到 fp 所指向的文件中	返回实际输出的字符数	
fputc	int fputc(char ch, FILE * fp);	将字符 ch 输出到 fp 指向的文件中	成功,返回该字符;否则返回非 0	
fputs	int fputs(char * str, FILE * fp);	将 str 指定的字符串输出到 fp 所指向的文件	成功返回 0;若出错返回非 0	
fread	int fread (char * pt, unsigned size, unsigned n,FILE * fp);	从 fp 所指向的文件中读取长度为 size 的 n 个数据项,存到 pt 所指向的内存区	返回所读的数据项个数,如遇文件结束或出错,返回 0	
fscanf	int fscanf(FILE * fp, char format,args,…);	从 fp 指向的文件中按 format 给定的格式将输入数据送到 args 所指向的内存单元(args 是指针)	返回已输入的数据个数	
fseek	int fseek (FILE * fp, long offset, int base);	将 fp 所指向的文件的位置指针移到以 base 所给出的位置为基准、以 offset 为位移量的位置	返回当前位置;否则返回-1	
ftell	long ftell(FILE * fp);	返回 fp 所指向的文件中的读写位置	返回 fp 所指向的文件中的读写位置	

函数名	函 数 原 型	功　　能	返 回 值	说　　明
fwrite	int fwrite(char * ptr, unsigned size, unsigned n, FILE * fp);	把 ptr 所指向的 n * size 字节输出到 fp 所指向的文件中	写到 fp 文件中的数据项的个数	
getc	int getc(FILE * fp);	从 fp 所指向的文件中读入一个字符	返回所读的字符,若文件结束或出错,返回 EOF	
getchar	int getchar(void);	从标准输入设备读取下一个字符	所读字符。若文件结束或出错,则返回-1	
getw	int getw(FILE * fp);	从 fp 所指向的文件读取下一个字(整数)	输入的整数。如文件结束或出错,返回-1	非 ANSI 标准函数
open	int open(char * filename, int mode);	以 mode 指定的方式打开已存在的名为 filename 的文件	返回文件号(正数);如打开失败,返回-1	非 ANSI 标准函数
printf	int printf(char * format, args,…)	按 format 指向的格式字符串所规定的格式,将输出表列 args 的值输出到标准输出设备	输出字符的个数,若出错,返回负数	format 可以是一个字符串,或字符数组的起始地址
putc	int putc(int ch, FILE * fp);	把一个字符 ch 输出到 fp 所指的文件中	输出的字符 ch,若出错,返回 EOF	
putchar	int putchar(char ch);	把字符 ch 输出到标准输出设备	输出的字符 ch,若出错,返回 EOF	
puts	int puts(char * str);	把 str 指向的字符串输出到标准输出设备,将'\0'转换为回车换行	返回换行符,若失败,返回 EOF	
putw	int putw(int w, FILE * fp);	将一个整数 w(即一个字)写到 fp 指向的文件中	返回输出的整数,若出错,返回 EOF	非 ANSI 标准函数
read	int read(int fd, char * buf, unsigned count);	从文件号 fd 所指示的文件中读 count 字节到由 buf 指示的缓冲区中	返回真正读入的字节个数,如遇文件结束返回 0,出错返回-1	非 ANSI 标准函数
rename	int rename(char * oldname, char * newname);	把由 oldname 所指的文件名,改为由 newname 所指的文件名	成功返回 0;出错返回-1	
rewind	void rewind(FILE * fp);	将 fp 指示的文件中的位置指针置于文件开头位置,并清除文件结束标志和错误标志	无	
scanf	int scanf(char * format, args,…);	从标准输入设备按 format 指向的格式字符串所规定的格式,输入数据给 args 所指向的单元	读入并赋给 args 的数据个数,遇文件结束返回 EOF,出错返回 0	args 为指针
write	int write(int fd, char * buf, unsigned count);	从 buf 指示的缓冲区输出 count 个字符到 fd 所指向的文件中	返回实际输出的字节数,如出错返回-1	非 ANSI 标准函数

4. 动态存储分配函数

ANSI C 标准要求动态存储分配函数返回 void 指针。void 指针具有一般性,它可以指向任何类型的数据,但一般需要采用强制类型转换的方法把 void 指针转换为所需的类型。在使用动态存储分配函数时,要使用 ♯include<stdlib.h>。

函数名	函 数 原 型	功　　能	返　回　值
calloc	void ＊ calloc (unsigned n, unsigned size);	分配 n 个数据项的内存连续空间,每个数据项的大小为 size	分配内存单元的起始地址,如不成功,返回 0
free	void free(void ＊ p);	释放 p 所指的内存区	无
malloc	void ＊ malloc(unsigned size);	分配 size 字节的存储区	所分配的内存区起始地址,如内存不够,返回 0
realloc	void ＊ realloc(void ＊ p, unsigned size);	将 p 所指出的已分配内存区的大小改为 size,size 可以比原来分配的空间大或小	返回指向该内存区的指针

参 考 文 献

[1] 谭浩强. C 程序设计[M]. 3 版. 北京：清华大学出版社,2005.

[2] 陈朔鹰. C 语言程序设计基础教程[M]. 北京：兵器工业出版社,1994.

[3] 姜仲秋. C 语言程序设计[M]. 南京：南京大学出版社,1998.

[4] 温秀梅,等. Visual C++ 面向对象程序设计教程与实验[M]. 3 版. 北京：清华大学出版社,2017.

[5] 郑阿奇,丁有和. Visual C++ 应用教程[M]. 北京：人民邮电出版社,2011.

[6] 陈松,等. C++ 程序设计进阶教程——从 C 到 Visual C++ [M]. 北京：清华大学出版社,2013.

[7] 黄永才,等. Visual C++ 程序设计 [M]. 北京：清华大学出版社,2017.

图 书 资 源 支 持

感谢您一直以来对清华版图书的支持和爱护。为了配合本书的使用，本书提供配套的资源，有需求的读者请扫描下方的"书圈"微信公众号二维码，在图书专区下载，也可以拨打电话或发送电子邮件咨询。

如果您在使用本书的过程中遇到了什么问题，或者有相关图书出版计划，也请您发邮件告诉我们，以便我们更好地为您服务。

我们的联系方式：

地　　址：北京市海淀区双清路学研大厦 A 座 714

邮　　编：100084

电　　话：010-83470236　　010-83470237

客服邮箱：2301891038@qq.com

QQ：2301891038（请写明您的单位和姓名）

资源下载：关注公众号"书圈"下载配套资源。

资源下载、样书申请

书 圈

图书案例

清华计算机学堂

观看课程直播